电子信息科学与工程类专业规划教材

基于 NI Multisim 的电子电路计算机仿真设计与分析

（第 3 版）

黄智伟　黄国玉　王丽君　主编

U0112133

電子工業出版社

Publishing House of Electronics Industry

北京·BEIJING

内 容 简 介

本书以 NI Multisim 13.0 仿真软件为基础,根据模拟、数字、高频和电力电子电路,以及单片机应用电路的不同特点和工作原理,着重介绍电子电路计算机仿真设计的基本方法。全书共 13 章,内容包括:NI Multisim 13.0 仿真软件的基本操作方法,晶体管放大器电路,集成运算放大器应用电路,波形发生器电路,波形变换电路,模拟乘法器应用电路,集成定时器应用电路,门电路应用,时序逻辑应用电路,A/D 与 D/A 转换电路,电源电路,综合应用电路,单片机应用电路的计算机仿真设计方法。所有电路都仿真通过,每章都附有思考题与习题。

本书内容丰富实用、工程性强,叙述详尽清晰,便于自学,可以作为高等院校电子信息、通信工程、自动化、电气控制类专业的基础教材,以及全国大学生电子设计竞赛培训教材,也可作为工程技术人员进行电子电路设计的参考书。

图书在版编目(CIP)数据

基于 NI Multisim 的电子电路计算机仿真设计与分析 /黄智伟,黄国玉,王丽君主编. — 3 版. — 北京:电子工业出版社,2017.1

电子信息科学与工程类专业规划教材

ISBN 978-7-121-30229-9

Ⅰ. ①基… Ⅱ. ①黄… ②黄… ③王… Ⅲ. ①电子电路－电路设计－计算机辅助设计－应用软件－高等学校－教材 Ⅳ. ①TN702

中国版本图书馆 CIP 数据核字(2016)第 259959 号

责任编辑:凌　毅

印　　刷:北京京海印刷厂
装　　订:北京京海印刷厂
出版发行:电子工业出版社
　　　　　北京市海淀区万寿路 173 信箱　邮编 100036
开　　本:787×1092　1/16　印张:18　字数:460 千字
版　　次:2008 年 1 月第 1 版
　　　　　2017 年 1 月第 3 版
印　　次:2017 年 1 月第 1 次印刷
定　　价:39.80 元

第 3 版前言

NI Multisim 是一款功能强大的电子电路计算机仿真设计与分析软件。本书从 2004 年《基于 Multisim 2001 的电子电路计算机仿真设计与分析》，经历了 2008 年和 2011 年《基于 NI Multisim 的电子电路计算机仿真设计与分析》两次修订。为满足新形势下该软件的功能提高和教学需求的变化，再次对本书进行修订。

本书是为高等院校电子信息、通信工程、自动化、电气类专业编写的电子电路计算机仿真设计教材，是一本系统介绍模拟电子电路、数字电子电路、高频电子电路和电力电子电路以及单片机应用电路的结构原理和计算机仿真设计方法的专业基础教材。

本书的特点是以 NI Multisim 13.0 仿真软件为基础，突出具体的电路结构和计算机仿真设计方法，内容丰富实用、工程性强，叙述详尽清晰，便于自学，有利于培养学生综合分析、开发创新和工程设计的能力。本书也可以作为全国大学生电子设计竞赛培训教材和电子工程技术人员进行电子电路设计的参考书。

全书共分 13 章，第 1 章介绍 NI Multisim 13.0 仿真软件的基本功能与使用方法。第 2~13 章分别介绍模拟、数字、高频和电力电子电路，以及单片机应用电路的结构特点、工作原理与计算机仿真设计方法。其中，第 2 章介绍各种晶体管放大器电路；第 3 章介绍集成运算放大器组成的各种运算电路、滤波器电路、比较器、对数和指数电路；第 4 章介绍各种正弦波振荡器电路，方波、三角波、锯齿波产生电路；第 5 章介绍各种波形变换，电压/电流变换、电压/频率变换、峰值检出、阻抗变换、模拟电感和电容电路；第 6 章介绍模拟乘法器构成的乘法、平方、除法、开平方等运算电路，函数发生电路，调制电路，混频器和倍频器电路，解调器等电路；第 7 章介绍 555 集成定时器电路构成的各种应用电路；第 8 章介绍门电路、编码器、译码器、数据选择器、加法器、数值比较器、ASK 调制、FSK 调制、PSK 调制电路；第 9 章介绍各种触发器、移位寄存器、计数器、多谐振荡器电路；第 10 章介绍 A/D 与 D/A 转换器电路，以及可编程数控电源、电压/电流变换、波形发生器等电路；第 11 章介绍各种整流电路、直流降压/升压斩波变换电路、全桥和正弦脉宽调制逆变电路；第 12 章介绍函数波形发生器等多个综合应用电路；第 13 章介绍单片机仿真平台和简易计算器等应用电路设计。本书所介绍的电路全部都在 NI Multisim 13.0 中仿真通过。

本书作为本科教材时，**建议总学时数为 24~32 学时**，在计算机房上机完成。如果能够与实际电路制作结合起来，学习的效果会更好。建议第 1 章学时数为 4 学时，第 2 章学时数为 2~3 学时，第 3 章学时数为 2~3 学时，第 4 章学时数为 2~3 学时，第 5 章学时数为 2~3 学时，第 6 章学时数为 2~3 学时，第 7 章学时数为 2 学时，第 8 章学时数为 2 学时，第 9 章学时数为 2~3 学时，第 10 章学时数为 2~3 学时，第 11 章学时数为 2~3 学时，第 12 章学时数为 2 学时，第 13 章学时数为 2~3 学时。由于各章内容都比较丰富，建议在教学时重点讲解几个电路，剩余的电路仿真设计可以作为练习题，由学生自己完成。

本书提供电子课件、设计实例的电原理图、设计文件及仿真图等，可登录华信教育资源网 www.hxedu.com.cn，注册后免费下载。NI Multisim 13.0 评估版可登录 http：// www.ni.com/multisim/zhs/，注册后免费下载。

本书由南华大学黄智伟、黄国玉、王丽君担任主编。在编写过程中,参考了大量的国内外著作和资料,得到了许多专家和学者的大力支持,听取了多方面的宝贵意见和建议,在此对他们表示衷心的感谢。南华大学电气工程学院通信工程系、电子信息工程系、自动化系、电气工程及其自动化系、电工电子实验中心等部门的老师提出了很多宝贵的建议,并给予了大力的支持;南华大学陈文光教授、王彦教授、朱卫华副教授、李圣副教授,张鹏举、肖凯、简远鸣、钟鸣晓、林杰文、余丽、张清明、申政琴、王凤玲、熊卓、贺康政、黄松、王怀涛、刘宏、曾力、潘策荣等人为本书的编写做了大量的工作,在此一并表示衷心的感谢。

由于我们水平有限,错误和不足在所难免,敬请各位读者批评斧正。

黄智伟

2016 年 11 月

于南华大学

重 要 说 明

由于 NI Multisim 软件的限制,在本书电路图中:

"Ohm"对应"Ω";

"uF"对应"μF";

元器件标注符号如 R1,C1,VT1 等不能采用 R_1,C_1,VT_1 等下标方式;

电位器、电解电容器等元器件的图形符号与国家标准有差异。

目　　录

第1章　NI Multisim 仿真软件 ·············· 1

1.1　NI Multisim 仿真软件简介 ····· 1

1.2　NI Multisim 13.0 的基本界面 ··· 2

1.2.1　NI Multisim 13.0 的主窗口 ··· 2

1.2.2　NI Multisim 13.0 菜单栏 ····· 2

1.2.3　NI Multisim 13.0 工具栏 ····· 8

1.2.4　NI Multisim 13.0 的元器件库 ··· 9

1.2.5　NI Multisim 13.0 仪器仪表库 ··· 17

1.3　NI Multisim 13.0 的
　　　基本操作 ·············· 17

1.3.1　文件的基本操作 ··········· 17

1.3.2　编辑的基本操作 ··········· 18

1.3.3　创建子电路 ·············· 19

1.3.4　在电路工作区内输入文字 ····· 20

1.3.5　输入注释 ·············· 20

1.3.6　编辑图纸标题栏 ··········· 21

1.4　电路创建的基础 ·········· 22

1.4.1　元器件的操作 ··········· 22

1.4.2　电路图选项的设置 ········· 25

1.4.3　导线的操作 ············· 28

1.4.4　输入/输出端 ············· 28

1.5　仪器仪表的使用 ·········· 29

1.5.1　仪器仪表的基本操作 ········ 29

1.5.2　数字多用表 ·············· 29

1.5.3　函数信号发生器 ··········· 30

1.5.4　瓦特表 ·················· 30

1.5.5　示波器 ·················· 31

1.5.6　波特图仪 ················ 32

1.5.7　字信号发生器 ············· 34

1.5.8　逻辑分析仪 ·············· 35

1.5.9　逻辑转换仪 ·············· 36

1.5.10　失真分析仪 ············· 37

1.5.11　频谱分析仪 ············· 37

1.5.12　网络分析仪 ············· 38

1.5.13　IV(电流/电压)分析仪 ······ 39

1.5.14　测量探针和电流探针 ······· 40

1.5.15　电压表 ················· 40

1.5.16　电流表 ················· 40

1.5.17　LabVIEW Instruments ········ 40

1.6　电路分析方法 ············ 41

1.6.1　NI Multisim 13.0 的分析菜单 ··· 41

1.6.2　直流工作点分析 ··········· 41

1.6.3　交流分析 ················ 44

1.6.4　瞬态分析 ················ 45

1.6.5　傅里叶分析 ·············· 46

1.6.6　噪声分析 ················ 47

1.6.7　噪声系数分析 ············· 48

1.6.8　失真分析 ················ 48

1.6.9　直流扫描分析 ············· 50

1.6.10　灵敏度分析 ············· 50

1.6.11　参数扫描分析 ············ 52

1.6.12　温度扫描分析 ············ 54

1.6.13　零-极点分析 ············· 55

1.6.14　传递函数分析 ············ 56

1.6.15　最坏情况分析 ············ 57

1.6.16　蒙特卡罗分析 ············ 59

1.6.17　导线宽度分析 ············ 60

1.6.18　批处理分析 ············· 60

1.6.19　用户自定义分析 ·········· 62

本章小结 ····················· 63

思考题与习题 1 ················· 63

第2章　晶体管放大器电路 ··········· 65

2.1　单管放大器 ·············· 65

2.1.1　单管放大器电路基本原理 ····· 65

2.1.2　单管放大器静态
　　　　工作点的分析 ··········· 66

2.1.3　单管放大器动态分析 ········ 67

2.2　多级放大电路 ············ 70

2.2.1　多级放大电路的频率响应 ····· 70

2.2.2　多级放大器电路的频率响应
　　　　仿真分析 ············· 71

2.2.3　零极点分析 ·············· 71

2.2.4　电路传递函数分析 ········· 74

2.3　负反馈放大器电路 ········ 75

2.3.1　负反馈放大器电路工作原理　···　75
2.3.2　负反馈对失真的改善作用　······　76
2.3.3　负反馈对频带的展宽　·······　76
2.4　射极跟随器　···············　78
2.4.1　射极跟随器工作原理　······　78
2.4.2　射极跟随器的瞬态特性分析　···　79
2.4.3　电路灵敏度分析　········　79
2.4.4　电路参数扫描分析　·······　80
2.5　差动放大器　···············　82
2.5.1　差动放大器电路结构　······　82
2.5.2　差动放大器的静态
　　　工作点分析　··········　82
2.5.3　差模电压放大倍数和共模
　　　电压放大倍数　········　83
2.5.4　共模抑制比 CMRR　·······　85
2.6　低频功率放大器　···········　85
2.6.1　低频功率放大器工作原理　···　85
2.6.2　OTL 电路的主要性能指标　···　85
2.7　单级单调谐放大器　·········　87
2.7.1　并联谐振回路的特性　······　87
2.7.2　单级单调谐放大器电路　·····　88
2.7.3　单调谐放大器的 RF
　　　特性分析　··········　90
2.8　双调谐回路谐振放大器　······　95
2.8.1　双调谐回路谐振放大器电路　···　95
2.8.2　双调谐回路谐振放大器
　　　特性分析　··········　96
2.9　0°～360°移相电路　·········　97
本章小结　··················　97
思考题与习题 2　··············　98

第 3 章　集成运算放大器　·········　101
3.1　比例求和运算电路　·········　101
3.1.1　理想运算放大器的
　　　基本特性　··········　101
3.1.2　反相比例运算电路　·······　101
3.1.3　反相加法电路　········　102
3.1.4　同相比例运算电路　·······　102
3.1.5　减法运算电路　········　103
3.2　积分电路与微分电路　········　104
3.2.1　积分电路　···········　104
3.2.2　微分电路　···········　104
3.3　有源低通滤波器　··········　105

3.3.1　一阶有源低通滤波器电路和
　　　幅频特性　··········　105
3.3.2　一阶有源低通滤波器的
　　　交流分析　··········　105
3.3.3　二阶有源低通滤波器　·····　108
3.4　二阶有源高通滤波器　········　108
3.5　二阶有源带通滤波器　········　109
3.6　双 T 带阻滤波器电路　·······　110
3.7　电压比较器　·············　110
3.7.1　电压比较器工作原理　·····　110
3.7.2　过零比较器　·········　111
3.7.3　滞回比较器　·········　111
3.8　对数器　···············　112
3.8.1　PN 结的伏安特性　·······　112
3.8.2　二极管对数放大器　·······　112
3.8.3　三极管对数放大器　·······　113
3.9　指数器　···············　114
3.10　音调控制电路的设计　·······　114
本章小结　··················　117
思考题与习题 3　··············　118

第 4 章　波形发生器电路　·········　121
4.1　双 T 选频网络正弦波
　　振荡器　···············　121
4.2　RC 桥式正弦波振荡器　·······　122
4.3　LC 振荡电路　············　123
4.3.1　LC 振荡电路原理　·······　123
4.3.2　电容反馈三点式振荡器　····　123
4.3.3　电感反馈三点式振荡器　····　124
4.3.4　克拉波振荡电路　·······　124
4.3.5　西勒振荡电路　········　125
4.4　方波和三角波发生电路　······　125
4.5　锯齿波产生电路　··········　126
本章小结　··················　127
思考题与习题 4　··············　127

第 5 章　变换电路　·············　130
5.1　检波电路　··············　130
5.2　绝对值电路　·············　131
5.3　限幅电路　··············　132
5.3.1　串联限幅电路　········　132

5.3.2 稳压管双向限幅电路 ⋯⋯ 133

5.4 死区电路 ⋯⋯⋯⋯⋯⋯⋯⋯ 135
5.4.1 二极管死区电路 ⋯⋯⋯⋯ 135
5.4.2 精密死区电路 ⋯⋯⋯⋯⋯ 137

5.5 电压/电流(U/I)变换电路 ⋯⋯ 139
5.5.1 负载不接地的 U/I
变换电路 ⋯⋯⋯⋯⋯⋯ 139
5.5.2 负载接地的 U/I 变换电路 ⋯ 139

5.6 电流/电压转换电路 ⋯⋯⋯⋯ 140
5.7 峰值检出电路 ⋯⋯⋯⋯⋯⋯ 140
5.8 电压/频率变换(VFC)电路 ⋯ 142
5.9 负阻抗变换器 ⋯⋯⋯⋯⋯⋯ 144
5.10 阻抗模拟变换器 ⋯⋯⋯⋯⋯ 145
5.10.1 阻抗模拟变换器的电路结构
及其工作原理 ⋯⋯⋯⋯ 145
5.10.2 模拟对地电感电路 ⋯⋯⋯ 146
5.10.3 模拟对地电容电路 ⋯⋯⋯ 146
5.10.4 模拟对地负阻抗电路 ⋯⋯ 147

5.11 模拟电感器 ⋯⋯⋯⋯⋯⋯⋯ 149
5.12 电容倍增器 ⋯⋯⋯⋯⋯⋯⋯ 150
本章小结 ⋯⋯⋯⋯⋯⋯⋯⋯⋯⋯ 151
思考题与习题 5 ⋯⋯⋯⋯⋯⋯⋯ 152

第 6 章 模拟乘法器电路 ⋯⋯⋯⋯ 154

6.1 模拟乘法器的基本概念与
特性 ⋯⋯⋯⋯⋯⋯⋯⋯⋯ 154
6.1.1 通用模拟乘法器 ⋯⋯⋯⋯ 154
6.1.2 Multisim 的模拟乘法器 ⋯⋯⋯ 155

6.2 乘法与平方运算电路 ⋯⋯⋯⋯ 155
6.3 除法与开平方运算电路 ⋯⋯⋯ 156
6.3.1 反相输入除法运算电路 ⋯⋯ 156
6.3.2 同相输入除法运算电路 ⋯⋯ 157
6.3.3 开平方运算电路 ⋯⋯⋯⋯ 157

6.4 函数发生电路 ⋯⋯⋯⋯⋯⋯⋯ 158
6.5 调幅电路 ⋯⋯⋯⋯⋯⋯⋯⋯ 159
6.5.1 普通调幅(AM)电路 ⋯⋯⋯ 159
6.5.2 抑制载波双边带调幅
(DSB/SC AM)调制电路 ⋯⋯ 159

6.6 振幅键控(ASK)调制电路 ⋯⋯ 161
6.7 混频器电路 ⋯⋯⋯⋯⋯⋯⋯ 162
6.7.1 混频器特性与仿真 ⋯⋯⋯⋯ 162
6.7.2 混频器频谱分析 ⋯⋯⋯⋯⋯ 162

6.8 倍频器电路 ⋯⋯⋯⋯⋯⋯⋯ 165
6.8.1 倍频器特性与仿真 ⋯⋯⋯⋯ 165
6.8.2 用乘法器组成的二倍频器电路
频谱分析 ⋯⋯⋯⋯⋯⋯ 166

6.9 抑制载波双边带调幅
(DSB/SC AM)解调电路 ⋯⋯ 167

6.10 功率测量电路 ⋯⋯⋯⋯⋯⋯ 168
本章小结 ⋯⋯⋯⋯⋯⋯⋯⋯⋯⋯ 169
思考题与习题 6 ⋯⋯⋯⋯⋯⋯⋯ 169

第 7 章 555 定时电路 ⋯⋯⋯⋯⋯ 171

7.1 555 构成的多谐振荡器 ⋯⋯⋯ 171
7.2 模拟声响电路 ⋯⋯⋯⋯⋯⋯ 171
7.3 大范围可变占空比方波
发生器电路 ⋯⋯⋯⋯⋯⋯ 173
7.4 数字逻辑笔测试电路 ⋯⋯⋯⋯ 175
7.5 接近开关电路 ⋯⋯⋯⋯⋯⋯ 175
7.6 简单的汽车防盗报警电路 ⋯⋯ 175
本章小结 ⋯⋯⋯⋯⋯⋯⋯⋯⋯⋯ 176
思考题与习题 7 ⋯⋯⋯⋯⋯⋯⋯ 177

第 8 章 门电路 ⋯⋯⋯⋯⋯⋯⋯⋯ 179

8.1 门电路的应用 ⋯⋯⋯⋯⋯⋯ 179
8.2 编码器电路 ⋯⋯⋯⋯⋯⋯⋯ 180
8.3 译码器电路 ⋯⋯⋯⋯⋯⋯⋯ 181
8.3.1 变量译码器 ⋯⋯⋯⋯⋯⋯ 181
8.3.2 译码器驱动指示灯电路 ⋯⋯ 182

8.4 数据选择器及其应用 ⋯⋯⋯⋯ 183
8.4.1 用数据选择器 74LS153 实现的
全加器电路 ⋯⋯⋯⋯⋯ 183
8.4.2 通道顺序选择电路 ⋯⋯⋯⋯ 185

8.5 加法器 ⋯⋯⋯⋯⋯⋯⋯⋯⋯ 185
8.5.1 半加器 ⋯⋯⋯⋯⋯⋯⋯⋯ 185
8.5.2 全加器 ⋯⋯⋯⋯⋯⋯⋯⋯ 186

8.6 数值比较器 ⋯⋯⋯⋯⋯⋯⋯ 187
8.6.1 1 位数值比较器 ⋯⋯⋯⋯⋯ 187
8.6.2 多位数值比较器 ⋯⋯⋯⋯⋯ 187

8.7 用门电路实现的 ASK
调制电路 ⋯⋯⋯⋯⋯⋯⋯ 188

8.8 FSK 调制电路 ⋯⋯⋯⋯⋯⋯ 189
8.8.1 FSK 信号的产生 ⋯⋯⋯⋯⋯ 190

8.8.2 用门电路实现的 FSK
调制电路 ······· 190
8.9 用门电路实现的 PSK
调制电路 ······· 192
8.10 竞争冒险现象分析与消除 ··· 193
8.10.1 竞争冒险现象 ······· 193
8.10.2 竞争冒险现象的仿真 ······ 193
8.10.3 竞争冒险现象的消除 ······ 197
本章小结 ······· 198
思考题与习题 8 ······· 198

第 9 章 时序逻辑电路 ······· 200
9.1 触发器及其应用 ······· 200
9.1.1 双 JK 触发器组成的时钟
变换电路 ······· 200
9.1.2 四锁存 D 型触发器组成的
智力竞赛抢答器 ······· 201
9.2 8 位串入-并出移位
寄存器电路 ······· 202
9.3 计数器及其应用 ······· 203
9.3.1 用复位法获得任意进制
计数器 ······· 203
9.3.2 数字钟晶振时基电路 ······· 204
9.4 多谐振荡器 ······· 204
9.4.1 非对称型多谐振荡器 ······· 204
9.4.2 对称型多谐振荡器 ······· 205
9.4.3 带 RC 电路的环形振荡器 ······ 205
9.4.4 石英晶体稳频的多谐
振荡器 ······· 206
本章小结 ······· 207
思考题与习题 9 ······· 207

第 10 章 A/D 与 D/A 转换电路 ······· 208
10.1 Multisim 中的 A/D
转换电路 ······· 208
10.2 Multisim 中的 D/A 转换器 ··· 209
10.3 数控放大器 ······· 210
10.4 可编程任意波形发生器 ······ 211
10.5 数控电压源 ······· 212
10.6 数控电压/电流变换器 ······· 213
10.7 数控恒流源电路 ······· 214

本章小结 ······· 215
思考题与习题 10 ······· 216

第 11 章 电源电路 ······· 217
11.1 单相半波可控整流电路 ······· 217
11.2 单相半控桥整流电路 ······· 218
11.3 三相桥式整流电路 ······· 222
11.3.1 三相桥式整流电路
工作原理 ······· 222
11.3.2 三相桥式整流电路
仿真输出 ······· 223
11.4 直流降压斩波变换电路 ······· 223
11.4.1 直流降压斩波变换电路
工作原理 ······· 223
11.4.2 直流降压斩波变换
电路示例 ······· 224
11.5 直流升压斩波变换电路 ······· 226
11.5.1 直流升压斩波变换电路
工作原理 ······· 226
11.5.2 直流升压斩波变换
电路示例 ······· 226
11.6 直流降压-升压斩波
变换电路 ······· 228
11.6.1 直流降压-升压斩波变换
电路工作原理 ······· 228
11.6.2 直流降压-升压斩波变换
电路示例 ······· 228
11.7 DC-AC 全桥逆变电路 ······· 229
11.7.1 DC-AC 全桥逆变电路
工作原理 ······· 229
11.7.2 MOSFET DC-AC 全桥
逆变电路 ······· 231
11.8 正弦脉宽调制（SPWM）
逆变电路 ······· 234
11.8.1 正弦脉宽调制逆变电路
控制方式 ······· 234
11.8.2 SPWM 产生电路 ······· 236
11.8.3 SPWM 逆变电路 ······· 236
本章小结 ······· 240
思考题与习题 11 ······· 240

第 12 章 应用电路 ······· 242
12.1 函数波形发生器电路 ······· 242

12.2 阶梯波发生器电路 ………… 243

12.3 交叉路口交通控制器的
设计 ……………………… 245

12.3.1 交通控制器的设计原则 …… 245

12.3.2 交通控制器电路 ………… 246

12.4 病房呼叫系统的设计 ……… 247

12.5 8路数显报警器 …………… 249

12.6 汽车尾灯控制电路 ………… 250

12.7 计数器、译码器、数码管驱动
显示电路 ………………… 250

12.8 程控电压衰减器 …………… 253

12.9 数字时钟的设计 …………… 255

12.9.1 数字时钟的电路结构 ……… 255

12.9.2 计数器电路的设计 ……… 255

12.9.3 显示器 ………………… 259

12.9.4 数字钟系统的组成 ………… 259

本章小结 ……………………… 259

思考题与习题12 ……………… 260

第13章 单片机应用电路 …………… 262

13.1 Multisim单片机仿真平台 … 262

13.2 单片机应用电路实例 ……… 264

13.2.1 简易计算器 …………… 264

13.2.2 LCD显示器控制电路 ……… 267

13.2.3 交通灯管理控制器 ……… 268

13.2.4 传送带控制器 …………… 270

本章小结 ……………………… 271

思考题与习题13 ……………… 272

参考文献 ……………………… 277

第1章 NI Multisim 仿真软件

内容提要

NI Multisim 仿真软件是电子电路计算机仿真设计与分析的基础。本章以 Multisim 13.0 为基础，介绍 NI Multisim 仿真软件的基本界面与操作方法，NI Multisim 仿真软件的电路创建的基础，NI Multisim 仿真软件的仪器仪表的使用，以及 NI Multisim 仿真软件的电路分析方法。

知识要点

Multisim 的菜单，工具，元器件库，仪器仪表库，分析功能，操作方法。

教学建议

本章的重点是掌握 NI Multisim 13.0 的基本内容和使用方法，这是进行以后各章学习的基础。建议学时数为 4 学时，可以通过调用后面章节的 1～2 个电路介绍元器件、导线、输入/输出端点、电路图设置、仪器仪表等基本操作。有关元器件、仪器仪表、分析方法中的参数设置等问题可以在以后章节的学习中进一步加深理解和掌握。

1.1 NI Multisim 仿真软件简介

NI Multisim 是一个原理电路设计、电路功能测试的虚拟仿真软件。NI Multisim 13.0 是美国国家仪器公司（National Instruments，NI）电子线路仿真软件 EWB（Electronics Workbench，虚拟电子工作台）的升级版，目前 NI Multisim 有 6.0～14.0 不同版本。

美国 NI 公司的 EWB 包含电路仿真设计的模块 Multisim、PCB 设计软件 Ultiboard、布线引擎 Ultiroute 及通信电路分析与设计模块 Commsim 4 个部分，能完成从电路的仿真设计到电路版图生成的全过程。Multisim、Ultiboard、Ultiroute 及 Commsim 4 个部分相互独立，可以分别使用。Multisim、Ultiboard、Ultiroute 及 Commsim 4 个部分有增强专业版（Power Professional）、专业版（Professional）、个人版（Personal）、教育版（Education）、学生版（Student）和演示版（Demo）等多个版本，各版本的功能和价格有着明显的差异。

NI Multisim 仿真软件用软件的方法虚拟电子与电工元器件，虚拟电子与电工仪器和仪表，实现了"软件即元器件"、"软件即仪器"。

NI Multisim 仿真软件的元器件库提供了数千种电路元器件供实验选用，同时也可以新建或扩充已有的元器件库，而且建库所需的元器件参数可以从生产厂商的产品使用手册中查到，因此也很方便在工程设计中使用。

NI Multisim 仿真软件的虚拟测试仪器仪表种类齐全，有一般实验用的通用仪器，如万用表、函数信号发生器、双踪示波器、直流电源。而且还有一般实验室少有或没有的仪器，如波特图仪、字信号发生器、逻辑分析仪、逻辑转换器、失真仪、频谱分析仪和网络分析仪等。

NI Multisim 仿真软件具有较为详细的电路分析功能，可以完成电路的瞬态分析和稳态分析、时域和频域分析、器件的线性和非线性分析、电路的噪声分析和失真分析、离散傅里叶分析、电路零-极点分析、交直流灵敏度分析等电路分析方法,以帮助设计人员分析电路的性能。

NI Multisim 仿真软件可以设计、测试和演示各种电子电路,包括电工学、模拟电路、数字电路、射频电路及微控制器和接口电路等。可以对被仿真的电路中的元器件设置各种故障,如开路、短路和不同程度的漏电等,从而观察不同故障情况下的电路工作状况。在进行仿真的同时,软件还可以存储测试点的所有数据,列出被仿真电路的所有元器件清单,以及存储测试仪器的工作状态、显示波形和具体数据等。

NI Multisim 仿真软件有丰富的 Help 功能,其 Help 系统不仅包括软件本身的操作指南,更重要的是包含元器件的功能解说,Help 中这种元器件功能解说有利于使用 EWB 进行 CAI 教学。另外,NI Multisim 还提供了与国内外流行的印制电路板设计自动化软件 Altium Designer 及电路仿真软件 PSpice 之间的文件接口,也能通过 Windows 的剪贴板把电路图送往文字处理系统中进行编辑排版。支持 VHDL 和 Verilog HDL 语言的电路仿真与设计。

利用 NI Multisim 仿真软件可以实现计算机仿真设计与虚拟实验。与传统的电子电路设计与实验方法相比,具有如下特点:设计与实验可以同步进行,可以边设计边实验,修改调试方便;设计和实验用的元器件及测试仪器仪表齐全,可以完成各种类型的电路设计与实验;可方便地对电路参数进行测试和分析;可直接打印输出实验数据、测试参数、曲线和电路原理图;实验中不消耗实际的元器件,实验所需元器件的种类和数量不受限制,实验成本低,实验速度快,效率高;设计和实验成功的电路可以直接在产品中使用。

NI Multisim 仿真软件易学易用,便于电子信息、通信工程、自动化、电气控制类专业学生自学,便于开展综合性的设计和实验,有利于培养综合分析能力、开发和创新的能力。

本章以 **NI Multisim 13.0** 教育版为基础,对 NI Multisim 仿真软件的功能进行介绍。

1.2　NI Multisim 13.0 的基本界面

1.2.1　NI Multisim 13.0 的主窗口

单击开始→程序→National Instruments→Circuit Design Suite 13.0→NI Multisim 13.0 命令,启动 NI Multisim 13.0,可以看到如图 1.2.1 所示的 NI Multisim 13.0 的主窗口。

从图 1.2.1 可以看出,NI Multisim 13.0 的主窗口如同一个实际的电子实验台。屏幕中央区域最大的窗口就是电路工作区,在电路工作区上可将各种电子元器件和测试仪器仪表连接成实验电路。从菜单栏中可以选择电路连接、实验所需的各种命令。工具栏包含常用的操作命令按钮,通过鼠标操作即可方便地使用各种命令和实验设备。元器件栏存放着各种电子元器件,仪器仪表栏存放着各种测试仪器仪表,用鼠标操作可以很方便地从元器件和仪器库中,提取实验所需的各种元器件及仪器、仪表到电路工作窗口并连接成实验电路。单击"启动/停止"开关或"暂停/恢复"按钮,可以方便地控制实验的进程。

1.2.2　NI Multisim 13.0 菜单栏

NI Multisim 13.0 有 12 个主菜单,如图 1.2.2 所示,菜单中提供了本软件几乎所有的功能命令。

1. File(文件)菜单

File(文件)菜单提供 18 个文件操作命令,如打开、保存和打印等,File 菜单中的主要命令

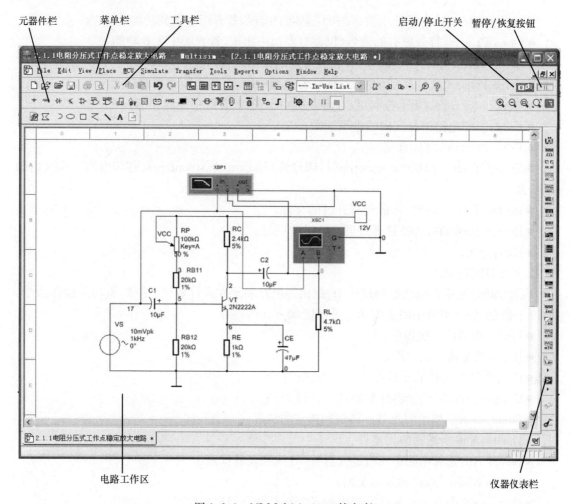

图 1.2.1　NI Multisim13.0 的主窗口

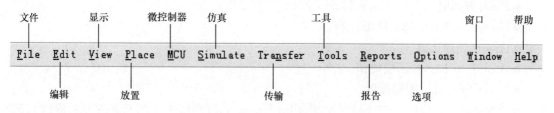

图 1.2.2　NI Multisim13.0 的 12 个主菜单

及功能如下。

● New:建立一个新文件。

● Open:打开一个已存在的 ＊.ms13、＊.msm12、＊.msm11、＊.msm10、＊.msm9、
＊.msm8、＊.msm7、＊.ewb 或 ＊.utsch 等格式的文件。

● Close:关闭当前电路工作区内的文件。

● Close All:关闭电路工作区内的所有文件。

● Save:将电路工作区内的文件以 ＊.ms13 的格式存盘。

● Save as:将电路工作区内的文件另存为一个文件,仍为 ＊.ms13 格式。

● Save All:将电路工作区内所有的文件以 ＊.ms13 的格式存盘。

- New Project：建立新的项目（仅在专业版中出现，教育版中无此功能）。
- Open Project：打开原有的项目（仅在专业版中出现，教育版中无此功能）。
- Save Project：保存当前的项目（仅在专业版中出现，教育版中无此功能）。
- Close Project：关闭当前的项目（仅在专业版中出现，教育版中无此功能）。
- Version Control：版本控制（仅在专业版中出现，教育版中无此功能）。
- Print：打印电路工作区内的电原理图。
- Print Preview：打印预览。
- Print Options：包括 Print Setup（打印设置）和 Print Instruments（打印电路工作区内的仪表）命令。
- Recent Files：选择打开最近打开过的文件。
- Recent Projects：选择打开最近打开过的项目。
- Exit：退出。

2. Edit（编辑）菜单

Edit（编辑）菜单在电路绘制过程中，提供对电路和元件进行剪切、粘贴、旋转等操作命令，共 23 个命令，Edit 菜单中的主要命令及功能如下。

- Undo：取消前一次操作。
- Redo：恢复前一次操作。
- Cut：剪切所选择的元器件，放在剪贴板中。
- Copy：将所选择的元器件复制到剪贴板中。
- Paste：将剪贴板中的元器件粘贴到指定的位置。
- Delete：删除所选择的元器件。
- Select All：选择电路中所有的元器件、导线和仪器仪表。
- Delete Multi-Page：删除多页面。
- Paste as Subcircuit：将剪贴板中的子电路粘贴到指定的位置。
- Find：查找电原理图中的元件。
- Graphic Annotation：图形注释。
- Order：顺序选择。
- Assign to Layer：图层赋值。
- Layer Settings：图层设置。
- Orientation：旋转方向选择。包括：Flip Horizontal（将所选择的元器件左右旋转），Flip Vertical（将所选择的元器件上下旋转），90 Clockwise（将所选择的元器件顺时针旋转 90°），90 CounterCW（将所选择的元器件逆时针旋转 90°）。
- Title Block Position：工程图明细表位置。
- Edit Symbol/Title Block：编辑符号/工程明细表。
- Font：字体设置。
- Comment：注释。
- Forms/Questions：格式/问题。
- Properties：属性编辑。

3. View（窗口显示）菜单

View（窗口显示）菜单提供 22 个用于控制仿真界面上显示的内容的操作命令，View 菜单中的主要命令及功能如下。

- Full Screen：全屏。
- Parent Sheet：层次。
- Zoom In：放大电原理图。
- Zoom Out：缩小电原理图。
- Zoom Area：放大面积。
- Zoom Fit to Page：放大到适合的页面。
- Zoom to Magnification：按比例放大到适合的页面。
- Zoom Selection：放大选择。
- Show Grid：显示或者关闭栅格。
- Show Border：显示或者关闭边界。
- Show Page Border：显示或者关闭页边界。
- Ruler Bars：显示或者关闭标尺栏。
- Statusbar：显示或者关闭状态栏。
- Design Toolbox：显示或者关闭设计工具箱。
- Spreadsheet View：显示或者关闭电子数据表，扩展显示窗口。
- Circuit Description Box：显示或者关闭电路描述工具箱。
- Toolbar：显示或者关闭工具箱。
- Show Comment/Probe：显示或者关闭注释/标注。
- Grapher：显示或者关闭图形编辑器。

4. Place(放置)菜单

Place(放置)菜单提供在电路工作窗口内放置元件、连接点、总线和文字等17个命令，Place 菜单中的主要命令及功能如下。

- Component：放置元件。
- Junction：放置节点。
- Wire：放置导线。
- Bus：放置总线。
- Connectors：放置输入/输出端口连接器。
- New Hierarchical Block：放置层次模块。
- Replace Hierarchical Block：替换层次模块。
- Hierarchical Block from File：来自文件的层次模块。
- New Subcircuit：创建子电路。
- Replace by Subcircuit：子电路替换。
- Multi-Page：设置多页。
- Merge Bus：合并总线。
- Bus Vector Connect：总线矢量连接。
- Comment：注释。
- Text：放置文字。
- Grapher：放置图形。
- Title Block：放置工程标题栏。

5. MCU(微控制器)菜单

MCU(微控制器)菜单提供在电路工作窗口内 MCU 的调试操作命令等 11 个命令,MCU 菜单中的主要命令及功能如下。

- No MCU Component Found:没有创建 MCU 器件。
- Debug View Format:调试格式。
- Show Line Numbers:显示线路数目。
- Pause:暂停。
- Step into:进入。
- Step over:跨过。
- Step out:离开。
- Run to cursor:运行到指针。
- Toggle breakpoint:设置断点。
- Remove all breakpoint:移出所有的断点。

6. Simulate(仿真)菜单

Simulate(仿真)菜单提供 18 个电路仿真设置与操作命令,Simulate 菜单中的主要命令及功能如下。

- Run:开始仿真。
- Pause:暂停仿真。
- Stop:停止仿真。
- Instruments:选择仪器仪表。
- Interactive Simulation Settings:交互式仿真设置。
- Digital Simulation Settings:数字仿真设置。
- Analysis:选择仿真分析法。
- Postprocess:启动后处理器。
- Simulation Error Log/Audit Trail:仿真误差记录/查询索引。
- XSpice Command Line Interface:XSpice 命令界面。
- Load Simulation Setting:导入仿真设置。
- Save Simulation Setting:保存仿真设置。
- Auto Fault Option:自动故障选择。
- VHDL Simlation:VHDL 仿真。
- Dynamic Probe Properties:动态探针属性。
- Reverse Probe Direction:反向探针方向。
- Clear Instrument Data:清除仪器数据。
- Use Tolerances:使用公差。

7. Transfer(文件输出)菜单

Transfer(文件输出)菜单提供 8 个传输命令,Transfer 菜单中的主要命令及功能如下。

- Transfer to Ultiboard 13:将电路图传送给 Ultiboard 13。
- Transfer to Ultiboard 12 or earlier:将电路图传送给 Ultiboard 12 或者其他早期版本。
- Export to PCB Layout:输出 PCB 设计图。
- Forward Annotate to Ultiboard 13:创建 Ultiboard 13 注释文件。

- Forward Annotate to Ultiboard 12 or earlier：创建 Ultiboard 12 或者其他早期版本注释文件。
- Backannotate from Ultiboard：修改 Ultiboard 注释文件。
- Highlight Selection in Ultiboard：加亮所选择的 Ultiboard。
- Export Netlist：输出网表。

8. **Tools(工具)菜单**

Tools(工具)菜单提供 18 个元件和电路编辑或管理命令，Tools 菜单中的主要命令及功能如下。

- Component Wizard：元件编辑器。
- Database：数据库。
- Variant Manager：变量管理器。
- Set Active Variant：设置动态变量。
- Circuit Wizards：电路编辑器。
- Rename/Renumber Components：元件重新命名/编号。
- Replace Components：元件替换。
- Update Circuit Components：更新电路元件。
- Update HB/SC Symbols：更新 HB/SC 符号。
- Electrical Rules Check：电气规则检验。
- Clear ERC Markers：清除 ERC 标志。
- Toggle NC Marker：设置 NC 标志。
- Symbol Editor：符号编辑器。
- Title Block Editor：工程图明细表比较器。
- Description Box Editor：描述箱比较器。
- Edit Labels：编辑标签。
- Capture Screen Area：抓图范围。

9. **Reports(报告)菜单**

Reports(报告)菜单提供材料清单等 6 个报告命令，Reports 菜单中的主要命令及功能如下。

- Bill of Report：材料清单。
- Component Detail Report：元件详细报告。
- Netlist Report：网络表报告。
- Cross Reference Report：参照表报告。
- Schematic Statistics：统计报告。
- Spare Gates Report：剩余门电路报告。

10. **Options(选项)菜单**

Options(选项)菜单提供 4 个电路界面和电路某些功能的设定命令，Options 菜单中的主要命令及功能如下。

- Global Preferences：全部参数设置。
- Sheet Properties：工作台界面设置。
- Customize User Interface：用户界面设置。

11. Windows(窗口)菜单

Windows(窗口)菜单提供 9 个窗口操作命令,Windows 菜单中的主要命令及功能如下。

- New Window:建立新窗口。
- Close:关闭窗口。
- Close All:关闭所有窗口。
- Cascade:窗口层叠。
- Tile Horizontal:窗口水平平铺。
- Tile Vertical:窗口垂直平铺。
- Windows:窗口选择。

12. Help(帮助)菜单

Help(帮助)菜单为用户提供在线技术帮助和使用指导,Help 菜单中的主要命令及功能如下。

- Multisim Help:主题目录。
- Components Reference:元件索引。
- Release Notes:版本注释。
- Check For Updates:更新校验。
- File Information:文件信息。
- Patents:专利权。
- About Multisim:有关 Multisim 的说明。

1.2.3　NI Multisim 13.0 工具栏

图 1.2.3 为 NI Multisim13.0 常用工具栏,工具栏的主要图标名称及功能说明如下。

- 新建——清除电路工作区,准备生成新电路。
- 打开——打开电路文件。
- 存盘——保存电路文件。
- 打印——打印电路文件。
- 剪切——剪切至剪贴板。
- 复制——复制至剪贴板。
- 粘贴——从剪贴板粘贴。
- 旋转——旋转元器件。
- 全屏——电路工作区全屏。
- 放大——将电路图放大一定比例。
- 缩小——将电路图缩小一定比例。
- 缩放区域——聚焦电路工作区面积。
- 放大板——放大到适合的页面。
- 文件列表——显示电路文件列表。
- 表格视图——显示电子数据表。
- 数据库管理——元器件数据库管理。
- 图示仪——图形编辑器和电路分析方法选择。
- 后处理器——对仿真结果进一步操作。

● 电气规则校验——校验电气规则。

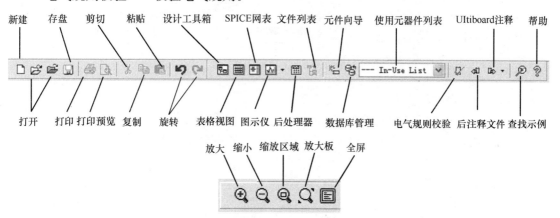

图 1.2.3　NI Multisim13.0 的工具栏

1.2.4　NI Multisim 13.0 的元器件库

NI Multisim13.0 提供了丰富的元器件库,元器件库栏图标和名称如图 1.2.4 所示。

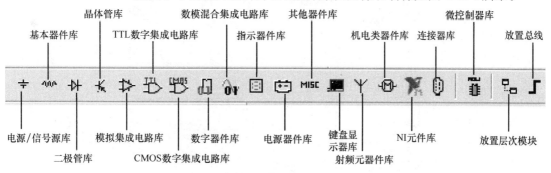

图 1.2.4　元器件库栏

单击元器件库栏的某一个图标,即可打开该元件库。元器件库中的各个图标所表示的元器件含义如下面所述。关于这些元器件的功能和使用方法将在后面介绍,读者还可使用在线帮助功能查阅有关的内容。

1. **电源/信号源库**

电源/信号源库包含接地端、直流电压源(电池)、正弦交流电压源、方波(时钟)电压源、压控方波电压源等多种电源与信号源。如图 1.2.5 所示。

2. **基本器件库**

基本器件库包含电阻、电容等多种元件,如图 1.2.6 所示。基本器件库中的虚拟元器件的参数是可以任意设置的,非虚拟元器件的参数是固定的,但是是可以选择的。

3. **二极管库**

二极管库包含二极管、可控硅等多种器件,如图 1.2.7 所示。二极管库中的虚拟器件的参数是可以任意设置的,非虚拟元器件的参数是固定的,但是是可以选择的。

4. **晶体管库**

晶体管库包含晶体管、FET 等多种器件,如图 1.2.8 所示。晶体管库中的虚拟器件的参

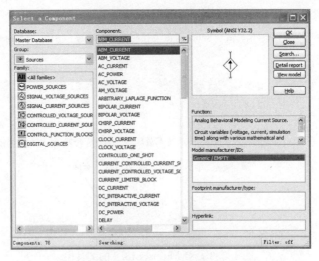

图 1.2.5 电源/信号源库

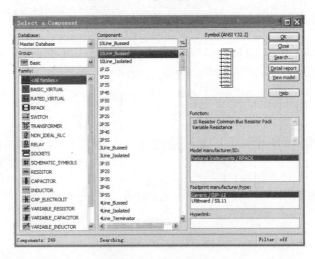

图 1.2.6 基本器件库

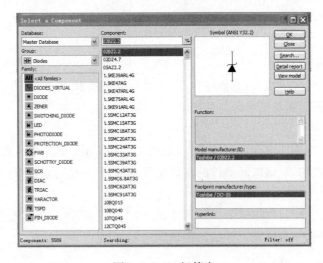

图 1.2.7 二极管库

数是可以任意设置的,非虚拟元器件的参数是固定的,但是是可以选择的。

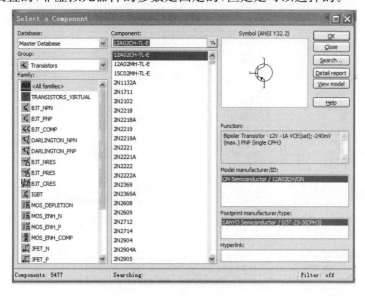

图 1.2.8　晶体管库

5. 模拟集成电路库

模拟集成电路库包含多种运算放大器,如图 1.2.9 所示。模拟集成电路库中的虚拟器件的参数是可以任意设置的,非虚拟元器件的参数是固定的,但是是可以选择的。

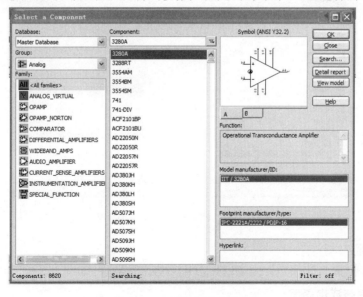

图 1.2.9　模拟集成电路库

6. TTL 数字集成电路库

TTL 数字集成电路库包含 74××系列和 74LS××系列等 74 系列数字集成电路器件,如图 1.2.10 所示。

7. CMOS 数字集成电路库

CMOS 数字集成电路库包含 40××系列和 74HC××系列等多种 CMOS 数字集成电路器件,如图 1.2.11 所示。

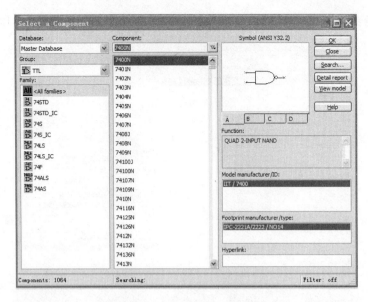

图 1.2.10　TTL 数字集成电路库

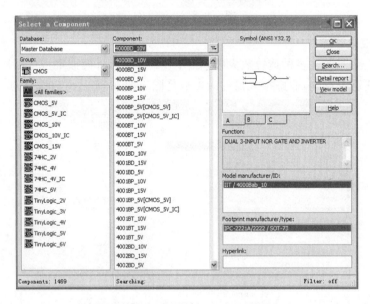

图 1.2.11　CMOS 数字集成电路库

8. 数字器件库

数字器件库包含 DSP、FPGA、CPLD、VHDL 等多种器件,如图 1.2.12 所示。

9. 数模混合集成电路库

数模混合集成电路库包含 ADC、DAC、555 定时器等多种数模混合集成电路器件,如图 1.2.13 所示。

10. 指示器件库

指示器件库包含电压表、电流表、七段数码管等多种器件,如图 1.2.14 所示。

11. 电源器件库

电源器件库包含三端稳压器、PWM 控制器等多种电源器件,如图 1.2.15 所示。

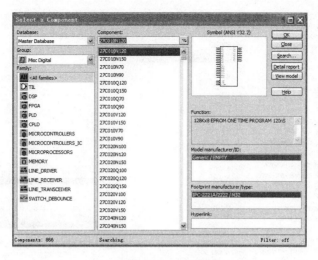

图 1.2.12　数字器件库

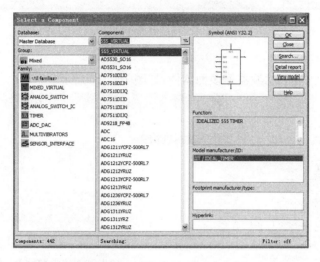

图 1.2.13　数模混合集成电路库

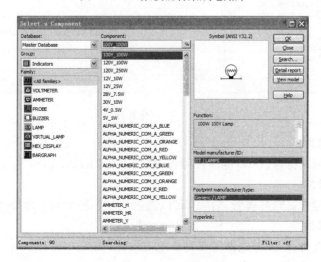

图 1.2.14　指示器件库

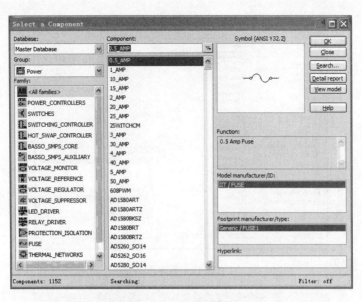

图 1.2.15　电源器件库

12. 其他器件库

其他器件库包含晶体、滤波器等多种器件,如图 1.2.16 所示。

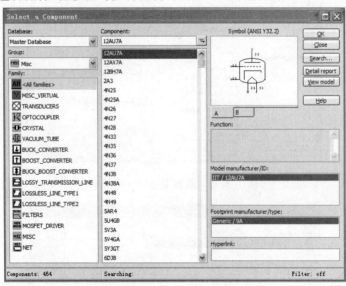

图 1.2.16　其他器件库

13. 键盘显示器库

键盘显示器库包含键盘、LCD 等多种器件,如图 1.2.17 所示。

14. 射频元器件库

射频元器件库包含射频晶体管、射频 FET、微带线等多种射频元器件,如图 1.2.18 所示。

15. 机电类器件库

机电类器件库包含开关、继电器等多种机电类器件,如图 1.2.19 所示。

16. NI 元件库

NI 元件库包含 NI 公司提供的连接器、LED、GPIB、SCXI 等多种元件,如图 1.2.20 所示。

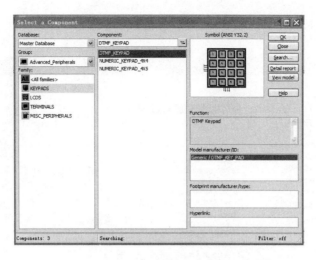

图 1.2.17　键盘显示器库

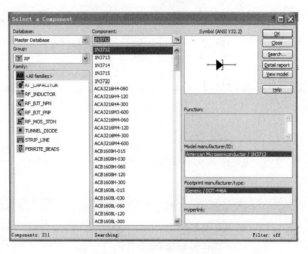

图 1.2.18　射频元器件库

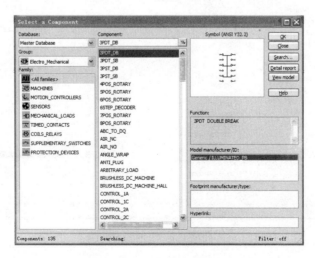

图 1.2.19　机电类器件库

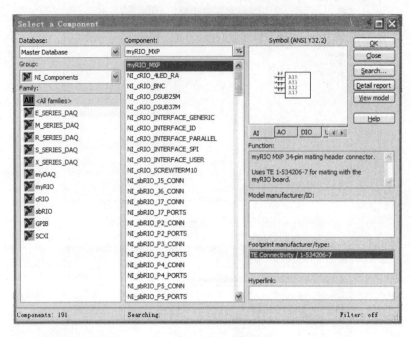

图 1.2.20　NI 元件库

17. 连接器库

连接器库包含电源、射频、USB 等多种连接器,如图 1.2.21 所示。

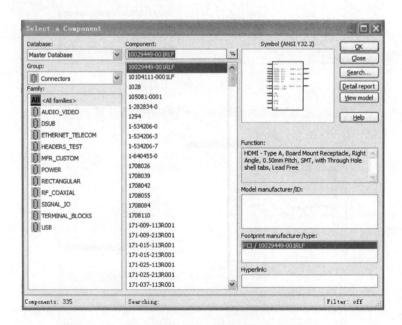

图 1.2.21　连接器库

18. 微控制器库

微控制器库包含 8051、PIC 等多种微控制器,如图 1.2.22 所示。

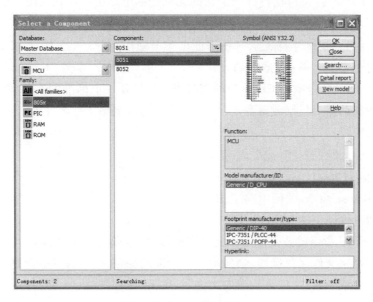

图 1.2.22　微控制器库

1.2.5　NI Multisim 13.0 仪器仪表库

NI Multisim 13.0 仪器仪表库主要的图标及功能如图 1.2.23 所示。

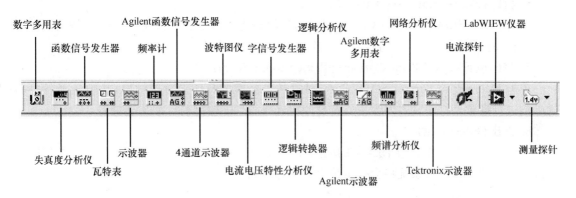

图 1.2.23　仪器仪表库的图标及功能

1.3　NI Multisim 13.0 的基本操作

1.3.1　文件的基本操作

与 Windows 一样,用户可以单击或按快捷键打开 Multisim 的 File 菜单。NI Multisim 13.0 的大部分功能菜单可以采用相应的快捷键进行快速操作。

1. 新建(File→New)—— Ctrl＋N

单击 File→New 命令或按 Ctrl＋N 快捷键操作,打开一个无标题的电路窗口,可用它来创建一个新的电路。

当启动 Multisim 时,将自动打开一个新的无标题的电路窗口。在关闭当前电路窗口前将提示是否保存它。

单击工具栏中的"新建"图标□,等价于此项菜单操作。

2. 打开(File→Open)—— Ctrl+O

单击 File→Open 命令或按 Ctrl+O 快捷键操作,打开一个标准的文件对话框,选择所需要的存放文件的驱动器/目录(或磁盘/文件夹),从中选择电路文件名并单击,则该电路便显示在电路工作窗口中。

单击工具栏中的"打开"图标🗁,等价于此项菜单操作。

3. 关闭(File→Close)

单击 File→Close 命令,关闭电路工作区内的文件。

4. 保存(File→Save)—— Ctrl+S

单击 File→Save 命令或按 Ctrl+S 快捷键操作,以电路文件形式保存当前电路工作窗口中的电路。对新电路文件保存操作,会显示一个标准的保存文件对话框,选择保存当前电路文件的驱动器/目录(或磁盘/文件夹),输入文件名,单击"保存"按钮即可将该电路文件保存。

单击工具栏中的"保存"图标🖫,等价于此项菜单操作。

5. 文件换名保存(File→Save As)

单击 File→Save As 命令,可将当前电路文件换名保存,新文件名及驱动器/目录均可选择。原存放的电路文件仍保持不变。

6. 打印(File→Print)—— Ctrl+P

单击 File→Print 命令或按 Ctrl+P 快捷键操作,将当前电路工作窗口中的电路及测试仪器进行打印操作。必要时,在进行打印操作之前应完成打印设置工作。

7. 打印设置(File→Print Options→Print Circuit Setup)

单击 File→Print Circuit Setup 命令,显示一个标准的打印设置对话框,从中选择各打印的参数进行设置。打印设置内容主要有打印机选择、纸张选择、打印效果选择等。

8. 退出(File→Exit)

单击 File→Exit 命令,关闭当前的电路并退出 Multisim。如果在上次保存之后做过电路修改,在关闭窗口之前,系统将会提示是否再保存电路。

1.3.2 编辑的基本操作

编辑(Edit)菜单是 Multisim 用来控制电路及元器件的菜单。

1. 顺时针旋转(Edit→Orientation→90 Clockwise)——Ctrl+R

单击 Edit→Orientation→90 Clockwise 命令或按 Ctrl+R 快捷键操作,将所选择的元器件顺时针旋转 90°,与元器件相关的文本,例如标号、数值和模型信息可能重置,但不会旋转。

2. 逆时针旋转(Edit→Orientation→90 CounterCW)——Shift+Ctrl+R

单击 Edit→Orientation →90 CounterCW 命令或按 Shift+Ctrl+R 快捷键操作,将所选择的元器件逆时针旋转 90°,与元器件相关的文本,例如标号、数值和模型信息可能重置,但不会旋转。

3. 水平反转(Edit→Orientation→Flip Horizontal)

单击 Edit→Orientation→Flip Horizontal 命令,将所选元器件以纵轴为轴翻转 180°,与元

器件相关的文本,例如标号、数值和模型信息可能重置、翻转。

4. 垂直反转(Edit→Orientation→Flip Vertical)

单击 Edit→Orientation→Flip Vertical 命令,将所选元器件以横轴为轴翻转180°,与元器件相关的文本,例如标号、数值和模型信息可能重置、翻转。

5. 元件属性(Edit→Properties)——Ctrl＋M

选中元器件,单击 Edit→Properties 命令或按 Ctrl＋M 快捷键操作,弹出该元器件的特性对话框。双击所选元器件也可以。其对话框中的选项与所选的元器件类型有关。使用该对话框,可对元器件的标签、编号、数值、模型参数等进行设置与修改。

1.3.3 创建子电路

子电路是由用户自己定义的一个电路(相当于一个电路模块),可存放在自定义元器件库中供电路设计时反复调用。利用子电路可使大型的、复杂系统的设计模块化、层次化,从而提高设计效率与设计文档的简洁性、可读性,实现设计的重用,缩短产品的开发周期。

Place 操作中的子电路(New Subcircuit)菜单选项,可以用来生成一个子电路。子电路的创建步骤如下:

首先在电路工作区连接好一个电路,如图1.3.1所示为一个波形变换电路。

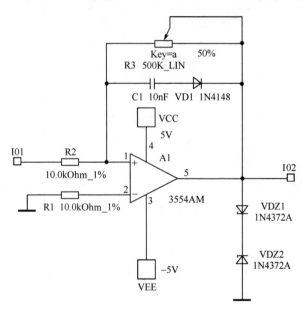

图1.3.1　一个波形变换电路

然后用拖框操作(按住鼠标左键拖动)将电路选中,这时框内元器件全部选中。单击 Place→New Subcircuit 命令,即出现子电路对话框,如图1.3.2所示。

输入电路名称如 BX(最多为8个字符,包括字母与数字)后,单击"OK"按钮,生成一个子电路图标,如图1.3.3所示。

单击 File→Save 命令或按 Ctrl＋S 快捷键操作,可以保存生成的子电路。单击 File→Save As 命令,可将当前子电路文件换名保存。

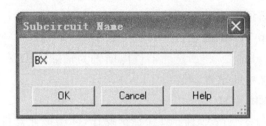
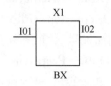

图1.3.2　子电路对话框　　　　图1.3.3　生成的子电路

1.3.4　在电路工作区内输入文字

为加强对电路图的理解,在电路图中的某些部分添加适当的文字注释有时是必要的。在Multisim的电路工作区内可以输入中、英文文字。

1. 启动 Text 命令(Place→Text)

单击 Place→Text 命令,然后单击需要放置文字的位置,可以在该处放置一个文字块,如图1.3.4所示(注意:如果电路窗口背景为白色,则文字输入框的黑边框是不可见的)。

图1.3.4　文字输入框

2. 输入文字

在文字输入框中输入所需要的文字,文字输入框将随文字的多少自动缩放。文字输入完毕后,单击文字输入框以外的地方,文字输入框会自动消失。

3. 改变文字的颜色

如果需要改变文字的颜色,可以用鼠标指针指向该文字块,单击鼠标右键打开快捷菜单,选取 Pen Color 命令,在"颜色"对话框中选择文字颜色。注意:选择 Font 可改动文字的字体和大小。

4. 移动文字

如果需要移动文字,用鼠标指针指向文字,按住鼠标左键,移动到目的地后放开左键即可完成文字移动。

5. 删除文字

如果需要删除文字,则先选取该文字块,单击右键打开快捷菜单,选取 Delete 命令即可删除文字。

1.3.5　输入注释

利用注释描述框输入文本可以对电路的功能、使用说明等进行详尽的描述,并且在需要查看时可打开,不需要时关闭,不占用电路窗口空间。注释描述框的操作很简单,写入时,单击Place→Comment 命令,打开如图1.3.5所示的对话框,在其中输入需要说明的文字,可以保存和打印所输入的文本。

图 1.3.5　注释描述框

1.3.6　编辑图纸标题栏

单击 Place→Title Block 命令,打开一个标题栏文件选择对话框,如图 1.3.6 所示,在标题栏文件中包括 10 个可选择的标题栏文件。

图 1.3.6　标题栏文件选择对话框

例如,选择 default.tb7 所提供的标题栏如图 1.3.7 所示,在标题栏中包括 11 个栏位,说明如下:

National Instruments 801-111 Peter Street Toronto, ON M5V 2H1 (416) 977-5550		NATIONAL INSTRUMENTS	
Title:　Design1	Desc.: Design1		
Designed by:	Document No:		Revision:
Checked by:	Date:　2015-05-14		Size:　A
Approved by:	Sheet　1　of　1		

图 1.3.7　选择 default.tb7 所提供的标题栏

- Title:当前电路图的图名,程序会自动将文件名称设定为图名。
- Desc.:当前电路图的功能描述,可以用来说明该电路图。
- Designed by:当前电路图的设计者姓名。
- Checked by:当前电路图的检查者姓名。
- Approved by:当前电路图的核准者姓名。
- Document No:当前电路图的图号。
- Date:当前电路图的绘制日期。
- Sheet:标明当前电路图为图集中的第几张图。
- of:当前电路图所属的图集,总共有多少张图。
- Revision:当前电路图的版本号码。
- Size:图纸尺寸。

标题栏内容可以编辑(输入和修改),编辑完毕单击"OK"按钮即可。

1.4　电路创建的基础

1.4.1　元器件的操作

1. 元器件的选用

选用元器件时,首先在元器件库栏中单击包含该元器件的图标,打开该元器件库。然后从选中的元器件库对话框中(如图 1.4.1 所示电容库对话框),单击该元器件,然后单击"OK"按钮即可,按住鼠标左键拖曳该元器件到电路工作区的适当地方即可。

2. 选中元器件

在连接电路时,要对元器件进行移动、旋转、删除、设置参数等操作,这就需要先选中该元器件。要选中某个元器件,可单击该元器件。被选中的元器件的四周出现 4 个黑色小方块(电路工作区为白底),便于识别。对选中的元器件可以进行移动、旋转、删除、设置参数等操作。按住鼠标左键拖动,拖曳形成一个矩形区域,可以同时选中在该矩形区域内包围的一组元器件。

要取消某一个元器件的选中状态,只需单击电路工作区的空白部分即可。

3. 元器件的移动

单击该元器件并按住鼠标左键拖动,拖曳该元器件即可移动该元器件。

要移动一组元器件,必须先用前述的矩形区域方法选中这些元器件,然后按住鼠标左键拖曳其中的任意一个元器件,则所有选中的部分就会一起移动。元器件被移动后,与其相连接的导线就会自动重新排列。

选中元器件后,也可使用箭头键使之做微小的移动。

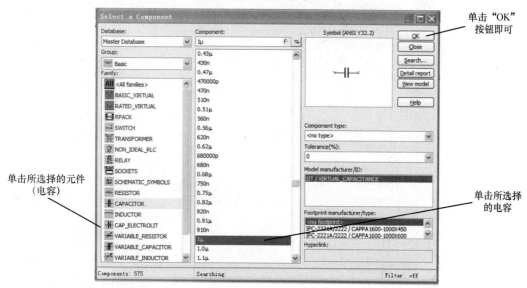

图 1.4.1　电容库对话框

4. 元器件的旋转与反转

对元器件进行旋转或反转操作,需要先选中该元器件,然后单击鼠标右键或者选择菜单Edit,选择菜单中的 Flip Horizontal(将所选择的元器件左右旋转)、Flip Vertical(将所选择的元器件上下旋转)、90 Clockwise(将所选择的元器件顺时针旋转 90°)、90 CounterCW(将所选择的元器件逆时针旋转 90°)等命令。也可使用快捷键实现旋转操作,快捷键的定义标在菜单命令的旁边。

5. 元器件的复制、删除

对选中的元器件,进行元器件的复制、移动、删除等操作,可以单击鼠标右键或者使用菜单Edit→Cut(剪切)、Edit→Copy(复制)和 Edit→Paste(粘贴)、Edit→Delete(删除)等命令实现元器件的复制、移动、删除等操作。

6. 元器件标签、编号、数值、模型参数的设置

双击元器件,或者选择菜单 Edit→Properties(元器件特性)命令,会弹出相关的对话框,可供输入数据。

器件特性对话框具有多种选项可供设置,包括 Label(标识)、Display(显示)、Value(数值)、Fault(故障设置)、Pins(引脚端)、Variant(变量)等内容。电容的器件特性对话框如图 1.4.2所示。

(1) Label(标识)

Label(标识)选项卡用于设置元器件的 Label(标识)和 RefDes(编号)。

RefDes(编号)由系统自动分配,必要时可以修改,但必须保证编号的唯一性。注意:连接点、接地等元器件没有编号。在电路图上是否显示标识和编号可由菜单 Options→Global Preferences 命令设置。

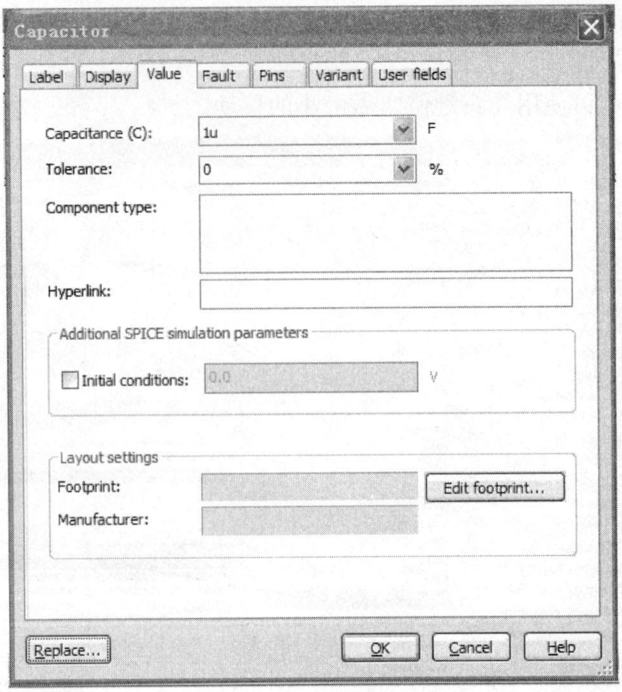

图 1.4.2　电容的器件特性对话框

（2）Display（显示）

Display（显示）选项卡用于设置 Label、RefDes 的显示方式。该设置与菜单 Options→Global Preferences 命令设置有关。如果遵循电路图选项的设置，则 Label、RefDes 的显示方式由电路图选项的设置决定。

（3）Value（数值）

单击 Value（数值）选项卡，弹出 Value（数值）选项卡对话框。

（4）Fault（故障）

Fault（故障）选项卡可供人为设置元器件的隐含故障。例如，在三极管的故障设置对话框中，E、B、C 为与故障设置有关的引脚号，对话框提供 Leakage（漏电）、Short（短路）、Open（开路）、None（无故障）等设置。如果选择了 Open（开路）设置，图中设置引脚 E 和引脚 B 为 Open（开路）状态，尽管该三极管仍连接在电路中，但实际上隐含了开路的故障，这可以为电路的故障分析提供方便。

（5）改变元器件的颜色

在复杂的电路中，可以将元器件设置为不同的颜色。要改变元器件的颜色，用鼠标指针指向该元器件，单击右键可以出现快捷菜单，选择 Change Color 选项，出现颜色选择框，然后选择合适的颜色即可。单击右键出现的快捷菜单如图 1.4.3 所示。

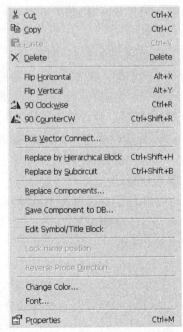

图 1.4.3　单击右键出现的快捷菜单

1.4.2　电路图选项的设置

选择 Options→Sheet Properties（工作台界面设置）命令，用于设置与电路图显示方式有关的一些选项。

1. Sheet visbility 选项卡

选择 Options→Sheet Properties 命令，弹出如图 1.4.4 所示对话框。其中，Sheet visbility 选项卡包含 Component、Net names、Connectors 和 Bus entry 共 4 个选项，可以选择电路的各种参数。例如：

- Labels：选择是否显示元器件的标志。
- RefDes：选择是否显示元器件编号。
- Values：选择是否显示元器件数值。
- Initial conditions：选择初始化条件。
- Tolerance：选择公差。

2. Colors 选项卡

单击图 1.4.4 中的 Colors 选项卡，在弹出的 Color 对话框中可以选择电路工作区的背景、元器件、导线等的颜色。

3. Workspace 选项卡

单击图 1.4.4 中的 Workspace 选项卡，弹出如图 1.4.5 所示对话框。其中，包含 Show、Sheet size、Custom size 3 个选项图框，可以用来选择与电路工作区有关参数。例如：

- Show Grid：选择电路工作区里是否显示格点。
- Show page bounds：选择电路工作区里是否显示页面分隔线（边界）。
- Show border：选择电路工作区里是否显示边界。
- Sheet size 区域的功能是设定图纸大小（A～E、A0～A4 以及 Custom 选项），并可选择尺寸单位为英寸（Inche）或厘米（Centimeter），以及设定图纸方向是 Portrait（纵向）或 Landscape（横向）。

图 1.4.4　Sheet visbility 选项卡

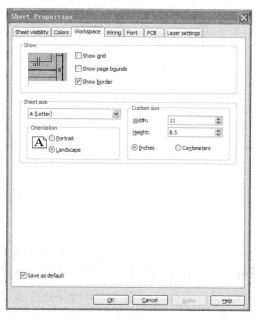

图 1.4.5　Workspace 选项卡

● Custom size：用户可以自定义图纸大小。

4. **Wiring 选项卡**

单击图 1.4.4 中的 Wiring 选项卡，可弹出 Wiring 对话框。其中：

● Wire Width：选择线宽。

● Bus Width：选择总线线宽。

● Bus Wiring Mode：选择总线模式。

5. **Font 选项卡**

单击图 1.4.4 中的 Font 选项卡，可弹出如图 1.4.6 所示对话框。

（1）选择字型

● 在 Font 区域用于选择所要采用的字型。

● Font style 区域选择字型，字型可以为粗体字（Bold）、粗斜体字（Bold Italic）、斜体字（Italic）、正常字（Regular）。

● Size 区域选择字型大小，可以直接在栏位里选取。

● Preview 区域显示的是所设定的字型。

（2）选择字型的应用项目

在 Change all 区域选择本对话框所设定的字型应用项目。

● Component values and labels：选择元器件标注文字和数值采用所设定的字型。

● Component RefDes：选择元器件编号采用所设定的字型。

● Component attributes：选择元器件属性文字采用所设定的字型。

图 1.4.6　Font 选项卡

● Footprint pin names：选择引脚名称采用所设定的字型。

● Symbol pin names：选择符号引脚采用所设定的字型。

● Net names：选择网络表名称采用所设定的字型。

● Schematic text：选择电路图里的文字采用所设定的字型。

（3）选择字型的应用范围

在 Apply to 区域选择本对话框所设定的字型的应用范围。

● Selection：应用在选取的项目。

● Entire sheet：将应用于整个电路图。

6. Components 对话框

选择 Options→Global Options 命令，在弹出的对话框中单击 Components 选项卡，弹出如图 1.4.7 所示的 Components 对话框。

（1）选择元器件操作模式

在 Place component mode 区域选择元器件操作模式。

● Place single component：选定时，从元器件库里取出元器件，只能放置一次。

● Continuous placement for multi-section part only(ESC to quit)：选定时，如果从元器件库里取出的元器件是 74××之类的单封装内含多组件的元器件，则可以连续放置元器件；停止放置元器件，可按 ESC 键退出。

● Continuous placement(ESC to quit)：选定时，从元器件库里取出的元器件，可以连续放置；停止放置元器件，可按 ESC 键退出。

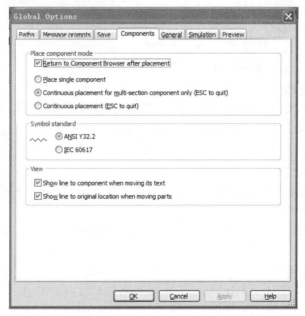

图 1.4.7　Components 对话框

（2）选择元器件符号标准

在 Symbol standard 区域选择元器件图形符号标准。

● ANSI Y32.2：设定采用美国图形符号标准。

● IEC 60617：设定采用国际电工委员会图形符号标准。

（3）选择移动状态

在 View 区域可以选择移动状态。

● Show line to component when moving its text：移动文字时，显示线和元器件。

● Show line to original location when moving parts：移动部件时，显示线和起始位置。

7. PCB 和 Layer settings 对话框

选择 Options→Sheet Properties 命令,在弹出的对话框中分别单击 PCB 和 Layer settings 选项卡,在弹出的 PCB 和 Layer settings 对话框中可以设置与 PCB 设计有关的参数。

8. Default 对话框

选择 Options→Sheet Properties 和 Options→Global Options 命令弹出的各对话框的左下角有一个选项用于保存用户的默认设置。单击选择 Save as default,则将当前设置存为用户的默认设置,默认设置的影响范围是新建图纸;不选择 Save as default,则将当前设置恢复为用户的默认设置。若仅单击"OK"按钮则不影响用户的默认设置,仅影响当前图纸的设置。

1.4.3　导线的操作

1. 导线的连接

在两个元器件之间,首先将鼠标指针指向一个元器件的端点使其出现一个小圆点,单击并拖曳出一根导线,拉住导线并指向另一个元器件的端点使其出现小圆点,释放鼠标左键,则导线连接完成。

连接完成后,导线将自动选择合适的走向,不会与其他元器件或仪器发生交叉。

2. 连线的删除与改动

将鼠标指针指向元器件与导线的连接点将出现一个圆点,按住鼠标左键拖曳该圆点,使导线离开元器件端点,释放鼠标左键,导线自动消失,完成连线的删除。也可以将拖曳移开的导线连至另一个接点,实现连线的改动。

3. 改变导线的颜色

在复杂的电路中,可以将导线设置为不同的颜色。要改变导线的颜色,用鼠标指针指向该导线,单击右键可以出现快捷菜单,选择 Change Color 选项,出现颜色选择框,然后选择合适的颜色即可。

4. 在导线中插入元器件

将元器件直接拖曳放置在导线上,然后释放即可在电路中插入元器件。

5. 从电路删除元器件

选中该元器件,单击 Edit→Delete 命令即可,或者单击右键出现快捷菜单,选择 Delete 选项即可。

6. "连接点"的使用

"连接点"是一个小圆点,单击 Place Junction 命令可以放置节点。一个"连接点"最多可以连接来自 4 个方向的导线,可以直接将"连接点"插入连线中。

7. 节点编号

在连接电路时,NI Multisim13.0 自动为每个节点分配一个编号。是否显示节点编号,可在 Options→Sheet Properties 弹出的对话框的 Sheet visibility 选项卡(见图 1.4.4)中设置。选择 Net names 选项下的 show all,可以显示连接线的节点编号。

1.4.4　输入/输出端

选择 Place→Connectors 命令,即可取出所需要的一个输入/输出端。输入/输出端菜单如图 1.4.8 所示。

在电路控制区中,输入/输出端可以看作是只有一个引脚的元器件,所有操作方法与元器件相同。不同的是输入/输出端只有一个连接点。

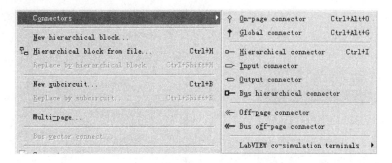

图 1.4.8　输入/输出端菜单

1.5　仪器仪表的使用

1.5.1　仪器仪表的基本操作

NI Multisim13.0 的仪器仪表库中存放有数字多用表、函数信号发生器、示波器、波特图仪、字信号发生器、逻辑分析仪、逻辑转换仪、瓦特表、失真度分析仪、网络分析仪、频谱分析仪等 20 多种仪器仪表可供使用。仪器仪表以图标方式存在，每种类型有多台，仪器仪表库的图标及功能如图 1.2.23 所示。

1.　仪器仪表的选用与连接

（1）仪器仪表选用

从仪器仪表库中将所选用的仪器仪表图标，按住鼠标左键将它"拖放"到电路工作区即可，类似元器件的拖放。

（2）仪器仪表连接

将仪器仪表图标上的连接端（接线柱）与相应电路的连接点相连，连线过程类似元器件的连线。

2.　仪器仪表参数的设置

（1）设置仪器仪表参数

双击仪器仪表图标，即可打开仪器面板。可以用鼠标指针操作仪器面板上相应按钮及参数设置对话窗口设置数据。

（2）改变仪器仪表参数

在测量或观察过程中，可以根据测量或观察结果来改变仪器仪表参数的设置，如示波器、逻辑分析仪等。

1.5.2　数字多用表

数字多用表（Multimeter）是一种可以用来测量交直流电压、交直流电流、电阻及电路中两点之间的分贝损耗，自动调整量程的数字显示的多用表。

双击数字多用表图标，可以弹出数字多用表面板，如图 1.5.1 所示。单击 Set... 按钮，则弹出参数设置对话框，如图 1.5.2 所示，可以设置数字多用表的电流表内阻、电压表内阻、欧姆表电流及测量范围等参数。如图 1.5.3 所示，NI Multisim13.0 还可以提供与 Agilent 数字多用表相同的数字多用表。

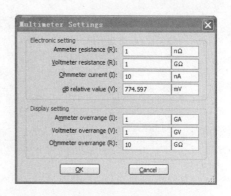

图 1.5.1　数字多用表面板图　　　　图 1.5.2　数字多用表参数设置对话框

图 1.5.3　Agilent 数字多用表面板图

1.5.3　函数信号发生器

函数信号发生器(Function Generator)是可提供正弦波、三角波、方波三种不同波形的信号的电压信号源。双击函数信号发生器图标,可以弹出函数信号发生器的面板,如图 1.5.4 所示。

函数信号发生器的输出波形、工作频率、占空比、幅度和直流偏置,可单击波形选择按钮并在各窗口设置相应的参数来实现。频率设置范围为 1Hz～999THz;占空比调整值为 1％～99％;幅度设置范围为 1μV～999kV;偏移设置范围为－999kV～999kV。

1.5.4　瓦特表

瓦特表(Wattmeter)用来测量电路的功率,交流或者直流均可测量。双击瓦特表图标,弹出瓦特表的面板,如图 1.5.5 所示。电压输入端与测量电路并联连接,电流输入端与测量电路串联连接。

图 1.5.4　函数信号发生器的面板　　　　图 1.5.5　瓦特表的面板

1.5.5　示波器

示波器(Oscilloscope)是用来显示电信号波形的形状、大小、频率等参数的仪器。双击示波器图标,弹出示波器的面板,如图 1.5.6 所示。

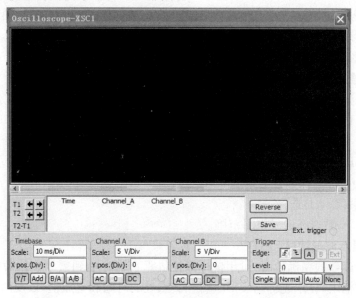

图 1.5.6　示波器的面板

示波器面板上各按键的作用、调整及参数的设置与实际的示波器类似。

1. 时基(Timebase)控制部分的调整

(1)时间基准

X 轴刻度显示示波器的时间基准,其基准为 0.1fs/Div～1000Ts/Div 可供选择。

(2)X 轴位置控制

X 轴位置控制 X 轴的起始点。当 X 的位置调到 0 时,信号从显示器的左边缘开始,正值使起始点右移,负值使起始点左移。X 位置的调节范围从−5.00～+5.00。

(3)显示方式选择

显示方式选择示波器的显示,可以从"幅度/时间(Y/T)"切换到"A 通道/B 通道中(A/B)"、"B 通道/A 通道(B/A)"或"Add"方式。

● Y/T 方式:X 轴显示时间,Y 轴显示电压值。

● A/B、B/A 方式:X 轴与 Y 轴都显示电压值。

● Add 方式:X 轴显示时间,Y 轴显示 A 通道、B 通道的输入电压之和。

2. 示波器输入通道(Channel A/B)的设置

(1)Y 轴刻度

Y 轴电压刻度范围从 1fV/Div～1000TV/Div,可以根据输入信号大小来选择 Y 轴刻度值的大小,使信号波形在示波器显示屏上显示出合适的幅度。

(2)Y 轴位置(Y position)

Y 轴位置控制 Y 轴的起始点。当 Y 的位置调到 0 时,Y 轴的起始点与 X 轴重合;如果将 Y 轴位置增大到 1.00,Y 轴原点位置从 X 轴向上移一大格;若将 Y 轴位置减小到−1.00,Y

轴原点位置从 X 轴向下移一大格。Y 轴位置的调节范围从－3.00～＋3.00。改变 A、B 通道的 Y 轴位置,有助于比较或分辨两通道的波形。

(3)Y 轴输入方式

Y 轴输入方式即信号输入的耦合方式。当用 AC 耦合时,示波器显示信号的交流分量;当用 DC 耦合时,显示的是信号的 AC 和 DC 分量之和;当用 0 耦合时,在 Y 轴设置的原点位置显示一条水平直线。

3. 触发方式(Trigger)调整

(1)触发信号选择

触发信号选择一般选择自动触发(Auto)选择"A"或"B",则用相应通道的信号作为触发信号。选择"EXT",则由外触发输入信号触发;选择"Single"为单脉冲触发;选择"Normal"为一般脉冲触发。

(2)触发沿(Edge)选择

触发沿(Edge)可选择上升沿或下降沿触发。

(3)触发电平(Level)选择

触发电平(Level)选择触发电平范围。

4. 示波器显示波形读数

要显示波形读数的精确值时,可用鼠标指针将垂直光标拖到需要读取数据的位置。在显示屏幕下方的方框内,显示光标与波形垂直相交点处的时间和电压值,以及两光标位置之间的时间、电压的差值。

单击 Reverse 按钮可改变示波器屏幕的背景颜色。单击 Save 按钮可按 ASCII 码格式存储波形读数。

如图 1.5.7 和图 1.5.8 所示,NI Multisim 13.0 还可以提供与 Agilent 示波器和 Tektronix 示波器相同的示波器。

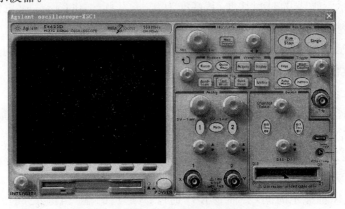

图 1.5.7　Agilent 示波器面板图

1.5.6　波特图仪

波特图仪(Bode Plotter)可以用来测量和显示电路的幅频特性与相频特性,类似于扫频仪。双击波特图仪图标,弹出波特图仪的面板,如图 1.5.9 所示。可选择幅频特性(Magnitude)或者相频特性(Phase)。

波特图仪有 In 和 Out 两对端口,其中 In 端口的＋和－分别接电路输入端的正端和负端;

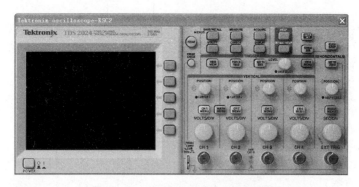

图 1.5.8　Tektronix 示波器面板图

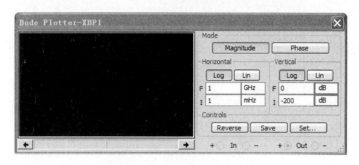

图 1.5.9　波特图仪的面板

Out 端口的＋和－分别接电路输出端的正端和负端。使用波特图仪时，必须在电路的输入端接入 AC(交流)信号源。

1. 坐标设置

在垂直(Vertical)坐标或水平(Horizontal)坐标图框内，单击 Log 按钮，则坐标以对数(底数为 10)的形式显示；单击 Lin 按钮，则坐标以线性的结果显示。

水平(Horizontal)坐标标度(1mHz～1000THz)：水平坐标轴系/轴总是显示频率值。它的标度由水平轴的初始值(I Initial)或终值(F Final)决定。

在信号频率范围很宽的电路中，分析电路频率响应时，通常选用对数坐标(以对数为坐标所绘出的频率特性曲线称为波特图)。

垂直(Vertical)坐标：当测量电压增益时，垂直轴显示输出电压与输入电压之比。若使用对数基准，则单位是分贝；如果使用线性基准，则显示的是比值。当测量相位时，垂直轴总是以度为单位显示相位角。

2. 坐标数值的读出

要得到特性曲线上任意点的频率、增益或相位差，可用鼠标指针拖动读数指针(位于波特图仪中的垂直光标)，或者用读数指针移动按钮来移动读数指针(垂直光标)到需要测量的点，读数指针(垂直光标)与曲线的交点处的频率和增益或相位角的数值显示在读数框中。

3. 分辨率设置

Set... 按钮用来设置扫描的分辨率。单击 Set... 按钮，出现分辨率设置对话框，数值越大，分辨率越高。

1.5.7 字信号发生器

字信号发生器(Word Generator)是能产生 32 路(位)同步逻辑信号的一个多路逻辑信号源,用于对数字逻辑电路进行测试。

双击字信号发生器图标,弹出字信号发生器面板,如图 1.5.10 所示。

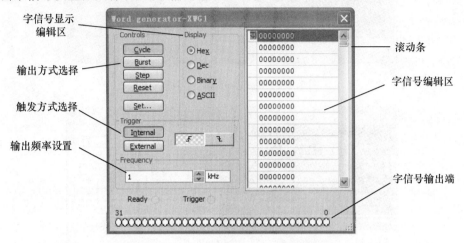

图 1.5.10 字信号发生器面板

1. 字信号的输入

在字信号编辑区,32 位的字信号以 8 位十六进制数编辑和存放,可以存放 1024 条字信号,地址编号为 0000~03FF。

字信号输入操作:将鼠标指针移至字信号编辑区的某一位上单击,由键盘输入二进制数码的字信号,光标自左至右、自上至下移位,可连续地输入字信号。

在字信号显示(Display)编辑区可以编辑或显示字信号格式有关的信息。字信号发生器被激活后,字信号按照一定的规律逐行从底部的输出端送出,同时在面板的底部对应于各输出端的小圆圈内,实时显示输出字信号各位(bit)的值。

2. 字信号的输出方式

字信号的输出方式分为 Step(单步)、Burst(单帧)、Cycle(循环)3 种方式。单击 **Step** 按钮,字信号输出一条。这种方式可用于对电路进行单步调试。

单击 **Burst** 按钮,则从首地址开始至末地址连续逐条地输出字信号。

单击 **Cycle** 按钮,则循环不断地进行 Burst 方式的输出。

Burst 和 Cycle 情况下的输出节奏由输出频率的设置决定。

采用 Burst 输出方式时,当运行至该地址时输出暂停。再次单击 **Burst** 按钮,则恢复输出。

3. 字信号的触发方式

字信号的触发分为 Internal(内部)和 External(外部)两种触发方式。当选择 Internal(内部)触发方式时,字信号的输出直接由输出方式按钮(Step、Burst、Cycle)启动。当选择 External(外部)触发方式时,需接入外触发脉冲,并定义"上升沿触发"或"下降沿触发"。然后单击输出方式按钮,待触发脉冲到来时才启动输出。此外,在数据准备好后,输出端还可以得到与输出字信号同步的时钟脉冲输出。

4. 字信号的存盘、重用、清除等操作

单击 ⬚Set... 按钮，弹出 Pre-setting patterns 对话框，对话框中的 Clear buffer(清字信号编辑区)、Open(打开字信号文件)、Save(保存字信号文件)3 个选项用于对编辑区的字信号进行相应的操作。字信号存盘文件的后缀为".DP"。对话框中的 UP counter(按递增编码)、Down counter(按递减编码)、Shift right(按右移编码)、Shift left(按左移编码)4 个选项用于生成一定规律排列的字信号。例如，如果选择 UP counter(按递增编码)，则按 0000～03FF 排列；如果选择 Shift right(按右移编码)，则按 8000、4000、2000 等逐步右移一位的规律排列；其余类推。

1.5.8 逻辑分析仪

逻辑分析仪(Logic Analyzer)用于对数字逻辑信号的高速采集和时序分析，可以同步记录和显示 16 路数字信号。逻辑分析仪的面板如图 1.5.11 所示。

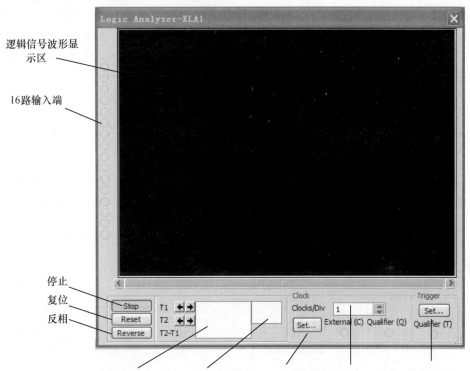

图 1.5.11　逻辑分析仪的面板

1. 数字逻辑信号与波形的显示、读数

面板左边的 16 个小圆圈对应 16 个输入端，各路输入逻辑信号的当前值在小圆圈内显示，按从上到下排列依次为最低位至最高位。16 路输入的逻辑信号的波形以方波形式显示在逻辑信号波形显示区。通过设置输入导线的颜色可修改相应波形的显示颜色。波形显示的时间轴刻度可通过面板下边的 Clocks/Div 设置。读取波形的数据可以通过拖放读数指针完成。在面板下部的两个方框内显示指针所处位置的时间读数和逻辑读数(4 位十六进制数)。

2. 触发方式设置

单击 Trigger 区的 ▢Set...▢ 按钮,可以弹出触发方式对话框。触发方式有多种选择,对话框中可以输入 A、B、C 三个触发字。逻辑分析仪在读到一个指定字或几个字的组合后触发。触发字的输入可单击标为 A、B 或 C 的编辑框,然后输入二进制的字(0 或 1)或者 x,x 代表该位为"任意"(0、1 均可)。单击对话框中 Trigger combinations 方框右边的按钮,弹出由 A、B、C 组合的 8 组触发字,选择 8 种组合之一,并单击"Accept"(确认)按钮后,在 Trigger combinations 方框中就被设置为该种组合触发字。

3 个触发字的默认设置均为 xxxxxxxxxxxxxxxxx,表示只要第一个输入逻辑信号到达,无论是什么逻辑值,逻辑分析仪均被触发开始波形的采集,否则必须满足触发字条件才被触发。此外,Trigger qualifier(触发限定字)对触发有控制作用。若该位设为 x,触发控制不起作用,触发完全由触发字决定;若该位设置为"1"(或"0"),则仅当触发控制输入信号为"1"(或"0")时,触发字才起作用;否则,即使触发字组合条件满足也不能引起触发。

3. 采样时钟设置

单击面板下部 Clock 区的 ▢Set...▢ 按钮,弹出时钟控制对话框。在对话框中,波形采集的控制时钟可以选择内时钟或者外时钟;上升沿有效或者下降沿有效。如果选择内时钟,内时钟频率可以设置。此外,对 Clock qualifier(时钟限定)的设置决定时钟控制输入对时钟的控制方式。若该位设置为"1",表示时钟控制输入为"1"时开放时钟,逻辑分析仪可以进行波形采集;若该位设置为"0",表示时钟控制输入为"0"时开放时钟;若该位设置为"x",则表示时钟总是开放的,不受时钟控制输入的限制。

1.5.9　逻辑转换仪

逻辑转换仪(Logic Converter)是 Multisim 特有的仪器,能够完成真值表、逻辑表达式和逻辑电路三者之间的相互转换,实际中不存在与此对应的设备。逻辑转换仪面板及转换方式选择如图 1.5.12 和图 1.5.13 所示。

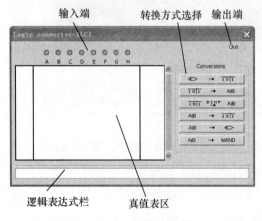

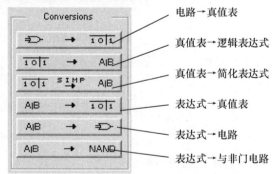

图 1.5.12　逻辑转换仪面板　　　　　图 1.5.13　逻辑转换仪的转换方式选择

1. 逻辑电路→真值表

逻辑转换仪可以导出多路(最多 8 路)输入一路输出的逻辑电路的真值表。首先画出逻辑电路,并将其输入端接至逻辑转换仪的输入端,输出端连接到逻辑转换仪的输出端。单击 ▢ ⤏ 10│1 ▢ 按钮,在逻辑转换仪的显示窗口,即真值表区出现该电路的真值表。

2. 真值表→逻辑表达式

真值表的建立：一种方法是根据输入端数，单击逻辑转换仪面板顶部代表输入端的小圆圈，选定输入信号（由 A～H）。此时真值表区自动出现输入信号的所有组合，而输出列的初始值全部为零。可根据所需要的逻辑关系修改真值表的输出值而建立真值表。另一种方法是由电路图通过逻辑转换仪转换过来的真值表。

对已在真值表区建立的真值表，单击 `1 0 1 → A|B` 按钮，在面板底部的逻辑表达式栏中出现相应的逻辑表达式。如果要简化该表达式或直接由真值表得到简化的逻辑表达式，单击 `1 0 1 SIMP A|B` 按钮后，在逻辑表达式栏中出现相应的该真值表的简化逻辑表达式。在逻辑表达式中的"'"表示逻辑变量的"非"。

3. 表达式→真值表、逻辑电路或逻辑与非门电路

可以直接在逻辑表达式栏中输入逻辑表达式，"与-或"式及"或-与"式均可，然后单击 `A|B → 1 0 1` 按钮得到相应的真值表；单击 `A|B → ⊃` 按钮得到相应的逻辑电路；单击 `A|B → NAND` 按钮得到由与非门构成的逻辑电路。

1.5.10 失真分析仪

失真分析仪（Distortion Analyzer）是一种用来测量电路信号失真的仪器，Multisim 提供的失真分析仪频率范围为 20Hz～20kHz，失真分析仪面板如图 1.5.14 所示。

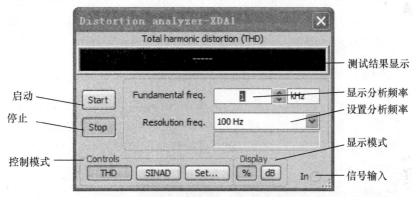

图 1.5.14 失真分析仪面板

在 Controls（控制模式）区域中，THD 设置分析总谐波失真，SINAD 设置分析信噪比。单击 `Set...` 按钮，设置分析参数。

1.5.11 频谱分析仪

频谱分析仪（Spectrum Analyzer）用来分析信号的频域特性，Multisim 提供的频谱分析仪的频率范围上限为 4GHz，频谱分析仪面板如图 1.5.15 所示。

在图 1.5.15 所示频谱分析仪面板中，分 5 个区。

● Span Control 区：单击 `Set span` 按钮，频率范围由 Frequency 区域设定；单击 `Zero span` 按钮，频率范围仅由 Frequency 区域的 Center 栏设定的中心频率确定；单击 `Full span` 按钮，频率范围设定为 0～4GHz。

● Frequency 区：Span 设定频率范围；Start 设定起始频率；Center 设定中心频率；End 设

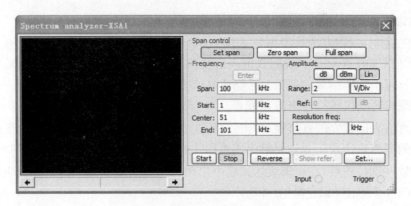

图 1.5.15　频谱分析仪面板

定终止频率。

● Amplitude 区：当选择 [dB] 时，纵坐标刻度单位为 dB；当选择 [dBm] 时，纵坐标刻度单位为 dBm；当选择 [Lin] 时，纵坐标刻度单位为线性。

● Resolution Frequency 区：可以设定频率分辨率，即能够分辨的最小谱线间隔。

● Controls 区：当选择 [Start] 时，启动分析；当选择 [Stop] 时，停止分析；当选择 [Set...] 时，选择触发源是 Internal（内部触发）还是 External（外部触发），选择触发模式是 Continue（连续触发）还是 Single（单次触发）。

频谱图显示在频谱分析仪面板左侧的窗口中，利用游标可以读取其每点的数据并显示在面板右侧下部的数字显示区域中。

1.5.12　网络分析仪

网络分析仪（Network Analyzer）是一种用来分析双端口网络的仪器，它可以测量衰减器、放大器、混频器、功率分配器等电子电路及元件的特性。Multisim 提供的网络分析仪可以测量电路的 S 参数并计算出 H、Y、Z 参数。网络分析仪面板如图 1.5.16 所示。

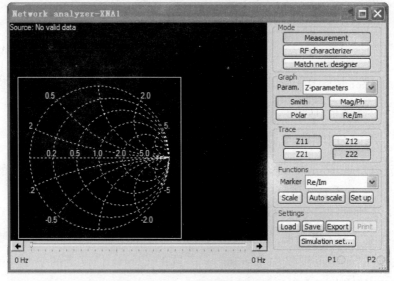

图 1.5.16　网络分析仪面板

1. **显示窗口数据显示模式设置**

显示窗口数据显示模式在 Marker 栏中设置。当选择 Re/Im 时,显示数据为直角坐标模式;当选择 Mag/Ph(Degs)时,显示数据为极坐标模式;当选择 dB Mag/Ph(Deg)时,显示数据为分贝极坐标模式。滚动条控制显示窗口游标所指的位置。

2. **选择需要显示的参数**

在 Trace 区中选择需要显示的参数,只要单击需要显示的参数按钮(Z11、Z12、Z21、Z22)即可。

3. **参数格式**

参数格式在 Graph 区中设置。

Param.选项中可以选择所要分析的参数,其中包括 S-parameters(S 参数)、H-parameters(H 参数)、Y-parameters(Y 参数)、Z-parameters(Z 参数)和 Stability factor(稳定因素)。

4. **显示模式**

显示模式可以通过选择 Smith(史密斯格式)、Mag/Ph(增益/相位的频率响应图即波特图)、Polar(极化图)、Re/Im(实部/虚部)完成。以上 4 种显示模式的刻度参数可以通过 Scale 按钮设置;程序自动调整刻度参数由 Auto scale 按钮设置;显示窗口的显示参数,如线宽、颜色等由 Setup 按钮设置。

5. **数据管理**

Settings 区域提供数据管理功能。单击 Load 按钮读取专用格式数据文件;单击 Save 按钮存储专用格式数据文件;单击 Export 按钮输出数据至文本文件;单击 Print 按钮打印数据。

6. **分析模式设置**

分析模式在 Mode 区中设置。选择 Measurement 时为测量模式;选择 Match net. designer 时为电路设计模式,可以显示电路的稳定度、阻抗匹配、增益等数据;选择 RF characterizer 时为射频特性分析模式。 Simulation set... 设定上面 3 种分析模式的参数,在不同的分析模式下,将会有不同的参数设定,如图 1.5.17 和图 1.5.18 所示。

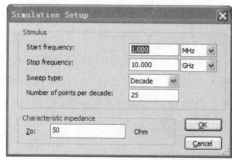

图 1.5.17　Measurement 参数设置

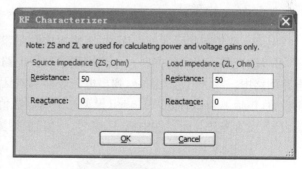

图 1.5.18　RF Characterizer 参数设置

1.5.13　IV(电流/电压)分析仪

IV(电流/电压)分析仪用来分析二极管、PNP 和 NPN 晶体管、PMOS 和 CMOS FET 的 IV 特性。注意:IV 分析仪只能够测量未连接到电路中的元器件。IV(电流/电压)分析仪的面板如图 1.5.19 所示。

图 1.5.19　IV(电流/电压)分析仪的面板

1.5.14　测量探针和电流探针

Multisim 提供测量探针和电流探针。在电路仿真时,将测量探针和电流探针连接到电路中的测量点,测量探针即可测量出该点的电压和频率值,电流探针即可测量出该点的电流值。

1.5.15　电压表

电压表存放在指示元器件库中,在使用中数量没有限制,如图 1.5.20 所示。单击旋转按钮,可以改变其引出线的方向。电压表用来测量电路中两点间的电压。测量时,将电压表与被测电路的两点并联。电压表交、直流工作模式及其他参数设置,可双击电压表图标,弹出电压表参数对话框。电压表预置的内阻很高,在 1MΩ 以上。然而,在低电阻电路中使用极高内阻电压表,仿真时可能会产生错误。电压表参数对话框具有多种选项可供设置,包括 Label(标识)、Models(模型)、Value(数值)、Fault(故障设置)、Display(显示)内容的设置,设置方法与元器件中标签、编号、数值、模型参数的设置方法相同。

1.5.16　电流表

电流表存放在指示元器件库中,在使用中数量没有限制,如图 1.5.21 所示。单击旋转按钮,可以改变其引出线的方向。电流表用来测量电路回路中的电流。测量时将它串联在被测电路回路中。双击电流表图标,弹出电流表参数对话框。电流表参数对话框具有多种选项可供设置,包括 Label(标识)、Model(模型)、Value(数值)、Fault(故障设置)、Display(显示)内容的设置,设置方法与元器件中标签、编号、数值、模型参数的设置方法相同。

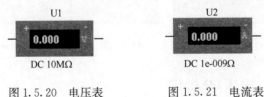

图 1.5.20　电压表　　　　图 1.5.21　电流表

1.5.17　LabVIEW Instruments

如图 1.5.22 所示,NI Multisim 13.0 可以提供一些 LabVIEW Instruments(仪器)。

NI LabVIEW 提供了用于测试、控制和嵌入式设计应用的图形化系统设计平台,彻底改变了工程师和科学家设计原型和部署系统的方式。通过简化底层复杂性和集成构建各种测量或控制系统所需的工具,LabVIEW 图形化系统设计软件为工程师提供了一个平台来加快流程并更快速实现所需结果。它内置了多个工程专用的软件函数库以及硬件接口、数据分析、可视化和特性共享库。借助这一灵活的平台,工程师可以完成从设计到测试等一系列步骤以及开发大中小型系统,同时重用 IP 和简化流程,实现性能的最优化。

有关 NI LabVIEW 的更多内容,请登录 http://www.ni.com/labview/why/zhs 查询。

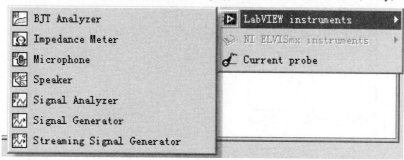

图 1.5.22　LabVIEW Instruments

1.6　电路分析方法

1.6.1　NI Multisim 13.0 的分析菜单

NI Multisim 13.0 具有较强的分析功能,单击 Simulate→Analysis 命令,可以弹出电路分析菜单。单击设计工具栏的▦图标,也可以弹出该电路分析菜单。

1.6.2　直流工作点分析

在进行直流工作点分析(DC Operating Point Analysis)时,电路中的交流源将被置零,电容开路,电感短路。单击 Simulate→Analysis→DC Operating Point 命令,弹出 DC Operating Point Analysis 对话框(见图 1.6.1),进入直流工作点分析状态。DC Operating Point Analysis 对话框有 Output、Analysis options 和 Summary 3 个选项卡,分别介绍如下。

1. Output 选项卡

Output 选项卡用来选择需要分析的节点和变量。

(1) Variables in circuit 栏

在 Variables in circuit 栏中列出的是电路中可用于分析的节点和变量。单击 Variables in circuit 框的下拉箭头▾,可以给出变量类型选择表。其中:

● Voltage and current,选择电压和电流变量;

● Voltage,选择电压变量;

● Current,选择电流变量;

● Device/Model parameters,选择元件/模型参数变量;

● All variables,选择电路中的全部变量。

单击 Filter unselected variables... 按钮,可以增加一些变量。单击此按钮,弹出 Filter Nodes 对话

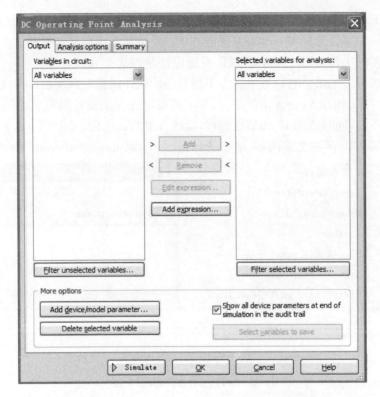

图 1.6.1 DC Operating Point Analysis 对话框

框,如图 1.6.2 所示。该对话框有 3 个选项:选择 Display internal nodes 选项,显示内部节点;选择 Display submodules 选项,显示子模型的节点;选择 Display open pins 选项,显示开路的引脚。

(2) More options 区

More options 区有 Add device/model parameter... 和 Delete selected variable 两个按钮。

● 单击 Add device/model parameter... 按钮,可以在 Variables in circuit 栏内增加某个元件/模型的参数,弹出 Add device/model parameter 对话框。

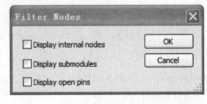

图 1.6.2 Filter Nodes 对话框

在 Add device/model parameter 对话框,可以在 Parameter type 栏内指定所要新增参数的形式;然后分别在 Device type 栏内指定元件模块的种类、在 Name 栏内指定元件名称(序号)、在 Parameter 栏内指定所要使用的参数。

● 单击 Delete selected variable 按钮,可以删除已通过 Add device/model parameter 按钮选择到 Variables in circuit 栏中的变量。首先选中需要删除变量,然后单击该按钮即可删除该变量。

(3) Selected variables for analysis 区

Selected variables for analysis 区列出的是确定需要分析的节点。其在默认状态下为空,用户需要从 Variables in circuit 栏中选取,方法是:首先选中左边的 Variables in circuit 栏中需要分析的一个或多个变量,再单击 Add 按钮,则这些变量出现在 Selected variables for analysis栏中。如果不想分析其中已选中的某一个变量,可先选中该变量,单击 Remove

按钮即将其移回 Variables in circuit 栏内。

Filter selected variables... 按钮用于筛选 Filter unselected variables... 按钮已经选中并且放在 Selected variables for analysis 栏的变量。

2. Analysis options 选项卡

Analysis options 选项卡如图 1.6.3 所示,其中包含 SPICE options 区和 Other options 区。Analysis options 选项卡用于设定分析参数,建议使用默认值。

图 1.6.3　Analysis options 选项卡

如果选择 Use custom settings,可以用来选择用户所设定的分析选项。可供选取设定的项目已出现在下面的栏中,其中大部分项目应采用默认值。如果想要改变其中某一个分析选项参数,则在选取该项后,再单击后面的 Customize... 按钮,将弹出另一个对话框,可以在该对话框中输入新的参数。

3. Summary 选项卡

在 Summary 选项卡中,给出了所有设定的参数和选项,用户可以检查确认所要进行的分析设置是否正确。

4. 保存设置

单击 OK 按钮可以保存所有的设置。

5. 放弃设置

单击 Cancel 按钮即可放弃设置。

6. 进行仿真分析

单击 ▷ Simulate 按钮即可进行仿真分析,得到仿真分析结果。

1.6.3　交流分析

交流分析(AC Analysis)用于分析电路的频率特性。需先选定被分析的电路节点,在分析时,电路中的直流源将自动置零,交流信号源、电容、电感等均处在交流模式,输入信号也设定为正弦波形式。若把函数信号发生器的其他信号作为输入激励信号,在进行交流频率分析时,会自动把它作为正弦信号输入,因此输出响应也是该电路交流频率的函数。

单击 Simulate→Analysis→AC Analysis 菜单命令,将弹出 AC Analysis 对话框(见图1.6.4),进入交流分析状态。AC Analysis 对话框有 Frequency parameters、Output、Analysis options 和 Summary 4 个选项卡,其中 Output、Analysis options 和 Summary 3 个选项卡与直流工作点分析的设置一样,下面仅介绍 Frequency parameters 选项卡。

图 1.6.4　AC Analysis 选项卡

1. 参数设置

在 Frequency parameters 选项卡中,可以确定分析的起始频率、终点频率、扫描形式、分析采样点数和纵向坐标(Vertical scale)等参数。

● 在 Start frequency(FSTART)中,设置分析的起始频率,默认设置为 1Hz。

● 在 Stop frequency(FSTOP)中,设置扫描终点频率,默认设置为 10GHz。

● 在 Sweep type 中,设置分析的扫描方式,包括 Decade(十倍程扫描)和 Octave(八倍程扫描)及 Linear(线性扫描)。默认设置为十倍程扫描(Decade 选项),以对数方式展现。

● 在 Number of points per decade 中,设置每十倍频率的分析采样数,默认为 10。

● 在 Vertical Scale 中,选择纵坐标刻度形式。坐标刻度形式有 Decibel(分贝)、Octave(八倍)、Linear(线性)及 Logarithmic(对数)形式,默认设置为对数形式。

2. 默认值恢复

单击 Reset to default 按钮,即可恢复默认值。

3. 仿真分析

单击 $\boxed{\triangleright \ \text{Simulate}}$ 按钮,即可在显示图上获得被分析节点的频率特性波形。交流分析的结果,可以显示幅频特性和相频特性两个图。如果用波特图仪连至电路的输入端和被测节点,同样也可以获得交流频率特性。

在对模拟小信号电路进行交流频率分析的时候,数字器件将被视为高阻接地。

1.6.4 瞬态分析

瞬态分析(Transient Analysis)是指对所选定的电路节点的时域响应,即观察该节点在整个显示周期中每一时刻的电压波形。在进行瞬态分析时,直流电源保持常数,交流信号源随着时间而改变,电容和电感都是能量存储模式元件。

单击 Simulate→Analysis→Transient Analysis 命令,弹出 Transient Analysis 对话框(见图 1.6.5),进入瞬态分析状态。Transient Analysis 对话框有 Analysis parameters、Output、Analysis options 和 Summary 4 个选项卡,其中 Output、Analysis options 和 Summary 3 个选项卡与直流工作点分析的设置一样。下面仅介绍 Analysis parameters 选项卡。

图 1.6.5　Transient Analysis 对话框

● 在 Initial conditions 区中可以选择初始条件。例如,选择 Determine automatically,由程序自动设置初始值;选择 Set to zero,初始值设置为 0;选择 User defined,由用户定义初始值;选择 Calculate DC operating point,通过计算直流工作点得到初始值。

● Start time(TSTART)选项:设置开始分析的时间。

● End time(TSTOP)选项:设置结束分析的时间。

● 选择 Maximum time step (TMAX),可以设置分析的最大时间步长。

- 选择 Initial time step(TSTEP)，可以设置分析的初始时间步长。
- 单击 Reset to default 按钮，即可恢复默认值。

单击 ▷ Simulate 按钮，即可在显示图上获得被分析节点的瞬态特性波形。

1.6.5　傅里叶分析

傅里叶分析(Fourier Analysis)方法用于分析一个时域信号的直流分量、基频分量和谐波分量，即把被测节点处的时域变化信号进行离散傅里叶变换，求出它的频域变化规律。在进行傅里叶分析时，必须首先选择被分析的节点，一般将电路中的交流激励源的频率设定为基频，若在电路中有几个交流源时，可以将基频设定在这些频率的最小公倍数上。譬如有一个10.5kHz 和一个 7kHz 的交流激励源信号，则基频可取 0.5kHz。

单击 Simulate→Analysis→Fourier Analysis 命令，弹出 Fourier Analysis 对话框(见图 1.6.6)，进入傅里叶分析状态。Fourier Analysis 对话框有 Analysis parameters、Output、Analysis options 和 Summary 4 个选项卡，其中 Output、Analysis options 和 Summary 3 个选项卡与直流工作点分析的设置一样，下面仅介绍 Analysis parameters 选项卡。

图 1.6.6　Fourier Analysis 对话框

1. Sampling options 区

在 Sampling options 区可以对傅里叶分析的基本参数进行设置。其中：

- Frequency resolution(fundamental frequency)：可以设置基频。如果电路中有多个交流信号源，则取各信号源频率的最小公倍数。如果不知道如何设置时，可以单击 Estimate 按钮，由程序自动设置。

- Number of harmonics：可以设置希望分析的谐波的次数。

● Stopping time for sampling(TSTOP)：设置停止取样的时间。如果不知道如何设置时，也可以单击后面的 [Estimate] 按钮，由程序自动设置。

● 单击 [Edit transient analysis] 按钮，弹出的对话框与瞬态分析类似，设置方法与瞬态分析相同。

2. Results 区

在 Results 区可以选择仿真结果的显示方式。

● 选择 Display phase：可以显示幅频及相频特性。

● 选择 Display as bar graph：可以以线条显示出频谱图。

● 选择 Normalize graphs：可以显示归一化的(Normalize)频谱图。

● 在 Display 中可以选择所要显示的项目，有 3 个选项：Chart(图表)、Graph(曲线)及 Chart and Graph(图表和曲线)。

● 在 Vertical scale 中可以选择频谱的纵坐标刻度，包括 Decibel(分贝刻度)、Octave(八倍刻度)、Linear(线性刻度)及 Logarithmic(对数刻度)。

3. More options 区

● 选择 Degree of polynomial for interpolation：可以设置多项式的维数，选中该选项后，可在其右边栏中输入维数值。多项式的维数越高，仿真运算的精度也越高。

● Sampling frequency 选项：可以设置取样频率，默认为 100000Hz。

4. Simulate 按钮

单击 [▷ Simulate] 按钮，即可在显示图上获得被分析节点的离散傅里叶变换的波形。傅里叶分析可以显示被分析节点的电压幅频特性，也可以选择显示相频特性；显示的幅度可以是离散条形，也可以是连续曲线。

1.6.6 噪声分析

噪声分析(Noise Analysis)用于检测电子线路输出信号的噪声功率幅度，用于计算、分析电阻或晶体管的噪声对电路的影响。在分析时，假定电路中各噪声源是互不相关的，因此它们的数值可以分开各自计算。总的噪声是各噪声在该节点的和(用有效值表示)。

单击 Simulate→Analysis→Noise Analysis 命令，弹出 Noise Analysis 对话框(见图 1.6.7)，进入噪声分析状态。Noise Analysis 对话框有 Analysis parameters、Frequency parameters、Output、Analysis options 和 Summary 5 个选项卡，其中 Output、Analysis options 和 Summary 3 个选项卡与直流工作点分析的设置一样，Frequency parameters 选项卡与交流分析类似，下面仅介绍 Analysis parameters 选项卡。

● Input noise reference source 选项，选择作为噪声输入的交流电压源。默认设置为电路中的编号为第 1 的交流电压源。

● Output node 选项，选择作测量输出噪声分析的节点。默认设置为电路中编号为第 1 的节点。

● Reference node 选项，选择参考节点。默认设置为接地点。

Analysis parameters 选项卡的右侧有 3 个 [Change filter] 按钮，分别对应于其左边的栏，其功能与直流工作点分析中的 Output 选项卡中的 [Filter unselected variables...] 按钮相同。

单击 [▷ Simulate] 按钮，即可在显示图上获得被分析节点的噪声分布曲线图。

图 1.6.7 Noise Analysis 对话框

1.6.7 噪声系数分析

噪声系数分析(Noise Figure Analysis)主要用于研究元件模型中的噪声参数对电路的影响。在 Multisim 中噪声系数定义为

$$F = \frac{N_o}{GN_s}$$

其中:N_o 是输出噪声功率,N_s 是信号源电阻的热噪声,G 是电路的 AC 增益(即二端口网络的输出信号与输入信号的比)。噪声系数的单位是 dB,即 $10\log_{10}(F)$。

单击 Simulate→Analysis→Noise Figure Analysis 命令,弹出 Noise Figure Analysis 对话框(见图 1.6.8),进入噪声系数分析状态。Noise Figure Analysis 对话框有 Analysis parameters、Analysis options 和 Summary 3 个选项卡,其中 Analysis options 和 Summary 2 个选项卡与直流工作点分析的设置一样,Analysis parameters 选项卡与噪声分析类似。只是多了 Frequency(频率)和 Temperature(温度)两项,默认值如图 1.6.8 所示。

1.6.8 失真分析

失真分析(Distortion Analysis)用于分析电子电路中的谐波失真和内部调制失真(互调失真),通常非线性失真会导致谐波失真,而相位偏移会导致互调失真。若电路中有一个交流信号源,该分析能确定电路中每一个节点的二次谐波和三次谐波的复值。若电路有两个交流信号源,该分析能确定电路变量在三个不同频率处的复值:两个频率之和的值、两个频率之差的值以及二倍频与另一个频率的差值。该分析方法是对电路进行小信号的失真分析,采用多维的"Volterra"分析法和多维"泰勒"(Taylor)级数来描述工作点处的非线性,级数要用到 3 次方

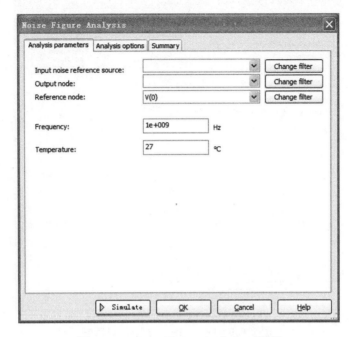

图 1.6.8　Noise Figure Analysis 对话框

项。这种分析方法尤其适合观察在瞬态分析中无法看到的、比较小的失真。

单击 Simulate→Analysis→Distortion Analysis 命令，弹出 Distortion Analysis 对话框（见图 1.6.9），进入失真分析状态。Distortion Analysis 对话框有 Analysis parameters、Output、Analysis options 和 Summary 4 个选项卡，其中 Output、Analysis options 和 Summary 3 个选项卡与直流工作点分析的设置一样，下面仅介绍 Analysis parameters 选项卡。

● 在 Start frequency(FSTART) 中，设置分析的起始频率，默认设置为 1Hz。

● 在 Stop frequency(FSTOP) 中，设置扫描终点频率，默认设置为 10GHz。

● 在 Sweep type 中，设置分析的扫描方式，包括 Decade（十倍程扫描）和 Octave（八倍程扫描）及 Linear（线性扫描）。默认设置为十倍程扫描（Decade 选项），以对数方式展现。

● 在 Number of points per decade 中，设置每十倍频率的分析采样数，默认为 10。

● 在 Vertical scale 中，选择纵坐标刻度形式。坐标刻度形式有 Decibel（分贝）、Octave（八倍）、Linear（线性）及 Logarithmic（对数）形式。默认设置为对数形式。

● 选择 F2/F1 ratio 时，分析两个不同频率（F1 和 F2）的交流信号源，分析结果为（F1＋F2），（F1－F2）及（2F1－F2）相对于频率 F1 的互调失真。在右侧的窗口内输入 F2/F1 的比值，该值必须在 0～1 之间。

不选择 F2/F1 ratio 时，分析结果为 F1 作用时产生的二次谐波、三次谐波失真。

● ┌Reset to main AC values┐按钮将所有设置恢复为与交流分析相同的设置值。

● ┌Reset to default┐按钮将本对话框的所有设置恢复为默认值。

单击 ┌▷ Simulate┐按钮，即可在显示图上获得被分析节点的失真曲线图。该分析方法主要用于小信号模拟电路的失真分析，元器件噪声模型采用 SPICE 模型。

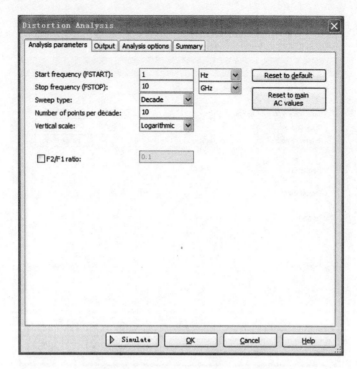

图 1.6.9　Distortion Analysis 对话框

1.6.9　直流扫描分析

直流扫描分析(DC Sweep Analysis)是利用一个或两个直流电源分析电路中某一节点上的直流工作点的数值变化的情况。注意:如果电路中有数字器件,可将其当作一个大的接地电阻处理。

单击 Simulate→Analysis→DC Sweep 命令,弹出 DC Sweep Analysis 对话框(见图1.6.10),进入直流扫描分析状态。DC Sweep Analysis 对话框有 Analysis parameters、Output、Analysis options 和 Summary 4 个选项卡,其中 Output、Analysis options 和 Summary 3个选项卡与直流工作点分析的设置一样,下面仅介绍 Analysis parameters 选项卡。

Analysis parameters 选项卡中有 Source 1 与 Source 2 两个区,区中的各选项相同。如果需要指定第 2 个电源,则需要选择 Use source 2 选项。

- 在 Source 中可以选择所要扫描的直流电源。
- 在 Start value 中设置开始扫描的数值。
- 在 Stop value 中设置结束扫描的数值。
- 在 Increment 中设置扫描的增量值。

Analysis Parameters 选项卡右侧的 Change filter 按钮,其功能与直流工作点分析中的 Output选项卡中的 Filter unselected variables... 按钮相同。

单击 ▷ Simulate 按钮,可以得到直流扫描分析仿真结果。

1.6.10　灵敏度分析

灵敏度分析(Sensitivity Analysis)是分析电路特性对电路中元器件参数的敏感程度。灵

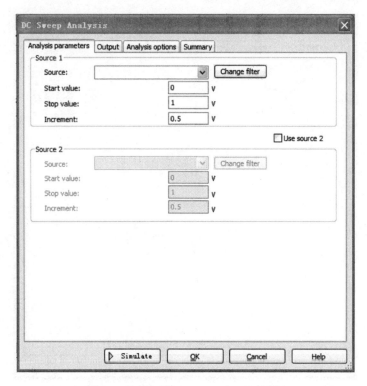

图 1.6.10 DC Sweep Analysis 对话框

敏度分析包括直流灵敏度分析和交流灵敏度分析。直流灵敏度分析的仿真结果以数值的形式显示,交流灵敏度分析仿真的结果以曲线的形式显示。

单击 Simulate→Analysis→Sensitivity 命令,弹出 Sensitivity Analysis 对话框(见图 1.6.11),进入灵敏度扫描分析状态。Sensitivity Analysis 对话框有 Analysis parameters、Output、Analysis options 和 Summary 4 个选项卡,其中 Output、Analysis options 和 Summary 3 个选项卡与直流工作点分析的设置一样,下面仅介绍 Analysis parameters 选项卡。

在 Analysis parameters 选项卡中有两个区。

1. Output nodes/currents 区

● 选择 Voltage 可以进行电压灵敏度分析。选择该项后,即可在其下部的 Output node 中选定要分析的输出节点;在 Output reference 中选择输出端的参考节点。

● 选择 Current 可以进行电流灵敏度分析。电流灵敏度分析只能对信号源的电流进行分析,选择该项后即可在其下部的 Output source 内选择要分析的信号源。

● 在 Output scaling 中可以选择灵敏度输出格式,有 Absolute(绝对灵敏度)和 Relative (相对灵敏度)两个选项。

Analysis Parameters 选项卡右侧的 3 个 Change filter 按钮,分别对应左边的 3 个栏,其功能与直流工作点分析中的 Output 选项卡中的 Filter unselected variables... 按钮相同。

2. Analysis type 区

● 选择 DC sensitivity 进行直流灵敏度分析,分析结果将产生一个表格。

● 选择 AC sensitivity 进行交流灵敏度分析,分析结果将产生一个分析图。选择交流灵敏度分析后,单击 Edit analysis 按钮,进入灵敏度交流分析对话框,参数设置与交流分析相同。

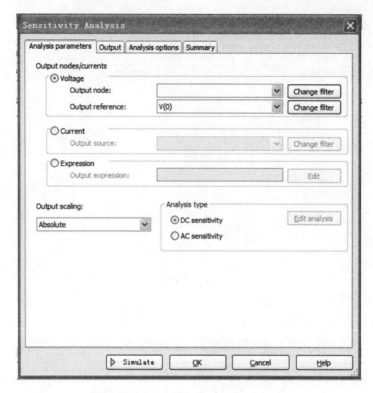

图 1.6.11　Sensitivity Analysis 对话框

3. Simulate 按钮

单击 ▷ Simulate 按钮,可以得到灵敏度分析仿真结果。

1.6.11　参数扫描分析

采用参数扫描分析(Parameter Sweep Analysis)电路,可以较快地获得某个元件的参数在一定范围内变化时对电路的影响。相当于该元件每次取不同的值,进行多次仿真。对于数字器件,在进行参数扫描分析时将被视为高阻接地。

单击 Simulate→Analysis→Parameter Sweep 命令,弹出 Parameter Sweep Analysis 对话框(见图 1.6.12),进入参数扫描分析状态。Parameter Sweep Analysis 对话框有 Analysis parameters、Output、Analysis options 和 Summary 4 个选项卡,其中 Output、Analysis options 和 Summary 3 个选项卡与直流工作点分析的设置一样,下面仅介绍 Analysis parameters 选项卡。

Analysis parameters 选项卡中有 Sweep parameters 区、Points to sweep 区和 More Options 区。

1. Sweep parameters 区

在 Sweep parameters 区可以选择扫描的元件及参数。在 Sweep parameters 中可选择的扫描参数类型有:元件参数(Device parameter)或模型参数(Model parameter)。选择不同的扫描参数类型之后,还将有不同的项目供进一步选择。

(1)选择元件参数类型

选择 Device parameter 后,该区右侧的 5 个栏出现与器件参数有关的一些信息,还需进一步选择。

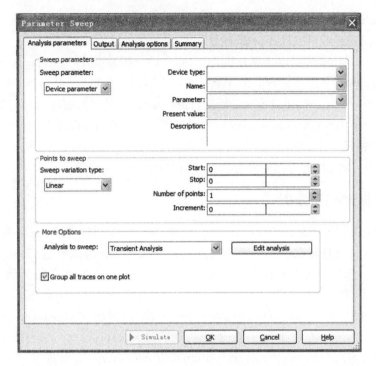

图 1.6.12　Parameter Sweep Analysis 对话框

在 Device type 中选择所要扫描的元件种类,这里包括电路图中所用到的元件种类,如:Capacitor(电容器类)、Diode(二极管类)、Resistor(电阻类)和 Vsource(电压源类)等。

在 Name 中选择所要扫描的元件序号,若 Device type 中选择 Capacitor,则此处可选择电容。

在 Parameter 中选择所要扫描元件的参数。当然,不同元件有不同的参数,其含义在 Description 栏内说明。而 Present value 栏则为目前该参数的设置值。

(2)选择元件模型参数类型

Model parameter 可以选择元件模型参数类型。选择 Model parameter 后,该区右侧同样出现需要进一步选择的 5 个栏。这 5 个栏中提供的选项,不仅与电路有关,而且与选择 Device parameter 对应的选项有关,需要注意区别。

2. Points to sweep 区

在 Points to sweep 区可以选择扫描方式。

在 Sweep variation type 中可以选择扫描变量类型,有:Decade(十倍刻度扫描)、Octave(八倍刻度扫描)、Linear(线性刻度扫描)及 List(取列表值扫描)。

如果选择 Decade、Octave 或 Linear 选项,则该区的右侧将出现 Decade、Octave 或 Linear 选项的 4 个参数栏。其中:在 Start 中可以输入开始扫描的值;在 Stop 中可以输入结束扫描的值;在 Number of points 中可以输入扫描的点数;在 Increment 中可以输入扫描的增量。这 4 个数值之间有:(Increment)=[(Stop)−(Start)]/[(Number of points)−1],故 Number of points 与 Increment 只须指定其中之一,另一个由程序自动设定。

如果选择 List 选项,则其右侧将出现 Value 栏,此时可在 Value 栏中输入所取的值。如果要输入多个不同的值,则在数字之间以空格、逗号或分号隔开。

3. More Options 区

在 More Options 区可以选择分析类型。

在 Analysis to sweep 中可以选择分析类型,有 3 种分析类型:DC Operating Point(直流工作点分析)、AC Analysis(交流分析)和 Transient Analysis(瞬态分析)可供选择。在选定分析类型后,可单击 Edit analysis 按钮对该项分析进行进一步设置,设置方法与 1.6.4 节相同。

选择 Group all traces on one plot 选项,可以将所有分析的曲线放置在同一个分析图中显示。

4. Simulate 按钮

单击 ▷ Simulate 按钮,可以得到参数扫描仿真结果。

1.6.12 温度扫描分析

采用温度扫描分析(Temperature Sweep Analysis),可以同时观察到在不同温度条件下的电路特性,相当于该元件每次取不同的温度值进行多次仿真。可以通过(Temperature Sweep Analysis)对话框,选择被分析元件温度的起始值、终值和增量值。在进行其他分析的时候,电路的仿真温度默认值设定在 27℃。

单击 Simulate→Analysis→Temperature Sweep 命令,弹出 Temperature Sweep Analysis 对话框(见图 1.6.13),进入温度扫描分析状态。Temperature Sweep Analysis 对话框有 Analysis parameters、Output、Analysis options 和 Summary 4 个选项卡,其中 Output、Analysis options 和 Summary 3 个选项卡与直流工作点分析的设置一样,下面仅介绍 Analysis parameters 选项卡。

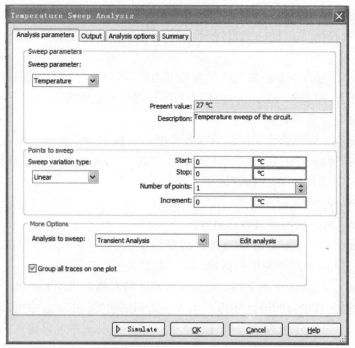

图 1.6.13 Temperature Sweep Analysis 对话框

1. Sweep parameters 区

在 Sweep parameters 区可以选择扫描的温度 Temperature。Temperature 默认值为 27℃。

2. Point to sweep 区

在 Point to sweep 区可以选择扫描方式。设置方法与 1.6.11 节参数扫描分析中的 Point to sweep 区完全相同。

3. More Options 区

在 More Options 区可以选择分析类型。设置方法与 1.6.11 节参数扫描分析中的 More Options 区完全相同。

选择 Group all traces on one plot 选项,可以将所有分析的曲线放置在同一个分析图中显示。

4. Simulate 按钮

单击 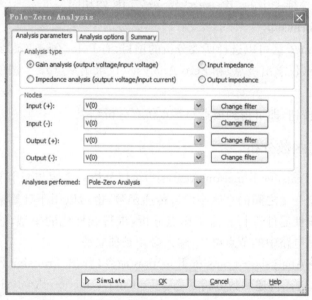 按钮,即可得到扫描仿真分析结果。

1.6.13 零-极点分析

零-极点分析(Pole-Zero Analysis)方法是一种对电路的稳定性分析相当有用的工具。该分析方法可以用于交流小信号电路传递函数中零点和极点的分析。通常先进行直流工作点分析,对非线性器件求得线性化的小信号模型,在此基础上再分析传输函数的零、极点。零-极点分析主要用于模拟小信号电路的分析,对数字器件将被视为高阻接地。

单击 Simulate→Analysis→Pole Zero 命令,弹出 Pole-Zero Analysis 对话框(见图 1.6.14),进入零-极点分析状态。Pole-Zero Analysis 对话框有 Analysis parameters、Analysis options 和 Summary 3 个选项卡,其中 Analysis options 和 Summary 与直流工作点分析的设置一样,下面仅介绍 Analysis parameters 选项卡。

图 1.6.14　Pole-Zero Analysis 对话框

1. Analysis type 区

在 Analysis type 区可以选择 4 种分析类型。

(1) 电路增益分析

选择 Gain analysis(output voltage/input voltage)进行电路增益分析,也就是输出电压/输入电压。

（2）电路互阻抗分析

选择 Impedance analysis(output voltage/input current)进行电路互阻抗分析，也就是输出电压/输入电流。

（3）电路输入阻抗分析

选择 Input impedance 进行电路输入阻抗分析。

（4）电路输出阻抗分析

选择 Output impedance 进行电路输出阻抗分析。

2. Nodes 区

在 Nodes 区可以选择输入、输出的正负端（节）点。

（1）选择正的输入端（节）点

在 Input(＋)中可以选择正的输入端（节）点。

（2）选择负的输入端（节）点

在 Input(－)中可以选择负的输入端（节）点（通常是接地端，即节点 0）。

（3）选择正的输出端（节）点

在 Output(＋)中可以选择正的输出端（节）点。

（4）选择负的输出端（节）点

在 Output(－)中可以选择负的输出端（节）点（通常是接地端，即节点 0）。

在 Nodes 区的右侧有 4 个 Change filter 按钮，分别对应左边的 4 个栏，其功能与直流工作点分析中的 Output 选项卡中的 Filter unselected variables... 按钮相同。

3. Analysis performed 区

Analysis performed 区可以选择所要分析的项目，有 Pole-Zero Analysis（同时求出极点与零点）、Pole Analysis（仅求出极点）和 Zero Analysis（仅求出零点）3 个选项。

4. Simulate 按钮

单击 Simulate 按钮，即可得到极点与零点仿真分析结果。

1.6.14 传递函数分析

传递函数分析(Transfer Function Analysis)可以分析一个源与两个节点的输出电压或一个源与一个电流输出变量之间的直流小信号传递函数，也可以用于计算输入和输出阻抗。需先对模拟电路或非线性器件进行直流工作点分析，求得线性化的模型，然后再进行小信号分析。输出变量可以是电路中的节点电压，输入必须是独立源。

单击 Simulate→Analysis→Transfer Function 命令，弹出 Transfer Function Analysis 对话框（见图 1.6.15），进入传递函数分析状态。Transfer Function Analysis 对话框有 Analysis parameters、Analysis options 和 Summary 3 个选项卡，其中 Analysis options 和 Summary 与直流工作点分析的设置一样，下面仅介绍 Analysis parameters 选项卡。

● 在 Input source 中可以选择所要分析的输入电源。

● 在 Output nodes/source 区中可以选择 Voltage 或 Current 作为输出电压的变量。

选择 Voltage，在 Output node 中指定将作为输出的节点，而在 output reference 中指定参考节点，通常是接地端（即 0）。

选择 Current，在 Output source 栏中指定所要输出的电流。

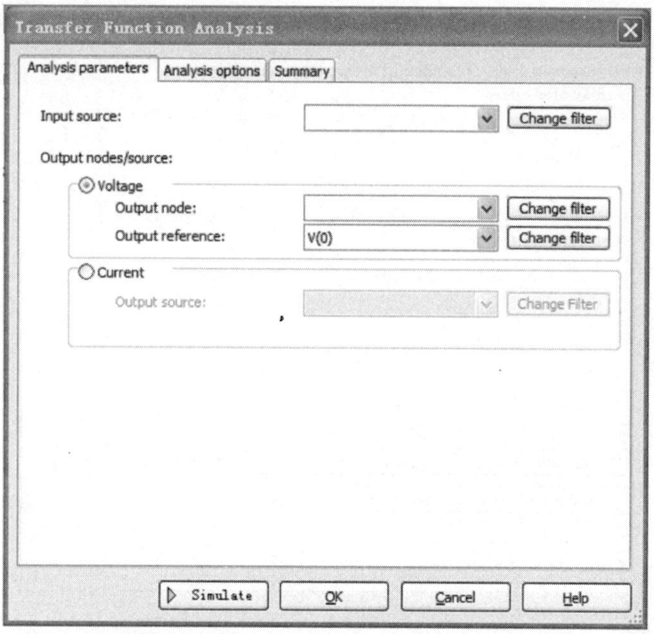

图 1.6.15　Transfer Function Analysis 对话框

在 Analysis parameters 选项卡的右侧有 3 个 Change filter 按钮,分别对应左侧的 3 个栏,其功能与直流工作点分析中的 Output 选项卡中的 Filter unselected variables... 按钮相同。

单击 Simulate 按钮,即可得到传递函数分析结果。

1.6.15　最坏情况分析

最坏情况分析(Worst Case Analysis)是一种统计分析方法。它可以使读者观察到在元件参数变化时电路特性变化的最坏可能性,适合于对模拟电路直流和小信号电路的分析。所谓最坏情况,是指电路中的元件参数在其容差域边界点上取某种组合时所引起的电路性能的最大偏差,而最坏情况分析是在给定电路元件参数容差的情况下,估算出电路性能相对于标称值时的最大偏差。

单击 Simulate→Analysis→Worst Case 命令,弹出 Worst Case Analysis 对话框(见图 1.6.16),进入最坏情况分析状态。Worst Case Analysis 对话框有 Model tolerance List、Analysis parameters、Analysis options 和 Summary 4 个选项卡,其中 Analysis options 和 Summary 与直流工作点分析的设置一样,下面仅介绍 Model tolerance List 和 Analysis parameters 选项卡。

1. Model tolerance List 选项卡

在 Current list of tolerances 区中列出目前的元件模型误差,可以单击 Add tolerance 按钮,添加误差设置。

(1) Model 区

在打开的 Model 区中,可以选择所要设定的元件模型参数(Model parameter 选项)或器件参数(Device parameter 选项),其下的 Parameter 区将随之改变。

(2) Parameter 区

在打开的 Parameter 区中:

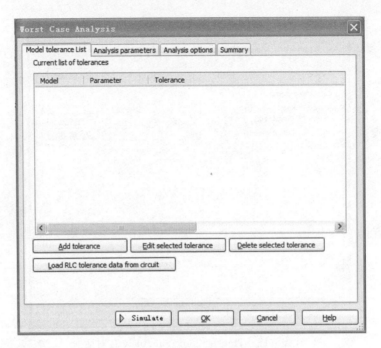

图 1.6.16　Worst Case Analysis 对话框

　　① Device type 窗口可以选择需要设定参数的器件种类,其中包括电路图中所使用到的元件种类,如 BJT(双极性晶体管类)、Capacitor(电容器类)、Diode(二极管类)、Resistor(电阻器类)及 Vsource(电压源类)等。

　　② 在 Name 窗口可以选择所要设定参数的元件序号。

　　③ 在 Parameter 可以选择所要设定的参数。当然,不同元件有不同的参数。

　　④ Present Value 显示当前该参数的设定值(不可更改)。

　　⑤ Description 为 Parameter 所选参数的说明(不可更改)。

　　(3) Tolerance 区

　　在 Tolerance 区可以确定容差的设置方式,在打开的 Tolerance 区中:

　　① 在 Distribution 窗口可以选择元件参数容差的分布类型,其中包括元件参数的误差分布状态呈现一种高斯曲线形式的 Guassian(高斯分布)和元件参数值在其误差范围内以相等概率出现的 Uniform(均匀分布)两个选项。

　　② 在 Lot number 窗口可以选择容差随机数出现方式,其中选择 Lot 表示对各种元件参数都有相同的随机产生的容差率,较适用于集成电路;而选择 Unique,则表示每一个元件参数随机产生的容差率各不相同,较适用于离散元件电路。

　　③ 在 Tolerance type 窗口可以选择容差的形式,其中包括 Absolute(绝对值)和 Percent(百分比)两个选项。

　　④ 在 Tolerance value 窗口可以根据所选的容差形式设置容差值。

　　● 当完成新增设定后,单击 Accept 按钮即可将新增项目添加到前一个对话框中。

　　● 单击 Edit selected tolerance 按钮,可以对所选取的某个误差项目进行重新编辑。

　　● 单击 Delete tolerance entry 按钮,可以删除所选取的误差项目。

　　2. **Analysis parameters 选项卡**

　　Worst Case Analysis 的 Analysis parameters 选项卡如图 1.6.17 所示。

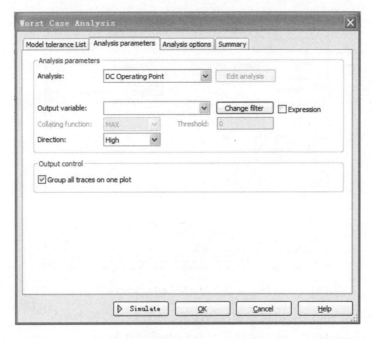

图 1.6.17　Worst Case Analysis 的 Analysis parameters 选项卡

● 在 Analysis 中,可以选择所要进行的分析,有 AC analysis(交流分析)及 DC Operating Point(直流工作点分析)两个选项。

● 在 Output variable 中,可以选择所要分析的输出节点。

● 在 Collating function 中,可以选择分析方式。其中:MAX 最大值分析,仅在 DC Operating Point 选项时选用;MIN 最小值分析,仅在 DC Operating Point 选项时选用;RISE EDGE 上升沿分析,其右侧的 Threshold 栏用来输入其门限值;FALL EDGE 下降沿分析,其右侧的 Threshold 栏用来输入其门限值。

● 在 Direction 中,可以选择容差变化方向,有 Default、Low 及 High 3 个选项。

● 在 Output control 中,选择 Group all traces on one plot 选项,将所有仿真分析结果和记录在一个图形中显示;若不选此项,则将标称值仿真、最坏情况仿真和 Run Log Descriptions 分别输出显示。

1.6.16　蒙特卡罗分析

蒙特卡罗分析(Monte Carlo Analysis)是采用统计分析方法来观察给定电路中的元件参数,按选定的误差分布类型在一定的范围内变化时对电路特性的影响。用这些分析的结果,可以预测电路在批量生产时的成品率和生产成本。

单击 Simulate→Analysis→Monte Carlo 命令,弹出 Monte Carlo Analysis 对话框(见图 1.6.18),进入蒙特卡罗分析状态。Monte Carlo Analysis 对话框有 Model tolerance List、Analysis parameters、Analysis options 和 Summary 4 个选项卡,其中 Summary 和 Analysis Options 选项卡与直流工作点分析的设置一样,Model tolerance List 选项卡与 1.6.15 节最坏情况分析中的 Model tolerance List 选项卡完全相同。下面仅介绍 Analysis parameters 选项卡。

● 在 Analysis 中,可以选择所要进行的分析,有 Transient Analysis(瞬态分析)、AC Analysis(交流分析)及 DC Operating Point(直流工作点分析)3 个选项。

图 1.6.18 Monte Carlo Analysis

● 在 Number of runs 中,可以设定执行次数,必须大于或等于 2。

● 在 Output variable 中,可以选择所要分析的输出节点。

● 在 Collating function 中,可以选择分析方式。其中:MAX 最大值分析,仅在 DC Operating Point 选项时选用;MIN 最小值分析,仅在 DC Operating Point 选项时选用;RISE EDGE 上升沿分析,其右侧的 Threshold 栏用来输入其门限值;FALL EDGE 下降沿分析,其右侧的 Threshold 栏用来输入其门限值。

● 在 Output control 中,选择 Group all traces on one plot 选项,将所有仿真分析结果和记录在一个图形中显示;若不选此项,则将标称值仿真、最坏情况仿真和 Run Log Descriptions 分别输出显示。

1.6.17　导线宽度分析

导线宽度分析(Trace Width Analysis)主要用于计算电路中电流流过时所需要的最小导线宽度。

单击 Simulate→Analysis→Trace Width 命令,弹出 Trace Width Analysis 对话框(见图 1.6.19),进入导线宽度分析状态。

Trace Width Analysis 对话框有 Trace width analysis、Analysis parameters、Analysis options 和 Summary 4 个选项卡,其中 Analysis parameters、Analysis options 和 Summary 选项卡与直流工作点分析的设置一样。下面仅介绍 Trace width analysis 选项卡。

● Maximum temperature above ambient,用来设置环境温度。

● Weight of plating,用来设置镀层,默认值如图 1.6.19 所示。

● Set node trace widths using the results from this analysis,用来设置是否将分析结果用于建立导线宽度。

● Units,用来设置导线的尺寸。

1.6.18　批处理分析

在实际电路分析中,通常需要对同一个电路进行多种分析,例如对一个放大电路,为了确

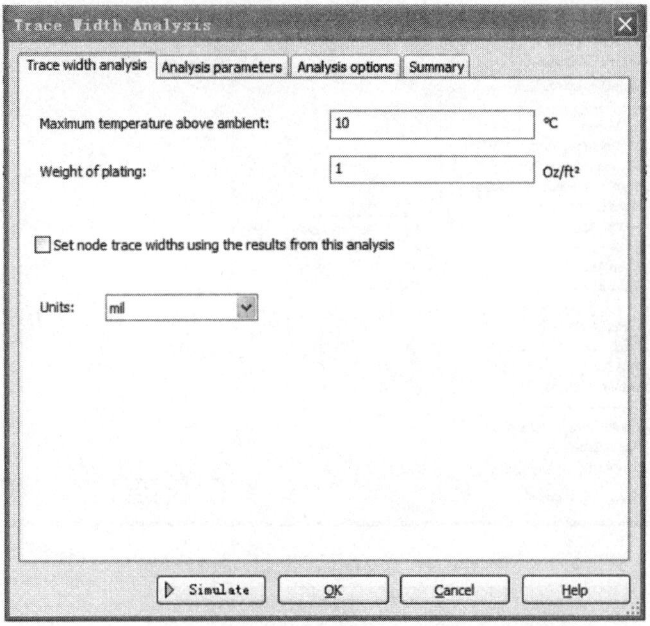

图 1.6.19　Trace Width Analysis 对话框

定静态工作点,需要进行直流工作点分析;为了了解其频率特性,需要进行交流分析;为了观察输出波形,需要进行瞬态分析。批处理分析(Batched Analysis)可以将不同的分析功能放在一起依序执行。

　　单击 Simulate→Analysis→Batched 命令,弹出 Batched Analyses 对话框(见图 1.6.20),进入批处理分析状态。

　　左侧 Available analyses 区中可以选择所要执行的分析,单击 Add analysis 按钮,则所选择的分析的参数对话框出现。例如,选择 Monte Carlo,单击 Add analysis 按钮,则弹出 Monte Carlo Analysis 对话框。该对话框与蒙特卡罗分析的参数设置对话框基本相同,其操作也一样,所不同的是"Simulate"按钮变成了"Add to list"按钮。在设置对话框中各种参数之后,单击"Add to list"按钮,即回到图 1.6.20,此时对话框右侧的 Analyses to perform 区中出现将要分析的 Monte Carlo 选项,单击 Monte Carlo 左侧的"＋"号,则显示该分析的总结信息。

　　如果需要继续添加所希望的分析,可以按照上述方法进行,全部选择完成后,在 Batch Analyses 对话框的右侧 Analyses to perform 区中将出现全部选择分析项,单击 Run All Analyses 按钮,即执行所选定在 Analyses to perform 区中的全部分析仿真,仿真的结果将依次显示出来。

　　选择右侧 Analyses to perform 区中的某个分析,单击"Edit Analysis"按钮,可以对其参数进行编辑处理。

　　选择右侧 Analyses to perform 区中的某个分析,单击"Run Selected Analysis"按钮,可以对其运行仿真分析。

　　选择右侧 Analyses to perform 区中的某个分析,单击"Delete Analysis"按钮,可以将其删除。

　　单击"Run all Analyses"按钮,可以对所有分析进行仿真分析。

　　单击"Remove all Analyses"按钮,可以将已选中在右侧 Analyses to perform 区内的分析全部删除。

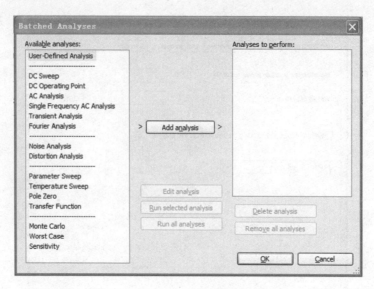

图 1.6.20　Batched Analyses 对话框

1.6.19　用户自定义分析

用户自定义分析(User Defined Analysis)可以使用户扩充仿真分析功能。

单击 Simulate→Analysis→User Defined 命令,弹出 User-Defined Analysis 对话框(见图 1.6.21),进入用户自定义分析状态。用户可在输入框中输入可执行的 Spice 命令,单击 ▷ Simulate 按钮即可执行此项分析。对话框中的 Analysis options 和 Summary 选项卡与直流工作点分析的设置一样。

图 1.6.21　User-Defined Analysis 对话框

本 章 小 结

NI Multisim 是电子电路计算机仿真设计与分析的基础。本章介绍的主要内容有：

(1) NI Multisim 13.0 的基本操作：NI Multisim 13.0 的主窗口、NI Multisim 13.0 菜单栏、NI Multisim 13.0 工具栏、NI Multisim 13.0 的元器件库、NI Multisim 13.0 仪器仪表库的基本界面操作。

(2) NI Multisim 13.0 的文件操作：编辑(Edit)的基本操作，创建子电路，在电路工作区内输入文字，输入文本，编辑图纸标题栏。

(3) NI Multisim 13.0 的电路创建的基础：元器件的操作，电路图选项的设置，导线的操作，输入/输出端点设置。

(4) NI Multisim 13.0 的仪器仪表的使用：仪器仪表的基本操作，包括数字多用表、函数信号发生器、瓦特表、示波器、波特图仪、字信号发生器、逻辑分析仪、逻辑转换仪、失真分析仪、频谱分析仪、网络分析仪的使用。

(5) NI Multisim 13.0 的电路分析方法：直流工作点分析，交流分析，瞬态分析，傅里叶分析，噪声分析，噪声系数分析，失真分析，直流扫描分析，灵敏度分析，参数扫描分析，温度扫描分析，零-极点分析，传递函数分析，最坏情况分析，蒙特卡罗分析，批处理分析，用户自定义分析。

掌握 NI Multisim 13.0 的使用方法是本章的重点，是进行以后各章学习的基础。软件学习最重要的是实践，需要在实际的电路设计与仿真分析中不断地实践，通过在学习以后各章内容的过程中，熟练地掌握和使用 NI Multisim 13.0 仿真软件。

思考题与习题 1

1.1 NI Multisim 13.0 系统的特点是什么？

1.2 简述 NI Multisim 13.0 的菜单栏、工具栏的基本操作方法。

1.3 NI Multisim 13.0 的元器件库包含的主要元器件有哪些？

1.4 NI Multisim 13.0 仪器仪表库包含的主要仪器仪表有哪些？

1.5 如何进行 NI Multisim 13.0 的文件操作？

1.6 简述创建 NI Multisim 13.0 子电路的方法。

1.7 怎样在 NI Multisim 13.0 电路工作区内输入文字？

1.8 怎样输入文本？

1.9 怎样编辑 NI Multisim 13.0 电路图纸标题栏？

1.10 怎样创建 NI Multisim 13.0 电路？

1.11 简述数字多用表的功能与使用方法。

1.12 简述函数信号发生器的功能与使用方法。

1.13 简述瓦特表的功能与使用方法。

1.14 简述示波器的功能与使用方法。

1.15 简述波特图仪的功能与使用方法。

1.16 简述字信号发生器的功能与使用方法。

1.17 简述逻辑分析仪的功能与使用方法。

1.18 简述逻辑转换仪的功能与使用方法。

1.19 简述失真分析仪的功能与使用方法。

1.20 简述频谱分析仪的功能与使用方法。

1.21 简述网络分析仪的功能与使用方法。

1.22 简述直流工作点分析的功能与基本操作。

1.23 简述交流分析的功能与基本操作。

1.24 简述瞬态分析的功能与基本操作。

1.25 简述傅里叶分析的功能与基本操作。

1.26 简述噪声分析的功能与基本操作。

1.27 简述噪声系数分析的功能与基本操作。

1.28 简述失真分析的功能与基本操作。

1.29 简述直流扫描分析的功能与基本操作。

1.30 简述灵敏度分析的功能与基本操作。

1.31 简述参数扫描分析的功能与基本操作。

1.32 简述温度扫描分析的功能与基本操作。

1.33 简述零-极点分析的功能与基本操作。

1.34 简述传递函数分析的功能与基本操作。

1.35 简述最坏情况分析的功能与基本操作。

1.36 简述蒙特卡罗分析的功能与基本操作。

1.37 简述批处理分析的功能与基本操作。

1.38 简述用户自定义分析的功能与基本操作。

第2章 晶体管放大器电路

内容提要

晶体管放大器电路是模拟电子技术课程的基础部分。本章介绍单管放大器、多级放大器电路、负反馈放大器电路、射极跟随器、差动放大器、OTL 低频功率放大器、单调谐放大器、双调谐回路谐振放大器的工作原理,主要性能指标,特性及计算机仿真设计方法。

知识要点

放大器的静态工作点,频率响应,瞬态特性,负反馈对频带的展宽,电路参数扫描,差模和共模电压放大倍数,共模抑制比,调谐放大器的 RF 特性分析。

教学建议

本章**建议学时数为 2～3 学时**。通过对单管放大器、多级放大器电路、射极跟随器和单级单调谐放大器电路的介绍,掌握晶体管放大器电路的仿真设计与分析方法。单管放大器是晶体管放大器的基础,注意参数设置和分析方法的选择,注意区分不同类型放大器结构特点和技术特性的不同点。

2.1 单管放大器

2.1.1 单管放大器电路基本原理

图 2.1.1 所示为电阻分压式工作点稳定的单管放大器电路图,偏置电路采用 R_{B11}(RB11)和 R_{B12}(RB12)组成的分压电路,并在发射极中接有电阻 R_E(RE),以稳定放大器的静态工作

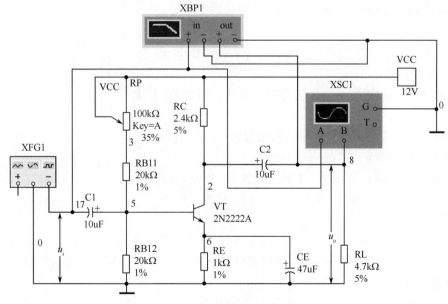

图 2.1.1 电阻分压式工作点稳定放大电路

点。当在放大器的输入端加入输入信号 u_i 后，在放大器的输出端便可得到一个与 u_i 相位相反，幅值被放大了的输出信号 u_o，从而实现了电压放大。

在图 2.1.1 电路中，当流过偏置电阻 R_{B11} 和 R_{B12} 的电流远大于晶体管的基极电流 I_B 时（一般为 5～10 倍），静态工作点可用下式估算

$$U_B \approx \frac{R_{B12}}{R_{B11}+R_{B12}}V_{CC}$$

$$I_E \approx \frac{U_B-U_{BE}}{R_E} \approx I_C$$

$$U_{CE}=V_{CC}-I_C(R_C+R_E)$$

电压放大倍数

$$A_u = -\beta\frac{R_C /\!/ R_L}{r_{be}}$$

输入电阻

$$R_i = R_{B11} /\!/ R_{B12} /\!/ r_{be}$$

式中，r_{be} 为三极管基极与发射极之间的电阻。

输出电阻

$$R_o \approx R_C$$

2.1.2　单管放大器静态工作点的分析

1. 函数信号发生器参数设置

双击函数信号发生器图标，出现如图 2.1.2 所示的面板图，改动面板上的相关设置，可改变输出电压信号的波形类型、大小、占空比或偏置电压等。

● Waveforms 区：选择输出信号的波形类型，有正弦波、三角波和方波 3 种周期信号供选择。本例选择正弦波。

● Signal Options 区：对 Waveforms 区中选取的信号进行相关参数设置。

● Frequency：设置所要产生信号的频率，范围为 1Hz～999THz。本例选择 1kHz。

● Duty Cycle：设置所要产生信号的占空比。设定范围为 1%～99%。

● Amplitude：设置所要产生信号的最大值（电压），其可选范围为 1μV～999kV。本例选择 10mV。

● Offset：设置偏置电压值，即把正弦波、三角波、方波叠加在设置的偏置电压上输出，其可选范围为 −999～999kV。

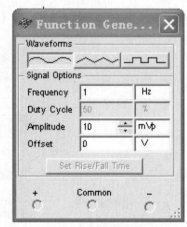

图 2.1.2　函数信号发生器面板图

● Set Rise/Fall Time 按钮：设置所要产生信号的上升时间与下降时间，而该按钮只有在产生方波时有效。此时，在栏中以指数格式设定上升时间（下降时间），再单击"Accept"按钮即可。如单击"Default"按钮，则恢复为默认值。

注意：当所有面板参数设置完成后，可关闭其面板对话框，仪器图标将保持输出的波形。

2. 电位器 RP 参数设置

双击电位器 RP,出现如图 2.1.3 所示对话框,单击 Value 选项。

● Key 区:调整电位器大小所按键盘。

● Increment 区:设置电位器按百分比增加或减少。

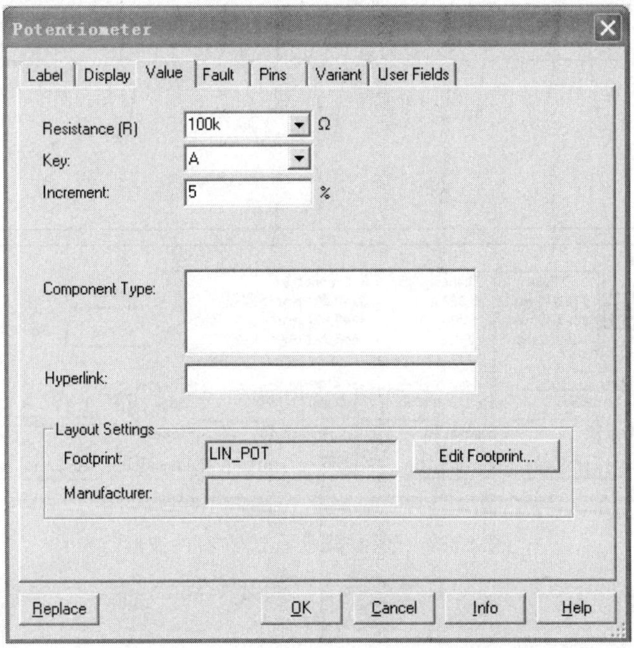

图 2.1.3　Potentiometer 对话框

调整图 2.1.1 中的电位器 RP 确定静态工作点。电位器 RP 旁标注的文字"Key＝A"表明按键盘上 A 键,电位器的阻值按 5％的速度减少:若要增加,按 Shift＋A 快捷键,阻值将以 5％的速度增加。电位器变动的数值大小直接以百分比的形式显示在旁边。启动仿真电源开关,反复按键盘上的 A 键。双击示波器图标,观察示波器输出波形,如图 2.1.4(节点"8"的波形)所示。

3. 直流工作点分析

在输出波形不失真的情况下,单击 Options→Sheet Properties→Show All 选项,使图 2.1.1 显示节点编号,然后单击 Simulate→Analysis→DC Operating Point→Output 选项,选择需要用来仿真的变量,然后单击"Simulate"按钮,系统自动显示运行结果,如图 2.1.5 所示。

4. 电路直流扫描

直流扫描分析是利用一个或两个直流电源分析电路中某一节点上的直流工作点的数值变化情况。直流扫描分析方法请见 1.6.9 节。本例分析图 2.1.1 电路中节点"2"随电源电压变化的曲线,如图 2.1.6 所示。

2.1.3　单管放大器动态分析

单击 Simulate→Analysis→AC Analysis 选项,将弹出 AC Analysis 对话框,进入交流分析状态。交流分析方法请见 1.6.3 节。

单击"Simulate"(仿真)按钮,即可在显示图上获得被分析节点的频率特性波形。交流分

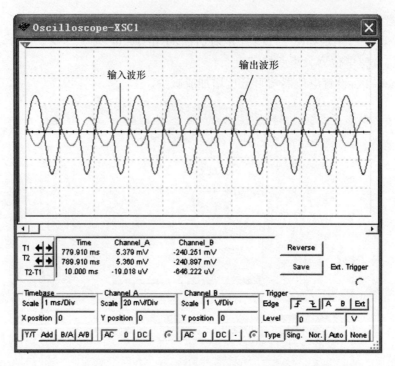

图 2.1.4　示波器显示节点"8"的波形

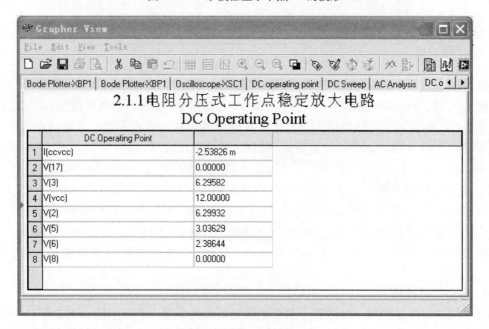

图 2.1.5　系统运行结果显示

析的结果,可以显示幅频特性和相频特性两个图,仿真分析结果如图 2.1.7 所示。如果用波特图仪连至电路的输入端和被测节点,双击波特图仪(波特图仪各参数设置方法参照 1.5.6 节),同样也可以获得交流频率特性,显示结果如图 2.1.8 所示。

1. 放大器幅值及频率测试

双击示波器图标,通过拖曳示波器面板(见图 2.1.4)中的指针可分别测出输出电压的峰-峰值及周期。示波器参数设置方法参照 1.5.5 节。

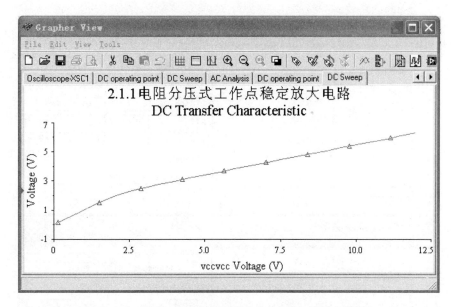

图 2.1.6　图 2.1.1 电路中节点"2"直流扫描分析结果

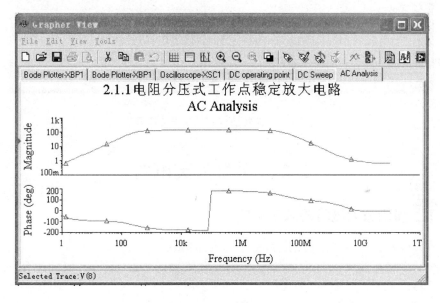

图 2.1.7　单管放大器 AC Analysis 仿真分析结果

2. 电路噪声分析

噪声分析用于检测电子线路输出信号的噪声功率幅度,用于计算、分析电阻或晶体管的噪声对电路的影响。在分析时,假定电路中各噪声源是互不相关的,因此,它们的数值可分开计算。总的噪声是各噪声在该节点的和(用有效值表示)。噪声分析操作方法请见1.6.6 节。

3. 电路失真分析

失真分析用于分析电子电路中的谐波失真和内部调制失真(互调失真),通常非线性失真会导致谐波失真,而相位偏移会导致互调失真。若电路中有一个交流信号源,该分析能确定电路中每一个节点的二次谐波和三次谐波的复值。失真分析操作方法请见 1.6.8 节。

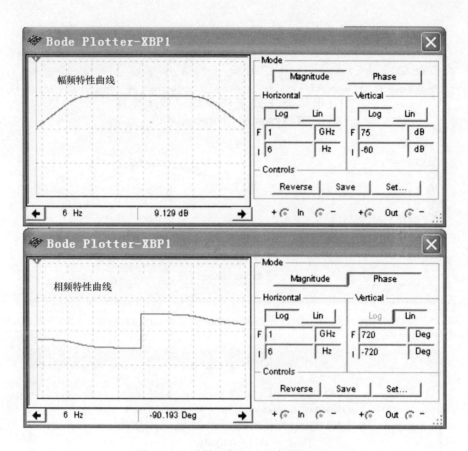

图 2.1.8 波特图仪测试频率特性显示

2.2 多级放大电路

2.2.1 多级放大电路的频率响应

多级放大电路有直接耦合式、阻容耦合式、变压器耦合式等形式。

由两级共发射级放大电路构成的两级放大电路如图 2.2.1 所示,级间采用 RC 耦合的方式。

设每级的中频电压增益为 A_{uM1},则每级的上限频率 f_{H1} 和下限频率 f_{L1} 对应的电压增益为 $0.707A_{uM1}$,两级电压放大电路的中频区电压增益为 A_{uM1}^2。根据放大电路频带的定义,两级放大电路的下限频率为 f_L,上限频率为 f_H,它们都对应于电压增益为 $A_u = 0.707A_{uM1}^2$ 的频率,如图 2.2.2 所示。

显然,$f_L > f_{L1}$,$f_H < f_{H1}$,即两级电路的通频带变窄了。照此可以推广到 n 级放大电路,其总电压增益为各单级电路电压增益的乘积,即

$$\dot{A}_u(j\omega) = \frac{\dot{U}_{o1}(j\omega)}{\dot{U}_{i1}(j\omega)} \cdot \frac{\dot{U}_{o2}(j\omega)}{\dot{U}_{o1}(j\omega)} \cdot \dots \cdot \frac{\dot{U}_{on}(j\omega)}{\dot{U}_{o(n-1)}(j\omega)}$$

多级放大电路可以提高总的电压增益,但通频带变窄了,级数越多,通频带越窄。

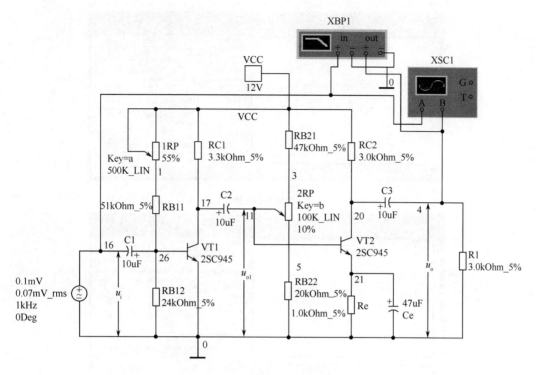

图 2.2.1 两级放大电路原理图

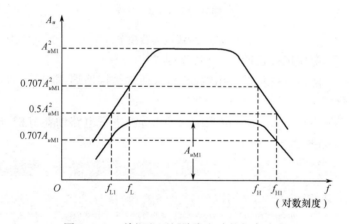

图 2.2.2 单级和两级放大电路的频率响应

2.2.2 多级放大器电路的频率响应仿真分析

在 Multisim 仿真平台上,将波特图仪参数设置完全一样的情况下分别测出了第一级放大器的幅频特性,如图 2.2.3(a)所示(测量点为 17),第二级放大器的幅频特性,如图 2.2.3(b)所示。

2.2.3 零极点分析

零极点分析操作请见 1.6.13 节。本例在 Nodes 区选择输入、输出的正负端(节)点是:

● 在 Input(+)窗口选择正的输入端(节)点"16";

● 在 Input(−)窗口选择负的输入端(节)点(通常是接地端,即节点 0);

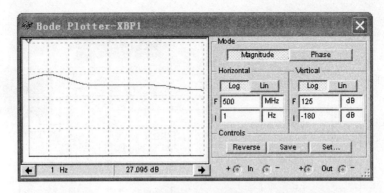

(a)第一级放大器的幅频特性

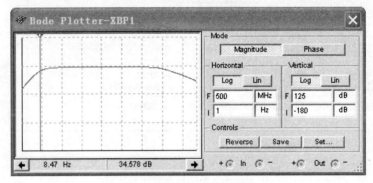

(b)两级放大器的幅频特性

图 2.2.3　两级放大器频率特性

● 在 Output(＋)窗口选择正的输出端(节)点"4"；

● 在 Output(－)窗口选择负的输出端(节)点(通常是接地端,即节点 0)。

1. 电路增益分析

选择 Gain Analysis(output voltage/input voltage)进行电路增益分析,也就是输出电压/输入电压,分析结果如图 2.2.4 所示。

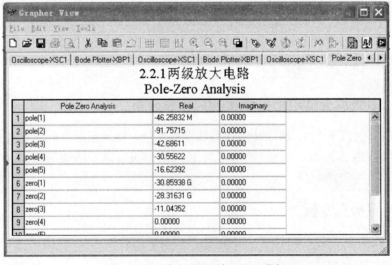

图 2.2.4　输出电压/输入电压分析

2. 电路互阻抗分析

选择 Impedance Analysis(output voltage/input current)进行电路互阻抗分析，也就是输出电压/输入电流。分析结果如图 2.2.5 所示。

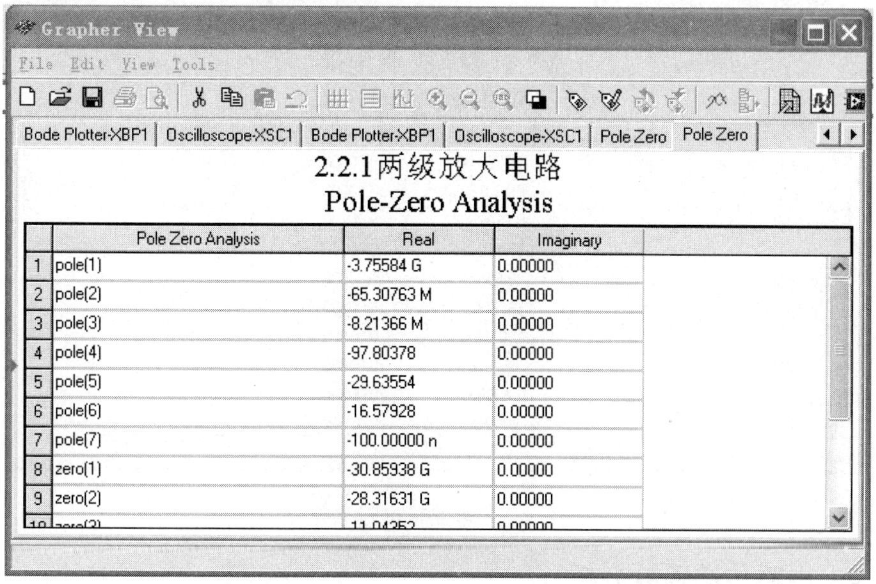

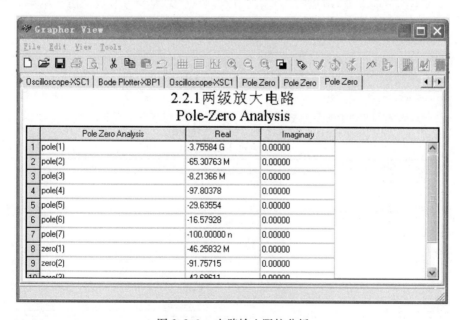

图 2.2.5　电路互阻抗分析

3. 电路输入阻抗分析

选择 Input Impedance 进行电路输入阻抗分析。分析结果如图 2.2.6 所示。

图 2.2.6　电路输入阻抗分析

4. 电路输出阻抗分析

选择 Output Impedance 进行电路输出阻抗分析，分析结果如图 2.2.7 所示。

注意：此处用到零极点的单位为 rad/s。

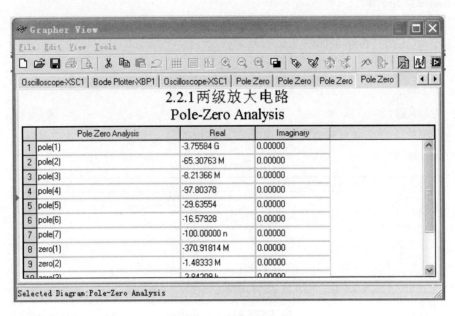

图 2.2.7　电路输出阻抗分析

2.2.4　电路传递函数分析

传递函数分析可以分析一个源与两个节点的输出电压或一个源与一个电流输出变量之间的直流小信号传递函数,也可以用于计算输入和输出阻抗。传递函数操作分析请见 1.6.14 节。本例输入电压只能取 u_i,节点"4"为输出节点,节点"0"为参考节点。仿真结果如图 2.2.8 所示。

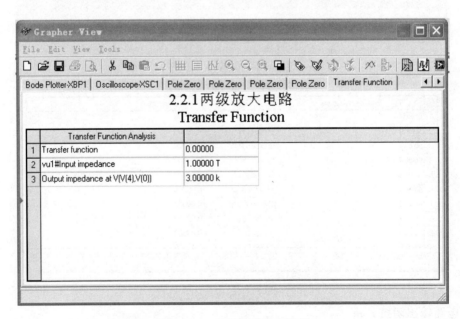

图 2.2.8　传递函数仿真结果

2.3 负反馈放大器电路

2.3.1 负反馈放大器电路工作原理

图 2.3.1 所示为带有负反馈的两级阻容耦合放大电路,在电路中通过 R_F(RF)把输出电压 u_o引回到输入端,加在晶体管 VT_1($VT1$)的发射极上,在发射极电阻 R_{F1}($RF1$)上形成反馈电压 u_f。根据反馈的判断法可知,它属于电压串联负反馈。

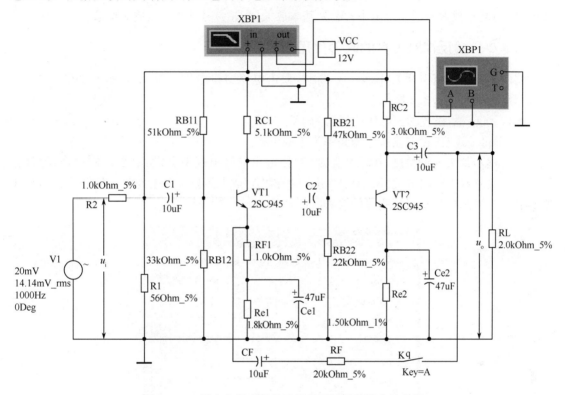

图 2.3.1 带有电压串联负反馈的两级阻容耦合放大器

1. 闭环电压放大倍数

$$A_{uf} = \frac{A_u}{1 + A_u F_u}$$

其中

$$A_u = \frac{U_o}{U_i}$$

式中,A_u为基本放大器(无反馈)的电压放大倍数,即开环电压放大倍数;$1 + A_u F_u$为反馈深度,其大小决定了负反馈对放大器性能改善的程度。

2. 反馈系数

$$F_u = \frac{R_{F1}}{R_F + R_{F1}}$$

3. 输入电阻

$$R_{if} = (1 + A_u F_u) R_i$$

式中，R_i 为基本放大器的输入电阻。

4. 输出电阻

$$R_{of} = \frac{R_o}{1 + A_{uo} F_u}$$

式中，R_o 为基本放大器的输出电阻；A_{uo} 为基本放大器 $R_L = \infty$ 时的电压放大倍数。

2.3.2 负反馈对失真的改善作用

将图 2.3.1 电路中开关"Key=A"断开，双击电路窗口中信号源符号，打开 AC_ VOLT-AGE 对话框，如图 2.3.2 所示。

- Voltage 栏：设置输入电压的幅值为 1V。
- Frequency 栏：设置输入电压频率为 1000Hz。

也可逐步加大 u_i 的幅度，用示波器观察，使输出信号出现失真，如图 2.3.3(a)所示（注意不要过分失真），然后将开关"Key=A"闭合（按键"A"或者用鼠标单击开关），从图 2.3.3(b)上观察到输出波形的失真得到明显的改善。

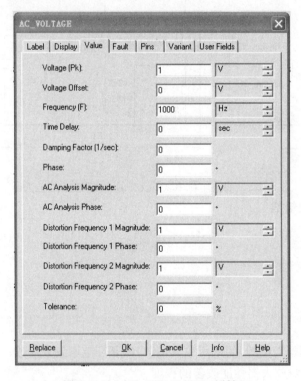

图 2.3.2 AC_ VOLTAGE 对话框

2.3.3 负反馈对频带的展宽

引入负反馈后，放大电路总的通频带得到了展宽。图 2.3.4 所示为未加负反馈时放大电

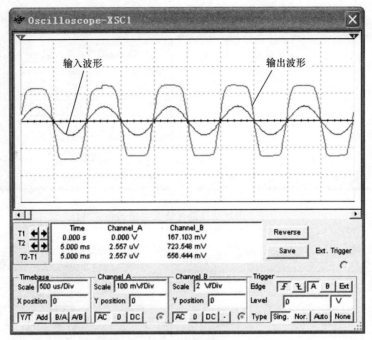

（a）无负反馈

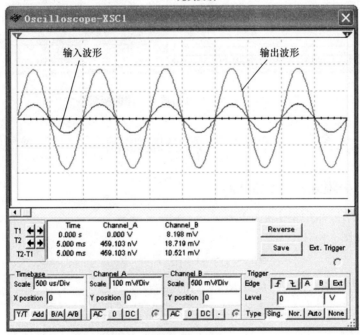

（b）有负反馈

图 2.3.3　负反馈对放大器失真的改善

路的幅频特性,标尺指示的位置参数为 32.827dB/505.799kHz。图 2.3.5 所示为加入负反馈后放大电路的幅频特性,标尺指示的位置参数为 20.871dB/1.808MHz。

从图 2.3.4 和图 2.3.5 可以看出,波特图仪的参数设置是一样的,但加入负反馈后通频带得到了展宽。

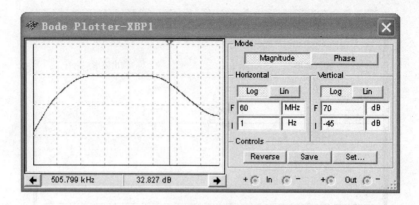

图 2.3.4　未加负反馈时放大电路的幅频特性

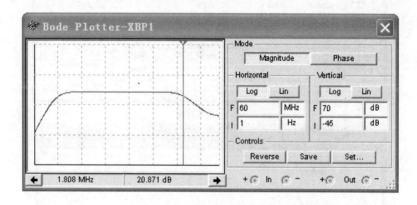

图 2.3.5　加入负反馈后放大电路的幅频特性

2.4　射极跟随器

2.4.1　射极跟随器工作原理

射极跟随器的原理图如图 2.4.1 所示。

1. 输入电阻 R_i

$$R_i = r_{be} + (1+\beta)(R_{E1} + R_{E2})$$

如考虑偏置电阻 $R_B(RB)$ 和负载 $R_L(RL)$ 的影响，则

$$R_i = R_B // [r_{be} + (1+\beta)(R_E // R_L)]$$

2. 输出电阻 R_o

$$R_o = \frac{r_{be}}{\beta} // R_E \approx \frac{r_{be}}{\beta}$$

如考虑信号源内阻 $R_S(RS)$，则 R_o 为

$$R_o = \frac{r_{be} + (R_S // R_B)}{\beta} // R_E \approx \frac{r_{be} + (R_S // R_B)}{\beta}$$

式中，$R_E = R_{E1} + R_{E2}$。

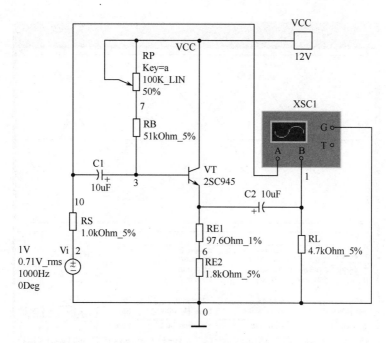

图 2.4.1　射极跟随器的原理图

3. 电压放大倍数

图 2.4.1 电路的仿真结果如图 2.4.2 所示。且有

$$A_u = \frac{(1+\beta)(R_E /\!/ R_L)}{r_{be} + (1+\beta)(R_E /\!/ R_L)} \leqslant 1$$

4. 电压跟随范围

电压跟随范围是指射极跟随器输出电压 u_o 跟随输入电压 u_i 作线性变化的区域。当 u_i 超过一定范围时，u_o 便不能跟随 u_i 作线性变化，即 u_o 波形产生了失真。为了使输出电压 u_o 正、负半周对称，静态工作点应选在交流负载线中点，测量时可直接用示波器读取 u_o 的峰-峰值，即电压跟随范围；或用交流毫伏表读取 U_o 的有效值，则电压跟随范围

$$U_{oP\text{-}P} = 2\sqrt{2}U_o$$

2.4.2　射极跟随器的瞬态特性分析

瞬态分析是指对所选定的电路节点的时域响应，即观察该节点在整个显示周期中每一时刻的电压波形。在进行瞬态分析时，直流电源保持常数，交流信号源随着时间而改变，电容和电感都是能量存储模式元件。

单击 Simulate→Analysis→Transient Analysis 选项，将弹出 Transient Analysis 对话框，进入瞬态分析状态。参数设置方法请见 1.6.4 节，节点选择"3"和"4"。

单击"Simulate"按钮，仿真运行如图 2.4.3 所示，可得输出电压的峰值 $U_{om} = 1V$，其结果满足 $A_u = \dfrac{(1+\beta)(R_E /\!/ R_L)}{r_{be} + (1+\beta)(R_E /\!/ R_L)} \leqslant 1$ 关系式。

2.4.3　电路灵敏度分析

灵敏度分析是分析电路特性对电路中元器件参数的敏感程度。灵敏度分析包括直流灵敏

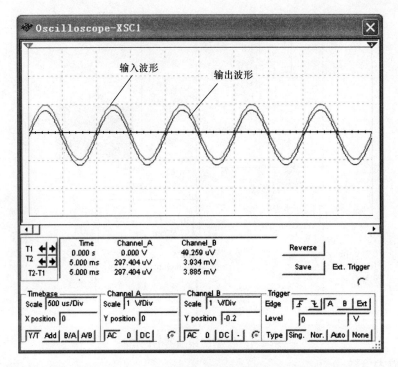

图 2.4.2　射极跟随器输入、输出波形

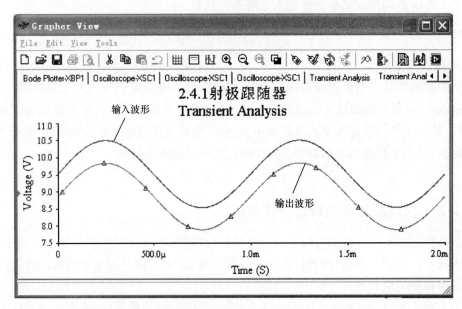

图 2.4.3　分析节点"3"和"4"的瞬态特性波形图

度分析和交流灵敏度分析功能。直流灵敏度分析的仿真结果以数值的形式显示,交流灵敏度分析仿真的结果以曲线的形式显示。灵敏度分析操作见 1.6.10 节。本例选择节点"4"分别进行直流和交流电压灵敏度仿真,其仿真结果如图 2.4.4(a)、(b)所示。

2.4.4　电路参数扫描分析

采用参数扫描方法分析电路,可以较快地获得某个元件的参数,在一定范围内变化时对电

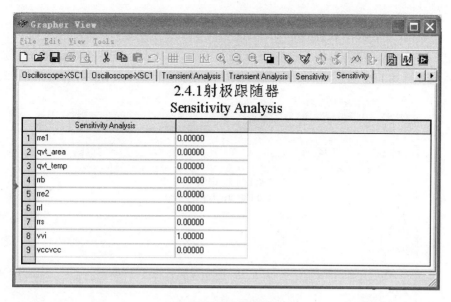

(a)直流电压灵敏度仿真

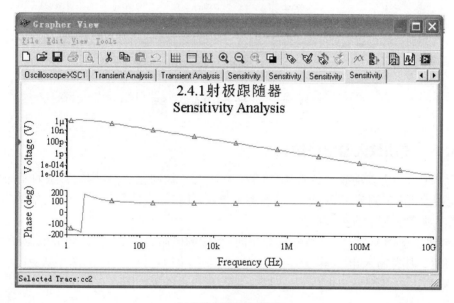

(b)交流电压灵敏度仿真

图 2.4.4 电路灵敏度仿真

路的影响。相当于该元件每次取不同的值,进行多次仿真。参数扫描分析操作见 1.6.11 节。

对于本例,Analysis Parameters 页中的各选项选择如下:

- Sweep Parameter:Device Parameter;
- Device Type:Capacitor;
- Name:cc2;
- Parameter:Capacitor;
- Sweep Variation Type:Linear;
- Start:1e-005;
- Stop:0.0001;

- #of points：2；
- Analysis to sweep：Transient Analysis。

单击"Edit Analysis"按钮，将 Edit time 修改为 0.01，选择 Group all traces on plot 选项，同时在 Output 页中选择节点"4"作为分析变量，最后单击"Simulate"按钮，则仿真结果如图 2.4.5 所示。

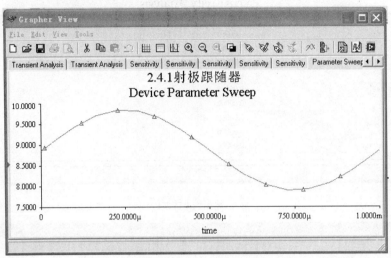

图 2.4.5　节点"4"参数扫描仿真结果

2.5　差动放大器

2.5.1　差动放大器电路结构

图 2.5.1 所示为差动放大器的基本电路，当开关 K 拨向左边时，构成典型的差动放大器。调零电位器 RP 用来调节 VT1、VT2 的静态工作点，使得输入信号 $U_i=0$ 时，双端输出电压 U_o =0。RE 为两管公用的发射极电阻。

在设计时，选择 VT1、VT2 特性完全相同，相应的电阻也完全一致，调节电位器 RP 的位置置 50% 处，则当输入电压等于零时，$U_{CQ1}=U_{CQ2}$，即 $U_o=0$。双击图中万用表 XMM1、XMM2、XMM3，分别显示出电压 U_{CQ1}、U_{CQ2}、U_o，其显示结果如图 2.5.2 所示。

2.5.2　差动放大器的静态工作点分析

1. 典型差动放大器电路静态工作点

$$I_E \approx \frac{|U_{EE}|-U_{BE}}{R_E}（认为 U_{B1}=U_{B2}\approx 0）$$

$$I_{C1}=I_{C2}=\frac{1}{2}I_E$$

2. 恒流源差动放大器电路静态工作点

$$I_{C3} \approx I_{E3} \approx \frac{\dfrac{R_2}{R_1+R_2}(V_{CC}+|V_{EE}|)-U_{BE}}{R_{E1}}$$

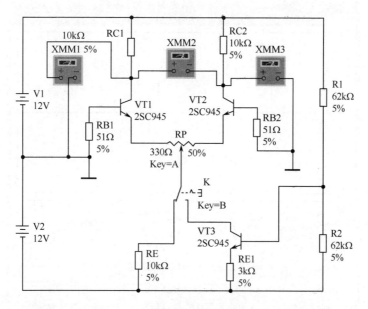

图 2.5.1 差动放大器的基本电路

(a)U_{CQ1} 显示结果

(b)U_{CQ2} 显示结果

(c)U_o 显示结果

图 2.5.2 U_{CQ1}、U_{CQ2}、U_o 显示结果

$$I_{C1} = I_{C2} = \frac{1}{2}I_{C3}$$

2.5.3 差模电压放大倍数和共模电压放大倍数

1. 差模电压放大倍数

当差动放大器的发射极电阻 R_E 足够大,或采用恒流源电路时,差模电压放大倍数 A_d 由输出端方式决定,而与输入方式无关。

(1) 双端输出方式

$R_E = \infty$,RP 在中心位置时,有

$$A_d = \frac{\Delta U_o}{\Delta U_i} = -\frac{\beta R_C}{R_B + r_{be} + \frac{1}{2}(1+\beta)R_{RP}}$$

本例中的输入信号采用交流信号源作差模输入,其输出波形如图 2.5.3 所示。

(2) 单端输出方式

$$A_{d1} = \frac{\Delta U_{C1}}{\Delta U_i} = \frac{1}{2}A_d$$

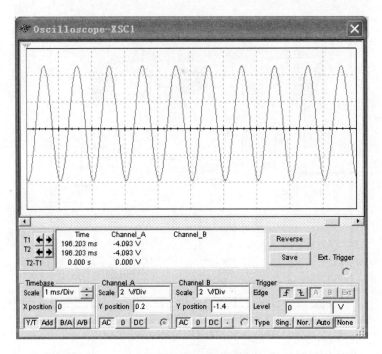

图 2.5.3　双端输出波形

$$A_{d2} = \frac{\Delta U_{C2}}{\Delta U_i} = -\frac{1}{2} A_d$$

其输出波形如图 2.5.4 所示。

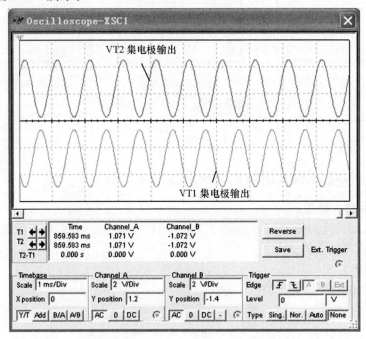

图 2.5.4　单端输出波形

2. 共模电压放大倍数

（1）单端输出方式

当输入共模信号时,若为单端输出,则有

$$A_{c1} = A_{c2} = \frac{\Delta U_{C1}}{\Delta U_i} = \frac{-\beta R_C}{R_B + r_{be} + (1+\beta)\left(\frac{1}{2}R_{RP} + 2R_E\right)} \approx -\frac{R_C}{2R_E}$$

（2）双端输出方式

若为双端输出，在理想情况下有

$$A_c = \frac{\Delta U_o}{\Delta U_i} = 0$$

实际上由于元件不可能完全对称，因此，A_c 也不会绝对等于零。

2.5.4 共模抑制比 CMRR

为了表征差动放大器对有用信号（差模信号）的放大作用和对共模信号的抑制能力，通常用一个综合指标来衡量，即共模抑制比

$$\text{CMRR} = \left|\frac{A_d}{A_c}\right| \quad \text{或 CMRR} = 20\lg\left|\frac{A_d}{A_c}\right| \text{（dB）}$$

注意：差动放大器的输入信号可采用直流信号，也可采用交流信号。

2.6 低频功率放大器

2.6.1 低频功率放大器工作原理

图 2.6.1 所示为 OTL 低频功率放大器。其中，由晶体三极管 VT1 组成推动级（也称前置放大级），VT2、VT3 是一对参数对称的 NPN 和 PNP 型晶体三极管，它们组成互补推挽 OTL 功率放大电路。由于每一个管子都接成射极输出器形式，因此，具有输出电阻低、负载能力强等优点，适合作为功率输出级。VT1 工作于甲类状态，其集电极电流 I_{C1} 由电位器 RP1 进行调节。I_{C1} 的一部分流经电位器 RP2 及二极管 VD，给 VT2、VT3 提供偏压。调节 RP2，可以使 VT2、VT3 得到合适的静态电流而工作于甲、乙类状态，以克服交越失真。静态时要求输出端中点 A 的电位 $U_A = \frac{1}{2}V_{CC}$，可以通过调节 RP1 来实现，又由于 RP1 的一端接在 A 点，因此在电路中引入交、直流电压并联负反馈，一方面能够稳定放大器的静态工作点，同时也改善了非线性失真。C4 和 R 构成自举电路，用于提高输出电压正半周的幅度，以得到大的动态范围。

当输入正弦交流信号 u_i 时，经 VT1 放大、倒相后同时作用于 VT2、VT3 的基极，u_i 的负半周使 VT2 导通（VT3 截止），有电流通过负载 RL，同时向电容 C2 充电，在 u_i 的正半周，VT3 导通（VT2 截止），则已充好电的电容器 C2 起电源的作用，通过负载 RL 放电，这样在 RL 上就得到完整的正弦波，其波形如图 2.6.2 所示。在仿真中若输出端接扬声器，在仿真时只要输入不同的频率信号，就能在扬声器中听到不同的声音。

2.6.2 OTL 电路的主要性能指标

1. 最大不失真输出功率 P_{om}

理想情况下，$P_{om} = \frac{1}{8}\frac{V_{CC}^2}{R_L}$，在电路中可通过测量 R_L 两端的电压有效值 U_o，或测量流过

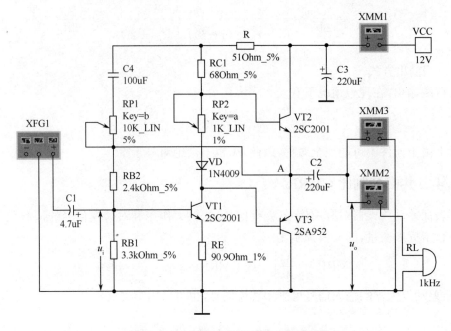

图 2.6.1　低频功率放大器工作原理图

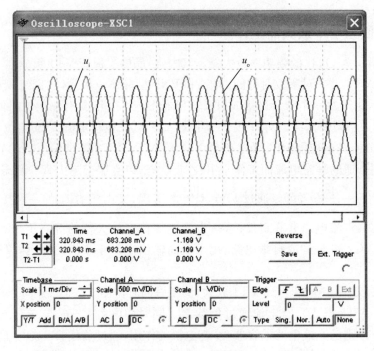

图 2.6.2　输入、输出波形

R_L 的电流来求得实际的 $P_{om} = \dfrac{U_o^2}{R_L} = U_o I_o$。

2. 效率 η

$$\eta = \frac{P_{om}}{P_V} \times 100\%$$

式中，P_V 为直流电源供给的平均功率。

理想情况下，$\eta_{max}=78.5\%$。可测量电源供给的平均电流 I_{dc}，从而求得 $P_V=V_{CC} \cdot I_{dc}$，负载上的交流功率已用上述方法求出，因而也就可以计算实际效率了。在仿真平台上，也可用功率表分别测出最大不失真功率和电源供给的平均功率。

2.7 单级单调谐放大器

2.7.1 并联谐振回路的特性

LC 组成的并联谐振回路具有如下特性。

1. 谐振回路阻抗的频率特性

阻抗的模和阻抗角分别为

$$|Z|=\frac{1}{\sqrt{\left(\dfrac{CR}{L}\right)^2+\left(\omega C-\dfrac{1}{\omega L}\right)^2}}$$

$$\varphi=-\arctan\frac{\omega C-\dfrac{1}{\omega L}}{\dfrac{CR}{L}}$$

当回路谐振时，$\omega=\omega_0$，$\omega_0 L-\dfrac{1}{\omega_0 C}=0$。并联谐振回路的阻抗为一纯电阻，数值可达到最大值，$|Z|=R_P=\dfrac{L}{CR}$，R_P 称为谐振电阻，阻抗相角为 $\varphi=0$。并联谐振回路在谐振点频率 ω_0 时，相当于一个纯电阻电路。

当回路的角频率 $\omega<\omega_0$ 时，并联回路总阻抗呈电感性；当回路的角频率 $\omega>\omega_0$ 时，并联回路总阻抗呈电容性。

2. 并联谐振回路端电压频率特性

谐振回路两端的电压

$$U_{AB}=U=I_S|Z|=\frac{I_S}{\sqrt{\left(\dfrac{CR}{L}\right)^2+\left(\omega C-\dfrac{1}{\omega L}\right)^2}}$$

$$\varphi_u=-\arctan\frac{\omega C-\dfrac{1}{\omega L}}{\dfrac{CR}{L}}$$

当谐振回路谐振时

$$U_{AB}=U_o=I_S\frac{L}{RC}=I_S R_P$$

3. 并联谐振回路的谐振频率

$$\omega_0=\frac{1}{\sqrt{LC}}$$

4. 品质因数

并联回路谐振时的感抗或容抗与线圈中串联的损耗电阻 R 之比，定义为回路的品质因

数,用Q_0表示。即

$$Q_0 = \frac{\omega_0 L}{R} = \frac{1}{\omega_0 CR} = \frac{1}{R}\sqrt{\frac{L}{C}} = \frac{\rho}{R}$$

式中,$\rho = \sqrt{L/C}$,称为特性阻抗;Q_0为 LC 并联谐振回路的空载 Q 值。

$$R_P = \frac{L}{CR} = Q_0 \omega_0 L = \frac{Q_0}{\omega_0 C}$$

上式说明并联谐振回路在谐振时,谐振电阻等于感抗或容抗的 Q_0 倍。

2.7.2 单级单调谐放大器电路

单调谐放大器是由单调谐回路作为交流负载的放大器。图 2.7.1 所示为一个共发射极的单调谐放大器,它是接收机中一种典型的高频放大器电路。

图 2.7.1 中,RB11、RB12 是放大器的偏置电阻,Re 是直流负反馈电阻,Ce 是旁路电容,它们起到稳定放大器静态工作点的作用。L2、R3、C2 组成并联谐振回路,它与晶体管共同起着选频放大作用。为了防止三极管的输出与输入导纳直接并入 LC(L2、R3、C2)谐振回路,影响回路参数,以及为防止电路的分布参数影响谐振频率,同时也为了放大器的前后级匹配,本电路采用部分接入方式。R3 的作用是降低放大器输出端调谐回路的品质因数 Q 值,以加宽放大器的通频带。

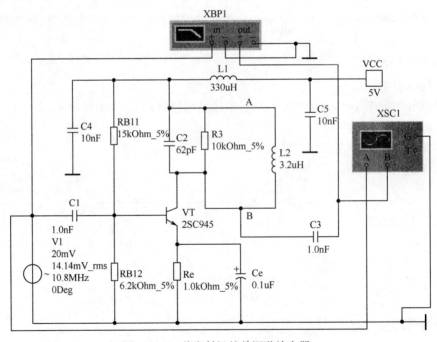

图 2.7.1 共发射极的单调谐放大器

如果把 LC(L2、C2)并联谐振回路调谐在放大器的工作频率上,则放大器的增益就很高;偏离这个频率,放大器的放大作用就下降。图 2.7.2(a)测出的是 $f_\omega = f_{\omega_0}$ 时的波形,图 2.7.2(b)测出的是 $f_\omega > f_{\omega_0}$ 的波形,图 2.7.2(c)测出的是 $f_\omega < f_{\omega_0}$ 的波形。注意:图 2.7.2 中各图的 X 坐标和 Y 坐标参数的不同。

放大器的频带宽度局限于 LC(L2、R3、C2)并联谐振回路的谐振频率附近。调谐放大器频带响应在很大程度上取决于 LC(L2、R3、C2)谐振回路的特性。

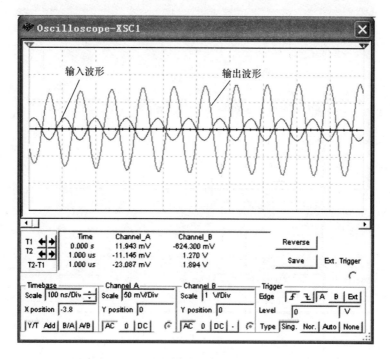

(a)$f_\omega = f_{\omega_0}$

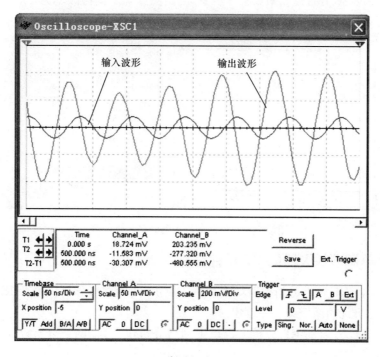

(b)$f_\omega > f_{\omega_0}$

图 2.7.2 $f_\omega = f_{\omega_0}$,$f_\omega > f_{\omega_0}$,$f_\omega < f_{\omega_0}$ 时输入与输出波形

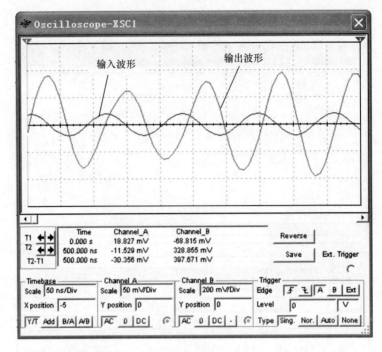

(c)$f_\omega < f_{\omega_0}$

图 2.7.2 $f_\omega = f_{\omega_0}$, $f_\omega > f_{\omega_0}$, $f_\omega < f_{\omega_0}$ 时输入与输出波形(续)

双击波特图仪,弹出面板如图 2.7.3 所示,测出图 2.7.1 谐振频率为 10.799MHz。

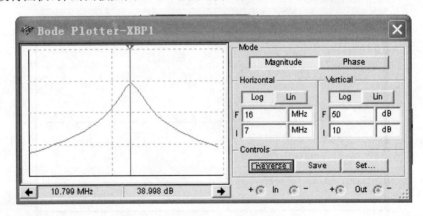

图 2.7.3 单调谐放大器幅频特性曲线

2.7.3 单调谐放大器的 RF 特性分析

单调谐放大器 RF 特性分析电路如图 2.7.4 所示,使用网络分析仪进行 RF 分析,分析结果可以从网络分析仪的面板中一一读出。

单击"启动"开关,启动 RF 分析。再单击网络分析仪,打开网络分析仪面板,如图 2.7.5 所示。

1. Marker 区

在 Marker 区有 3 个选项:Re/Im、Mag/Ph(Degs)和 dB Mag/PH(Degs)。

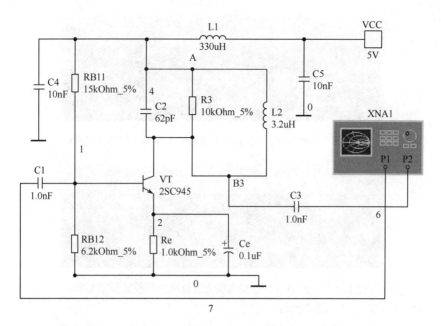

图 2.7.4　单调谐放大器 RF 特性分析电路

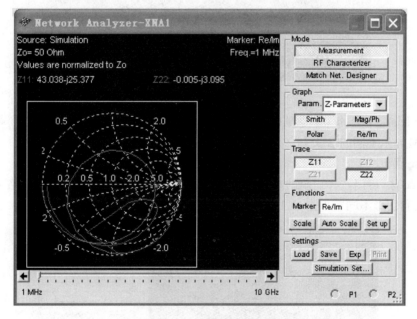

图 2.7.5　网络分析仪面板

（1）Re/Im（实部/虚部）

选择 Re/Im（实部/虚部），网络分析仪在面板上方以直角坐标模式显示参数 Z11 和 Z22，如图 2.7.6 所示。

（2）Mag/Ph（Degs）（幅度/相位）

选择 Mag/Ph（Degs）（幅度/相位），网络分析仪在面板上方以极坐标模式显示参数 Z11 和 Z22，如图 2.7.7 所示。

（3）dB Mag/Ph（Deg）（dB 幅度/相位）

选择 dB Mag/Ph（Deg）（dB 幅度/相位），网络分析仪在面板上方以分贝的极坐标模式显

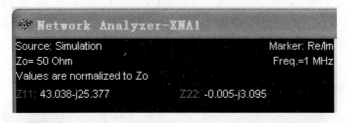

图 2.7.6　网络分析仪在面板上方以直角坐标模式显示参数

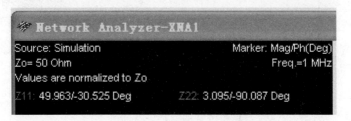

图 2.7.7　网络分析仪在面板上方以极坐标模式显示参数

示参数 Z11 和 Z22,如图 2.7.8 所示。

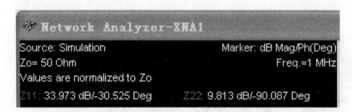

图 2.7.8　网络分析仪在面板上方以分贝的极坐标模式显示参数

在选择 Marker 区的 3 个选项时,用鼠标拖动 Marker 区中的滑块,可以改变频率。对应不同的频率,显示不同的 Z11 和 Z22 参数。

2. Trace 区

在 Trace 区,可以选择显示的参数,单击 Trace 区的 Z11 或者 Z22 按钮,网络分析仪面板显示的参数和图形不同。单击 Z11 按钮的显示面板如图 2.7.9 所示。

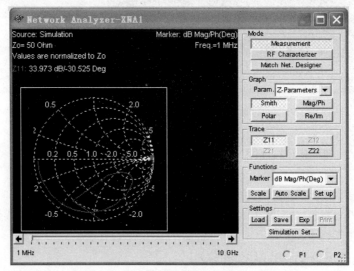

图 2.7.9　单击 Z11 按钮的显示面板

3. Graph 区

① 在 Graph 区,可以选择所要分析的参数种类,可选择的参数(Parameters)种类有:Y 参数、S 参数、H 参数、Z 参数和稳定系数。

② 在 Graph 区中,可以选择参数显示格式。S 参数和 Y 参数有 4 种参数显示格式:Smith(施密斯图)、Mag/Ph(幅度/相位图)、Polar(极化图)和 Re/Im(实数/虚数图)。H 参数和 Y 参数有 3 种参数显示格式:Mag/Ph(幅度/相位图)、Polar(极化图)和 Re/Im(实数/虚数图)。

显示 S 参数的 Smith 图如图 2.7.10 所示。

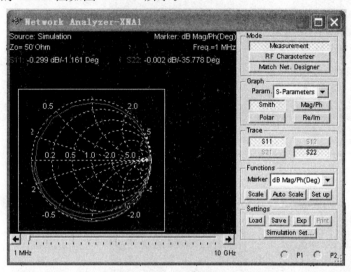

图 2.7.10　显示 S 参数的 Smith 图

显示 S 参数的 Mag/Ph 图如图 2.7.11 所示。

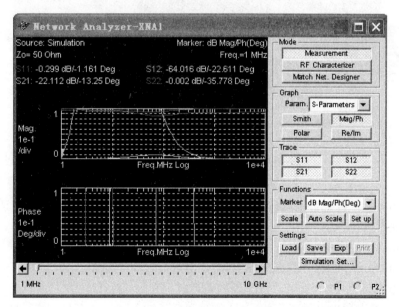

图 2.7.11　显示 S 参数的 Mag/Ph 图

显示 S 参数的 Polar 图如图 2.7.12 所示。

显示 S 参数的 Re/Im 图如图 2.7.13 所示。

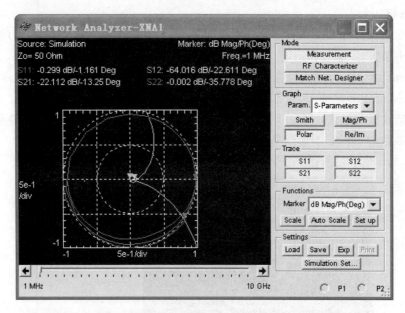

图 2.7.12　显示 S 参数的 Polar 图

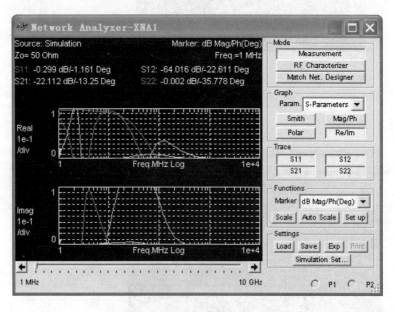

图 2.7.13　显示 S 参数的 Re/Im 图

③ 在 Functions 区中,可以选择 Scale(坐标刻度)。单击"Scale"按钮,弹出的对话框可以改变有关刻度参数。

④ 在 Functions 区中,可以选择 Atuo Scale,由程序自动定义坐标刻度。

⑤ 在 Functions 区中,可以选择 Set up,弹出 Set up 的对话框。

在 Set up 对话框中:

● Trace 项可以用来设置曲线的特性,如线宽(Line width)、颜色(Color)、形式(Style)。

● Gride 项可以用来设置网格线的特性,如线宽(Line width)、颜色(Color)、形式(Style)及刻度文字的颜色。

● Miscellaneous 项可以用来设置绘图区的特性,如图框的线宽(Frame width)和颜色

(Frame Color)、图框背景颜色(Background Color)、绘图区的颜色(Graph area Color)、标注文字的颜色(Label Color)和数字的颜色(Data Color)。

4. Setiings 区

在 Settings 区,可以对显示区内的数据进行加载(Load)、保存(Save)、输出(Exp)和打印(Print)处理。

5. Mode 区

在 Mode 区有 3 个选项:Measurement(测量模式)、Match Net. Designer(匹配网络设计)和 RF Characterizer(射频特性分析)。

(1) Measurement(测量模式)

选择 Measurement,单击"Simulation Setup"按钮,出现的对话框如图 1.5.17 所示。在对话框中可以设置:激励信号的起始频率(Start frequency)、激励信号的终止频率(Stop frequency)、扫描方式(Sweep type)和点数(Number of points)等参数。

(2) Match Net. Designer(匹配网络设计)

选择 Match Net. Designer,单击"Simulation Setup"按钮,出现的对话框如图 2.7.14 所示。在对话框中可以选择:Stability Circles(稳定圈)、Impedance Matching(阻抗匹配)、Unilateral Gain Circles(单向的增益圈)、Freq(频率)及 LC 网络的结构形式等参数。

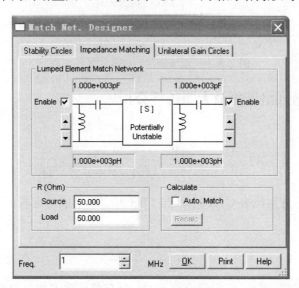

图 2.7.14　Match Net. Designer 的 Impedance Matching 对话框

(3) RF Characterizer(射频特性分析)

选择 RF Characterizer,单击"Simulation Setup"按钮,出现的对话框如图 1.5.18 所示。在对话框中可以设置:Source Impedance(源阻抗)、Load Impedance(负载阻抗)等参数。

2.8　双调谐回路谐振放大器

2.8.1　双调谐回路谐振放大器电路

双调谐回路谐振放大器电路如图 2.8.1 所示,图中由 C3、C4、C5、C9、C10、L1、L2 组成双调谐回路。

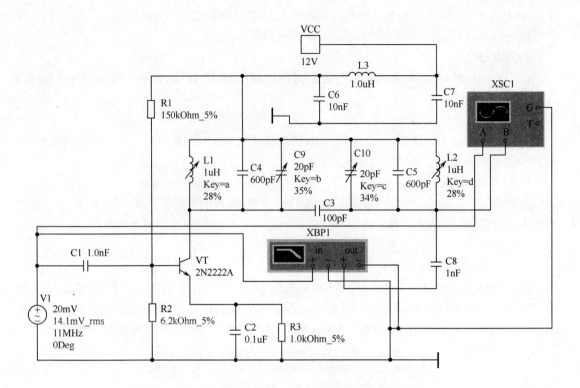

图 2.8.1　双调谐回路谐振放大器电路

2.8.2　双调谐回路谐振放大器特性分析

1. 电压增益

$$A_u = \frac{U_o}{U_i} = \frac{n_1 n_2 Y_{fe}}{G_X} \cdot \frac{\eta}{\sqrt{(1-\xi^2+\eta^2)^2+4\xi^2}}$$

式中，$\xi = Q_L \dfrac{2\Delta f}{f_0}$；$n_1$、$n_2$ 分别代表 C4、L1、C9 与 C5、C10、L2 组成的谐振回路接入系数。当 $\xi = 0$ 时，则

$$A_u = \frac{U_o}{U_i} = \frac{n_1 n_2 Y_{fe}}{G_X}$$

广义失调量 $\eta = KQ_L$，其中 K 为耦合因子，Q_L 为有载品质因数。对耦合回路来讲，可分为临界耦合（$\eta = 1$）、强耦合（$\eta > 1$）及弱耦合（$\eta < 1$）。

并联谐振回路调谐在放大器的工作频率上，则放大器的增益就很高；偏离这个频率，放大器的放大作用就下降。仿真时可以分别测出的是 $f_\omega = f_{\omega_0}$、$f_\omega < f_{\omega_0}$、$f_\omega > f_{\omega_0}$ 的波形。

2. 通频带

双调谐放大器在临界耦合状态时，选择性比单调谐放大器选择性好；双调谐放大器在弱耦合时，其放大器的谐振曲线和单调谐放大器相似，通频带窄，选择性差；在强耦合时，通频带显著加宽，矩形系数变好，但不足之处是谐振曲线的顶部出现凹陷，这就使回路通频带、增益的兼顾较难。

参考 2.7 节的仿真分析方法，在仿真调试结果中可看出，双调谐回路放大器比单调谐回路放大器的通频带宽。

2.9 0°～360°移相电路

利用两级移相放大器可以组成 0°～360°可调移相电路,如图 2.9.1 所示。图中,VT1 和 VT2 是 0°～180°相移放大器,两级移相放大器可以完成 0°～360°移相。VT3 是缓冲放大器。调节电位器 RP1 和 RP2,可以使输入信号产生移相。信号源参数设置为 100Hz 正弦波。

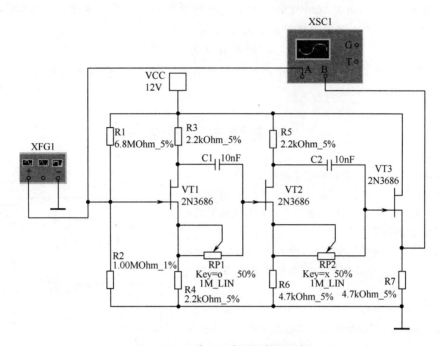

图 2.9.1 0°～360°可调移相电路

可调电位器 RP1 和 RP2 的参数设置对话框如图 2.1.3 所示,数值 1M_LIN 表示两个固定端之间的电阻值。电位器滑动点的改变可以通过改变 Key 字母设置来进行,字母范围 a～z 或者 A～Z,小写字母表示减少百分比,大写字母表示增加百分比,字母的设定可以在电位器的对话框中进行。对话框中 Increment 表示每次设置的字母键,滑动点下方电阻减少或者增加量占总值的百分比。

单击示波器图标,调节电位器可以观察到输入/输出信号波形相位的变化。

本 章 小 结

本章介绍了晶体管放大器的工作原理、主要性能指标、特性及仿真分析。本章的主要内容包括:

(1) 单管放大器电路基本原理,静态工作点的分析,动态特性分析。

(2) 以两级共射极放大电路构成的放大电路为例,进行了多级放大电路的频率响应和仿真分析。多级放大电路能够提高总的电压增益,但通频带会变窄。

(3) 负反馈使放大器的放大倍数降低,但能在多方面改善放大器的动态指标,如稳定放大倍数,改变输入、输出电阻,减小非线性失真和展宽通频带等。

(4) 介绍了射极跟随器工作原理和瞬态特性分析。

(5) 介绍了差动放大器电路结构和工作点分析。差动放大器对差模信号无负反馈作用,因而不影响差模电压放大倍数,但对共模信号有较强的负反馈作用,故可以有效地抑制零漂,稳定静态工作点。

(6) 介绍了OTL电路的主要性能指标,OTL低频功率放大器电路。

(7) 单调谐放大器是由单调谐回路作为交流负载的放大器。本章介绍了LC并联谐振回路的特性,进行了单级单调谐放大器电路分析。

(8) 双调谐回路放大器是由LC组成的双调谐回路作为交流负载的放大器,具有较好的选择性、较宽的通频带,并能较好地解决增益与通频带之间的矛盾。本章介绍了双调谐回路谐振放大器电路,进行了双调谐回路谐振放大器特性分析。

(9) 移相电路:介绍了一个 $0°\sim360°$ 的移相电路。

掌握晶体管放大器电路的仿真设计与分析方法是本章的重点,注意不同类型放大器之间的差别。

思考题与习题2

2.1 在Multisim仿真软件中建立如题图2.1所示晶体管放大电路,设 $V_{CC}=12V$, $R_1=3k\Omega$, $R_2=240k\Omega$,三极管选择2N222A。(1)用万用表测出各极静态工作点;(2)用示波器观察输入波形及输出波形。

2.2 在题图2.1中,若改变 R_2,使 $R_2=100k\Omega$,其他不变,用万用表测出各极静态工作点,并观察其输入、输出波形的变化。

2.3 在仿真软件中建立如题图2.2所示分压式偏置电路,调节合适静态工作点,用示波器观察使输出波形最大不失真。(1)测出各极静态工作点;(2)测出输入、输出电阻;(3)改变RP的大小,观察静态工作点的变化,并用示波器观察输出波形是否失真。

2.4 (1)在题图2.2中用示波器观察接上负载和负载开路时对输出波形的影响;(2)学会使用波特图仪在放大电路中的连接;(3)观察放大电路的幅频特性和相频特性。

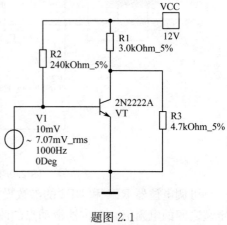

题图2.1

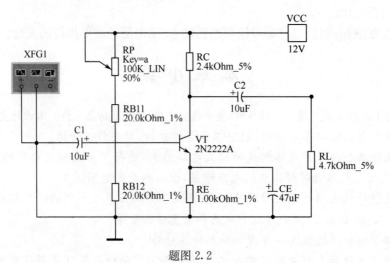

题图2.2

2.5 两级放大电路如题图 2.3 所示,在输出波形不失真的情况下:(1)测出各级静态工作点;(2)用示波器测出各级输出电压的大小。

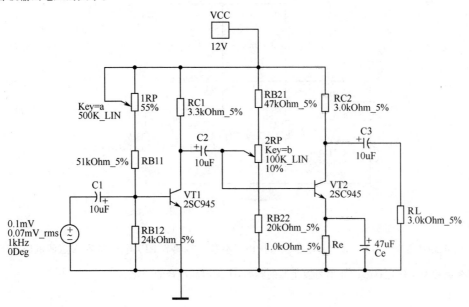

题图 2.3

2.6 两级负反馈电路如题图 2.4 所示。(1)断开反馈支路开关 K,加大输入信号使输出波形失真,然后合上反馈支路开关 K,观察负反馈对放大电路失真的改善;(2)接上波特图观察有、无负反馈时放大电路的幅频特性和相频特性。

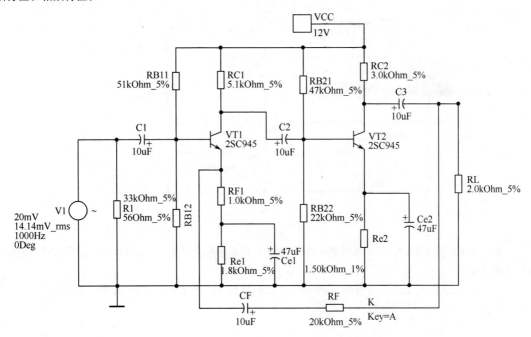

题图 2.4

2.7 电路如题图 2.5 所示。(1)调试合适的静态工作点;(2)用示波器测出输入、输出电压的大小。

2.8 在仿真软件上建立一个双端输入、双端输出的差动放大电路。(1)输入共模分量,分别测出单端输出电压及双端输出电压;(2)输入差模分量,分别测出单端输出电压及双端输出电压。

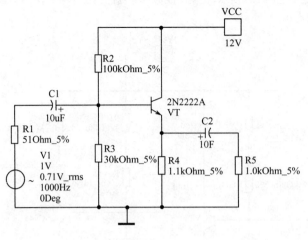

题图 2.5

2.9 电路如题图 2.6 所示。(1)学会设置扬声器参数;(2)调节 RP1 电位器使 A 点的电压等于 $\frac{1}{2}V_{CC}$;(3)测出各级静态工作点;(4)改变信号发生器的频率,听扬声器声音的变化。

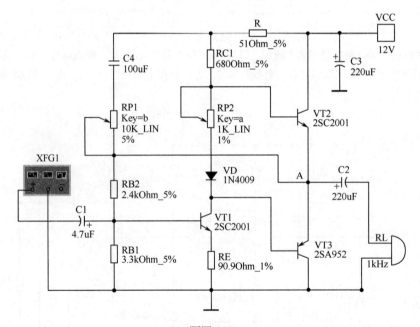

题图 2.6

2.10 在仿真软件上设计一个单级单调谐放大电路,要求谐振频率为 10.904MHz,用波特图仪测出调谐放大电路的频率。

2.11 在仿真软件上设计一个单级双调谐放大电路,用波特图仪观察双调谐回路放大器的通频带。

第3章   集成运算放大器

内容提要

集成运算放大器当外部接入不同的线性或非线性元器件组成输入和负反馈电路时,可以灵活地实现各种特定的函数关系。在线性应用方面,可组成比例、加法、减法、积分、微分、对数等模拟运算电路。本章介绍比例求和运算电路,积分与微分电路,一阶有源滤波器,二阶有源低通滤波器,二阶有源高通滤波器,二阶有源带通滤波器,双 T 带阻滤波器电路,电压比较器,对数器,指数器的电路结构与计算机仿真设计方法。

知识要点

理想运算放大器的基本特性,理想运放在线性应用时的两个重要特性,比例、加法、减法、积分、微分、对数、指数等运算电路结构,有源滤波器设计。

教学建议

本章的重点是掌握运算放大器电路的仿真设计与分析方法。**建议学时数为 2 ～ 3 学时**。反相比例运算电路是运算放大器应用电路的基础。通过对不同电路的结构特点分析,掌握输入回路和负反馈回路上元器件的变化对电路功能的影响。

3.1   比例求和运算电路

3.1.1   理想运算放大器的基本特性

1. 理想运算放大器特性

理想运算放大器特性如下:

① 开环电压增益 $A_{ud} = \infty$;

② 输入阻抗 $r_i = \infty$;

③ 输出阻抗 $r_o = 0$;

④ 带宽 $f_{BW} = \infty$;

⑤ 失调与漂移均为零等。

2. 理想运放在线性应用时的两个重要特性

(1) 输出电压 U_o 与输入电压之间满足关系式

$$U_o = A_{ud}(U_+ - U_-) \tag{3.1.1}$$

由于 $A_{ud} = \infty$,而 U_o 为有限值,因此,$U_+ - U_- \approx 0$,即 $U_+ \approx U_-$,称为"虚短"。

(2) 由于 $r_i = \infty$,故流进运放两个输入端的电流可视为零,即 $I_{IB} = 0$,称为"虚断"。

3.1.2   反相比例运算电路

反相比例运算电路如图 3.1.1 所示,该电路的输出电压与输入电压之间的关系为

$$U_o = -\frac{R_F}{R_1} U_i \tag{3.1.2}$$

为了减小输入级偏置电流引起的运算误差,在同相输入端应接入平衡电阻 $R_2 = R_1 \mathbin{/\mkern-5mu/} R_F$。

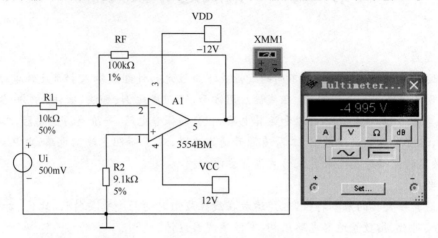

图 3.1.1　反相比例运算电路

3.1.3　反相加法电路

反相加法电路如图 3.1.2 所示,输出电压与输入电压之间的关系为

$$U_o = -\left(\frac{R_F}{R_1} U_{i1} + \frac{R_F}{R_2} U_{i2}\right) \tag{3.1.3}$$

式中,$R_3 = R_1 \mathbin{/\mkern-5mu/} R_2 \mathbin{/\mkern-5mu/} R_F$。

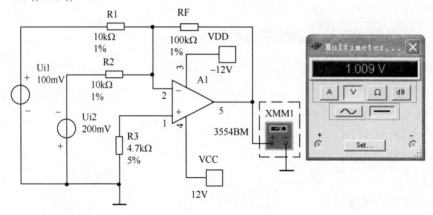

图 3.1.2　反相加法电路

3.1.4　同相比例运算电路

图 3.1.3 所示为同相比例运算电路,输出电压与输入电压之间的关系为

$$U_o = \left(1 + \frac{R_F}{R_1}\right) U_i \qquad R_2 = R_1 \mathbin{/\mkern-5mu/} R_F \tag{3.1.4}$$

当 $R_1 \to \infty$ 时,$U_o = U_i$,即得到如图 3.1.4 所示的电压跟随器。图中 $R_2 = R_F$,用以减小漂移并起保护作用。一般 R_F 取 $10\text{k}\Omega$,R_F 太小起不到保护作用,太大则影响跟随性。

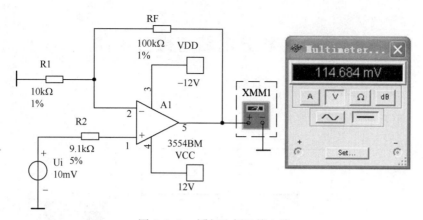

图 3.1.3　同相比例运算电路

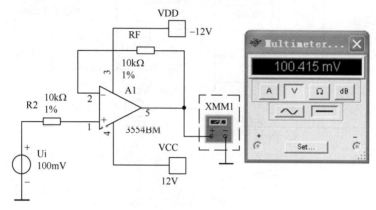

图 3.1.4　电压跟随器

3.1.5　减法运算电路

减法运算电路如图 3.1.5 所示,当 $R_1 = R_2$,$R_3 = R_F$ 时,有如下关系式

$$U_o = \frac{R_F}{R_1}(U_{i2} - U_{i1}) \tag{3.1.5}$$

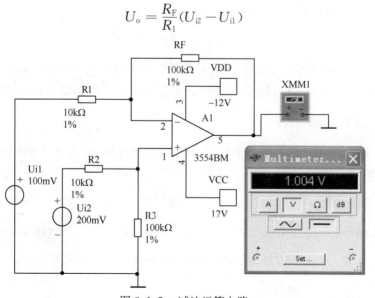

图 3.1.5　减法运算电路

3.2 积分电路与微分电路

3.2.1 积分电路

反相积分电路如图 3.2.1 所示。

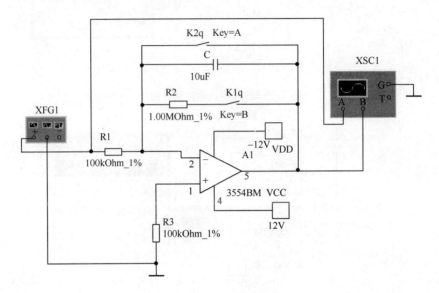

图 3.2.1 反相积分电路

在理想化条件下,输出电压 $u_o(t)$ 等于

$$u_o(t) = -\frac{1}{R_1 C}\int_0^t u_i dt + u_C(0) \tag{3.2.1}$$

式中,$U_C(0)$ 是 $t = 0$ 时刻电容 C 两端的电压值,即初始值。

如果 $u_i(t)$ 是幅值为 E 的阶跃电压,并设 $U_C(0) = 0$,则

$$u_o(t) = -\frac{1}{R_1 C}\int_0^t E dt = -\frac{E}{R_1 C}t \tag{3.2.2}$$

即输出电压 $u_o(t)$ 随时间增长而线性下降。显然,RC 的数值越大,达到给定的 u_o 值所需的时间就越长。图 3.2.1 中输入为方波信号,单击示波器图标可以观察到输入、输出波形。

3.2.2 微分电路

微分是积分的逆运算。将积分电路中 R 和 C 的位置互换,可组成基本微分电路。在理想化条件下,输出电压 u_o 等于

$$u_o = -RC \frac{du_i}{dt} \tag{3.2.3}$$

一个实用的微分电路如图 3.2.2 所示,在输入回路中接入一个电阻 R 与微分电容 C1 串联,在反馈回路中接入一个电容 C 与微分电阻 R1 并联,要求 $RC_1 = R_1 C$,$R_1 \ll \frac{1}{\omega C}$,$\frac{1}{\omega C_1} \gg R$,此时 R1、C1 对微分电路的影响很小。

但当频率高到一定程度时,R1、C1 的作用使闭环放大倍数降低,从而抑制了高频噪声。同

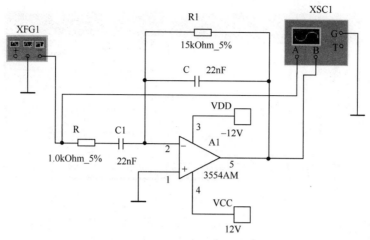

图 3.2.2　实用的微分电路

时,R、C1形成一个超前环节,对相位进行补偿,提高了电路的稳定性。图3.2.2中输入为方波信号,单击示波器图标可以观察到输入、输出波形。

3.3　有源低通滤波器

3.3.1　一阶有源低通滤波器电路和幅频特性

一个一阶有源低通滤波器如图3.3.1所示,由一级RC低通滤波器电路再加上一个电压跟随器组成。

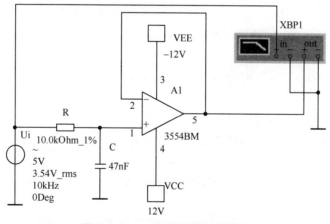

图 3.3.1　一阶有源低通滤波器

启动仿真,单击波特图仪,可以看到一阶有源低通滤波器的幅频特性如图3.3.2所示。

3.3.2　一阶有源低通滤波器的交流分析

利用交流分析可以分析一阶有源低通滤波器电路的频率特性。

① 单击 Options → Sheet Preferences → Show All 选项,使图3.3.1电路显示节点编号,在本电路中输出节点编号为“1”。

② 单击 Simulate → Analysis → AC Analysis 选项,将弹出 AC Analysis 对话框,进入交流分析状态。

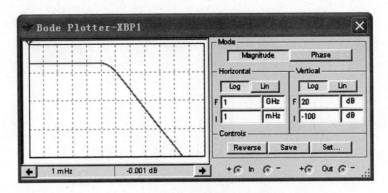

图 3.3.2　一阶有源低通滤波器的幅频特性

在图 3.3.3 所示 Frequency Parameters 参数设置对话框中,可以确定分析的起始频率、终点频率、扫描形式、分析采样点数和纵向坐标(Vertical scale)等参数。

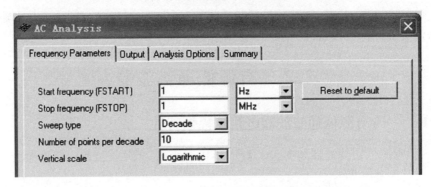

图 3.3.3　Frequency Parameters 参数设置对话框

●在 Start frequency(FSTART)窗口中,设置分析的起始频率,默认设置为1Hz,在本例中设置为 1Hz。

●在 Stop frequency(FSTOP)窗口中,设置扫描终点频率,默认设置为 10GHz,在本例中设置为 1MHz。

●在 Sweep type 窗口中,设置分析的扫描方式,包括 Decade(十倍程扫描)、Octave(八倍程扫描)及 Linear(线性扫描)。默认设置为十倍程扫描(Decade 选项),以对数方式展现,在本例中选择默认设置。

●在 Number of points per decade 窗口中,设置每十倍频率的分析采样数,默认为 10,在本例中选择默认设置。

●在 Vertical scale 窗口中,选择纵坐标刻度形式。坐标刻度形式有 Decibel(分贝)、Octave(八倍)、Linear(线性)及 Logarithmic(对数)形式。默认设置为对数形式,在本例中选择默认设置。

③ 在图 3.3.4 所示 Output 对话框中,可以用来选择需要分析的节点和变量。

在 Variables in circuit 栏中列出的是电路中可用于分析的节点和变量。单击 Variables in circuit 窗口中的下拉箭头按钮,可以给出变量类型选择表。在变量类型选择表中:

●单击 Voltage and current,选择电压和电流变量;

●单击 Voltage,选择电压变量;

●单击 Current,选择电流变量;

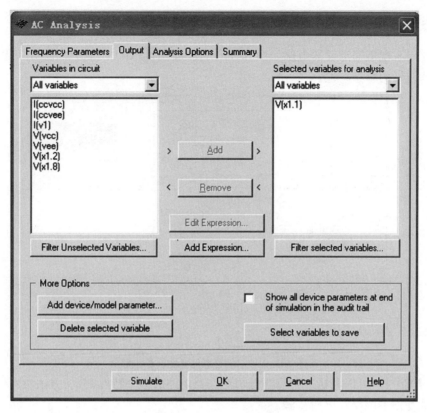

图 3.3.4　Output 对话框

●单击 Device/Model Parameters,选择元件／模型参数变量;

●单击 All variables,选择电路中的全部变量。

本例中选择 All variables。首先从 Variables in circuit 栏中选取输出节点 V(x1.1),再单击"Add"按钮,则输出节点 V(x1.1)出现在 Selected variables for analysis 栏中。

④ 单击"Simulate"按钮即可进行仿真分析,仿真分析结果如图 3.3.5 所示。

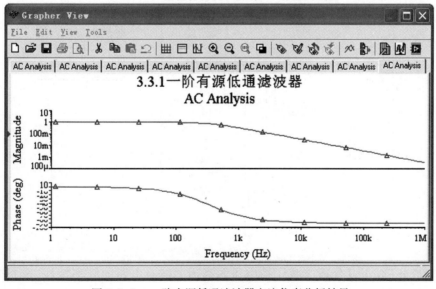

图 3.3.5　一阶有源低通滤波器交流仿真分析结果

3.3.3 二阶有源低通滤波器

一个二阶有源低通滤波器电路如图3.3.6所示。启动仿真,单击波特图仪,可以看到二阶有源低通滤波器的幅频特性。

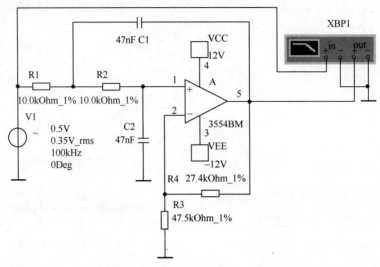

图3.3.6 二阶有源低通滤波器电路

利用交流分析,可以分析二阶有源低通滤波器电路的频率特性。分析方法参考3.3.2节一阶有源低通滤波器的交流分析步骤。

3.4 二阶有源高通滤波器

一个二阶压控电压源高通滤波器电路如图3.4.1所示。启动仿真,单击波特图仪,可以看到二阶压控电压源高通滤波器的幅频特性如图3.4.2所示。

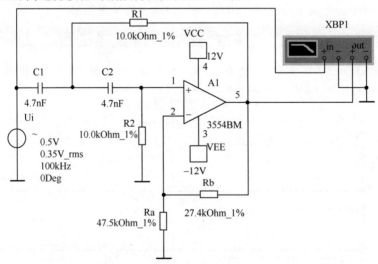

图3.4.1 二阶压控电压源高通滤波器电路

利用交流分析,可以分析二阶压控电压源高通滤波器电路的频率特性。分析方法参考3.3.2节一阶有源低通滤波器的交流分析步骤。

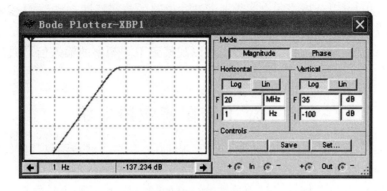

图 3.4.2　二阶压控电压源高通滤波器的幅频特性

3.5　二阶有源带通滤波器

一个二阶有源带通滤波器电路如图 3.5.1 所示。启动仿真,单击波特图仪,可以看到二阶有源带通滤波器的幅频特性如图 3.5.2 所示。

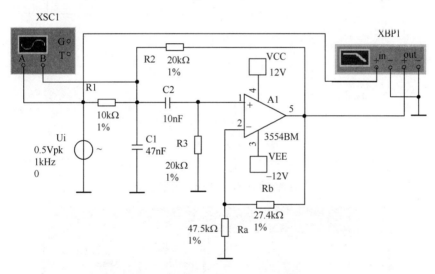

图 3.5.1　二阶有源带通滤波器电路

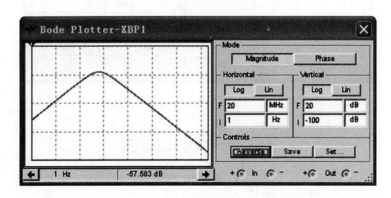

图 3.5.2　二阶有源带通滤波器的幅频特性

利用交流分析,可以分析二阶有源带通滤波器电路的频率特性。分析方法参考 3.3.2 节一阶有源低通滤波器的交流分析步骤。

改变信号源的信号频率,利用示波器也可以观察到不同频率的输入信号通过带通滤波器的情况。

3.6　双 T 带阻滤波器电路

一个双 T 带阻滤波器电路如图 3.6.1 所示。启动仿真,单击波特图仪,可以看到双 T 带阻滤波器的幅频特性如图 3.6.2 所示。

利用交流分析,可以分析双 T 带阻滤波器电路的频率特性。分析方法参考 3.3.2 节一阶有源低通滤波器的交流分析步骤。

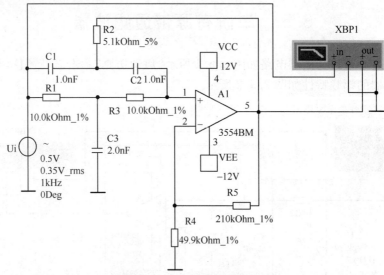

图 3.6.1　双 T 带阻滤波器电路

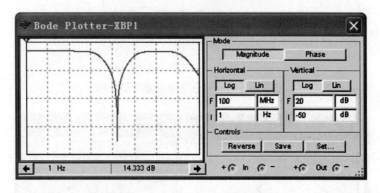

图 3.6.2　双 T 带阻滤波器的幅频特性

3.7　电压比较器

3.7.1　电压比较器工作原理

电压比较器是集成运算放大器的非线性应用。

一个简单的电压比较器电路如图 3.7.1 所示,图中,U_R 为参考电压,加在运放的同相输入端,输入电压 u_i 加在反相输入端。图 3.7.1(b) 为图 3.7.1(a) 比较器的传输特性。

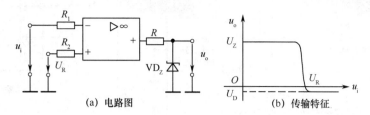

图 3.7.1　电压比较器

当 $U_i < U_R$ 时,运放输出高电平,稳压管 VD_Z 反向稳压工作,输出端电位被钳位在稳压管的稳定电压 U_Z,即 $U_o = U_Z$。

当 $U_i > U_R$ 时,运放输出低电平,VD_Z 正向导通,输出电压等于稳压管的正向压降 U_D,即 $U_o = -U_D$。

常用的电压比较器有过零比较器、具有滞回特性的过零比较器、双限比较器(又称窗口比较器)等。

3.7.2　过零比较器

如图 3.7.2 所示为加限幅电路的过零比较器,VD_Z 为限幅稳压管。信号从运放的反相输入端输入,参考电压为零,从同相端输入。当 $U_i > 0$ 时,输出 $U_o = -(U_Z + U_D)$,当 $U_i < 0$ 时,$U_o = +(U_Z + U_D)$,U_Z 表示稳压管反相稳压值,U_D 表示稳压管正向压降。单击示波器图标,可以观察过零比较器输入、输出波形。

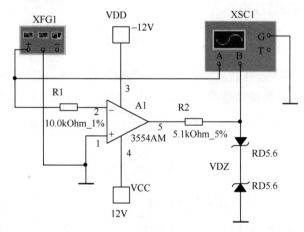

图 3.7.2　加限幅电路的过零比较器

3.7.3　滞回比较器

图 3.7.3 所示为具有滞回特性的过零比较器,从输出端引一个电阻分压正反馈支路到同相输入端,若 U_o 改变状态,Σ 点也随着改变电位。当 U_o 为正(记为 U_+),$U_\Sigma = \dfrac{R_2}{R_f + R_2} U_+$,

当 $U_i > U_\Sigma$ 后,U_o 即由正变负(记为 U),此时 U_Σ 变为 $-U_\Sigma$。故只有当 U_i 下降到 $-U_\Sigma$ 以下,才能使 U_o 再次回升到 U_+,于是出现图 3.7.3(b) 中所示的滞回特性。$-U_\Sigma$ 与 U_Σ 的差别

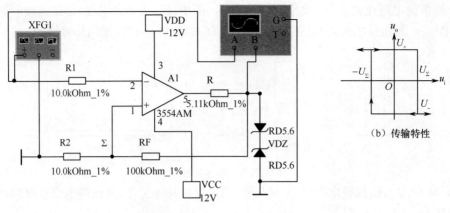

（a）电路图

图 3.7.3　滞回比较器

称为回差。改变 R_2 的数值，可以改变回差的大小。单击示波器图标，可以测出回差电压 $\Delta U_\mathrm{T}=1.1\mathrm{V}$。

3.8　对　数　器

对数器是实现输出电压与输入电压成对数关系的非线性模拟器件。

3.8.1　PN 结的伏安特性

半导体 PN 结的伏安特性为

$$I_\mathrm{D} = I_\mathrm{S}(\mathrm{e}^{\frac{q}{kT}U_\mathrm{D}} - 1) \tag{3.8.1}$$

式中，I_D 为 PN 结的正向导通电流；I_S 为 PN 结的反向饱和电流，它随温度变化；q 为电子电荷量，$q = 1.602 \times 10^{-19}\mathrm{C}$；$k$ 为玻耳兹曼常数，$k = 1.38 \times 10^{-23}\mathrm{J/℃}$；$T$ 为热力学温度。

在常温下，$t = 25℃$ 时，$\dfrac{kT}{q} \approx 26\mathrm{mV}$。若结电压 $U_\mathrm{D} > 100\mathrm{mV}$，则上式近似为

$$I_\mathrm{D} \approx I_\mathrm{S}\mathrm{e}^{\frac{q}{kT}U_\mathrm{D}} \tag{3.8.2}$$

式（3.8.2）是具有指数关系的 PN 结的伏安特性。

3.8.2　二极管对数放大器

由二极管和运算放大器组成的对数放大器电路如图 3.8.1 所示。

在理想运放的条件下，$U_\mathrm{o} = -U_\mathrm{D}$，由 $I_\mathrm{D} = I_\mathrm{S}\mathrm{e}^{\frac{q}{kT}U_\mathrm{D}}$，得此对数器的输出电压为

$$U_\mathrm{o} = -U_\mathrm{D} = -\frac{2.3kT}{q}\lg\left(\frac{U_\mathrm{i}}{RI_\mathrm{S}}\right) = -U_\mathrm{T}\lg\left(\frac{U_\mathrm{i}}{U_\mathrm{k}}\right) \tag{3.8.3}$$

式中，$U_\mathrm{T} = 2.3\dfrac{kT}{q}$，当 $t = 25℃$ 时，$U_\mathrm{T} \approx 59\mathrm{mV}$，$U_\mathrm{k} = RI_\mathrm{S}$，由式（3.8.3）可得对数器的传输特性，如图 3.8.2 所示。

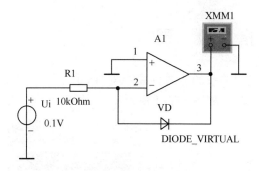
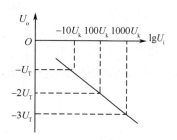

图 3.8.1　由二极管和运算放大器
组成的对数放大器电路

图 3.8.2　二极管对数器
的传输传性

为了利用 PN 结正向导通特性的指数伏安特性,要求输入电压必须为正;若 PN 结反接,则输入电压必须为负。在分析上述关系式时,忽略了 PN 结的体电阻的影响。实际上,由于体电阻上的压降而破坏了正常的对数运算,所以要选用体电阻小的管子作为变换元件。

3.8.3　三极管对数放大器

三极管对数放大器电路如图 3.8.3 所示。

在理想运放的条件下,有

$$I_C \approx \alpha I_E = \alpha I_S e^{\frac{q}{kT}U_{BE}}$$

(3.8.4)

式中,I_S 是三极管 b-e 结的反向饱和电流,α 是共基极电流放大系数。

由图 3.8.3 可得此对数器的输出电压为

$$U_o = -U_{BE} = -\frac{2.3kT}{q} = -U_T \lg\left(\frac{U_i}{\alpha R I_S}\right)$$

(3.8.5)

在图 3.8.3 中,VD 是保护二极管,其作用是防止 VT 反偏时因输出电压 U_o 过大而造成击穿。当输入电压 $U_i > 0$ 时,使用 NPN 三极管;当输入电压 $U_i < 0$ 时,使用 PNP 三极管,如图 3.8.4 所示。在图 3.8.4 中,VD_2 是保护二极管,其作用是防止 VT_2 反偏时因输出电压 U_o 过大而造成击穿。

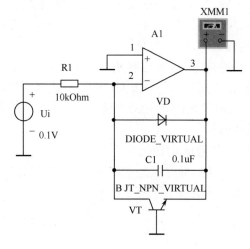
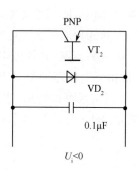

图 3.8.3　三极管对数放大器电路

图 3.8.4　使用 PNP 三极管的电路

3.9 指 数 器

指数器是实现输出电压与输入电压成指数关系的非线性模拟器件,由于输入电压也是输出电压的对数,因此也称为逆对数器。指数器电路如图3.9.1所示。

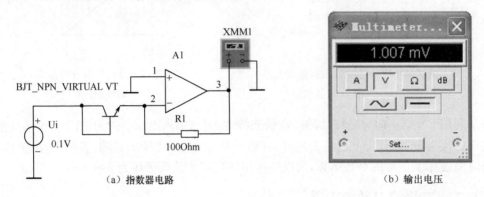

（a）指数器电路 　　　　　（b）输出电压

图3.9.1　由三极管组成的指数器电路

在理想运放的条件下,有

$$U_o = -I_E R \qquad (3.9.1)$$

由 $I_E = I_S e^{\frac{q}{kT}U_{BE}}$,得此指数器的输出电压为

$$U_o = -RI_E = -RI_S e^{\frac{q}{kT}U_{BE}} = -RI_S e^{\frac{q}{kT}U_i} \qquad (3.9.2)$$

由式(3.9.2)可得指数器的传输特性如图3.9.2所示。

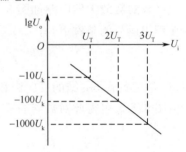

图3.9.2　指数器的传输特性

3.10　音调控制电路的设计

音调控制是指人为地调节输入信号的低频、中频、高频成分的比例,改变音响系统的频率响应特性,以补偿音响系统各环节的频率失真,或用来满足聆听者对音色的不同爱好。反馈式音调控制电路只改变电路频率响应特性曲线的转折频率,而不改变其斜率。反馈式音调控制电路可以很好地补偿音响系统的频率失真,而且适应于人耳的听觉特性,其电路设计如图3.10.1所示。图中,R1、R2、C3、C4和RP1组成低音反馈网络,R6、C1、RP2组成高音反馈网络。对于输入中的低频成分,C1可视为开路,其等效电路如图3.10.2所示;对于输入中的高频成分,C3、C4可视为短路,其等效电路如图3.10.3所示。

用示波器仿真电位器调节,RP1、RP2在不同的位置时的输出波形如图3.10.4(a)、(b)、(c)所示。从仿真结果可以看出,当RP1调节在100%时,低音提升量最大;当RP1调节在0%时,低音衰减量最大;当RP2调节在0%时,高音提升量最大;当RP2调节在100%时,高音衰减量最大。

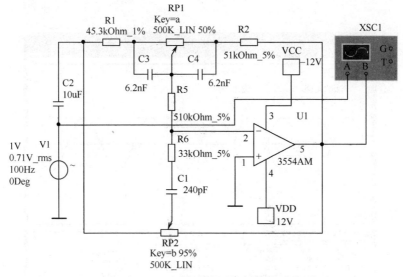

图 3.10.1 反馈式音调控制等效电路

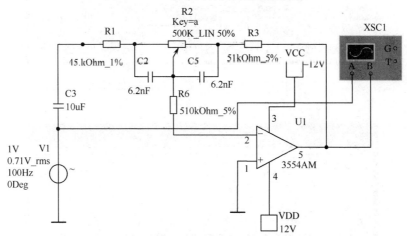

图 3.10.2 低音控制等效电路

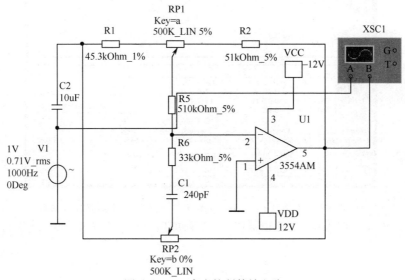

图 3.10.3 高音控制等效电路

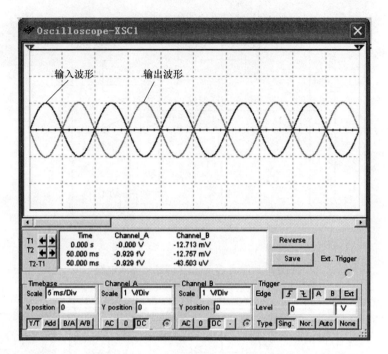

(a)RP1、RP2 电位器分别调到 50% 处时的仿真波形

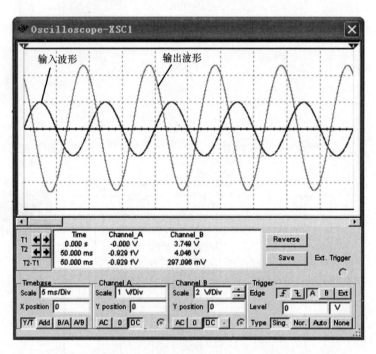

(b) 电位器 RP1 调到 100%，RP2 调到 50%，输入为 100Hz 时的仿真波形

图 3.10.4　电位器 RP1、RP2 处在不同位置时的仿真波形

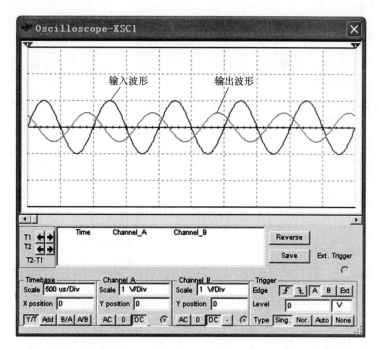

(c) 电位器 RP1 调到 50%，RP2 调到 100%，输入为 1000Hz 时的仿真波形

图 3.10.4　电位器 RP1、RP2 处在不同位置时的仿真波形（续）

本 章 小 结

理想运算放大器开环电压增益 $A_{ud} = \infty$，输入阻抗 $r_i = \infty$，输出阻抗 $r_o = 0$，带宽 $f_{BW} = \infty$，失调与漂移均为零。理想运算放大器在线性应用时具有两个重要的特性："虚短"和"虚断"。当外部接入不同的线性或非线性元器件组成输入和负反馈电路时，可以灵活地实现各种特定的函数关系。

本章的主要内容有：

（1）运算放大器组成的反相比例运算电路、反相加法电路、同相比例运算电路、减法运算电路、积分运算电路、微分电路的结构、工作原理与计算机仿真分析。

（2）运算放大器组成的一阶有源滤波器、二阶压控电压源有源滤波器、二阶有源高通滤波器、二阶有源带通滤波器、双 T 带阻滤波器的结构、工作原理与计算机仿真分析。

（3）电压比较器组成的过零比较器和滞回比较器的结构、工作原理与计算机仿真分析。

（4）运算放大器组成的对数器是实现输出电压与输入电压成对数关系的非线性模拟器件，介绍了结构、工作原理与计算机仿真分析。

（5）运算放大器组成的指数器是实现输出电压与输入电压成指数关系的非线性模拟器件，由于输入电压也是输出电压的对数，因此也称为逆对数器，介绍了结构、工作原理与计算机仿真分析。

掌握运算放大器电路的仿真设计与分析方法是本章的重点。改变运算放大器输入回路和负反馈回路上的元器件，即可改变电路的功能。

思考题与习题 3

3.1   在题图 3.1 反相比例运算电路中,设 $R_1 = 10\text{k}\Omega, R_F = 500\text{k}\Omega$,问 R_2 的阻值应为多大?若输入信号为 10mV,用万用表测出输出信号的大小。

3.2   在 Multisim 仿真软件上设计一个同相比例运算电路,若输入信号为 10mV,用示波器观察输入、输出信号波形的相位,并测出输出电压。

3.3   电路如题图 3.2 所示,已知 $u_{i1} = 1\text{V}, u_{i2} = 2\text{V}, u_{i3} = 3\text{V}, u_{i4} = 14\text{V}, R_1 = R_2 = 2\text{k}\Omega, R_3 = R_4 = R_F = 1\text{k}\Omega$,试测出 u_o。

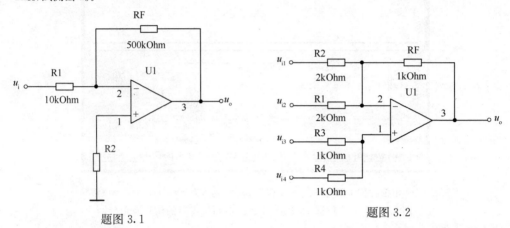

题图 3.1   题图 3.2

3.4   在 Multisim 仿真软件上建立如题图 3.3 所示电路,用示波器测出输入、输出信号波形。改变电容的大小,观察输入、输出波形的变化。

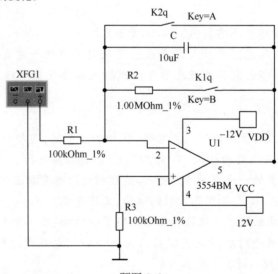

题图 3.3

3.5   在 Multisim 仿真软件上建立一个微分运算电路如题图 3.4 所示,用示波器测出输入、输出信号波形。改变电容的大小,观察输入、输出波形的变化。

3.6   在 Multisim 仿真软件上设计一个有源低通滤波器,要求 1kHz 以下的频率能通过,试用波特图仪测出电路的幅频特性。

3.7   在 Multisim 仿真软件上设计一个有源高通滤波器,要求 1kHz 以上的频率能通过,试用波特图仪测出电路的幅频特性。

3.8 在 Multisim 仿真软件上设计一个二阶有源低通滤波器电路,要求 1kHz 以下的频率能通过,试用波特图仪测出电路的幅频特性。

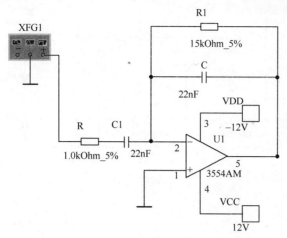

题图 3.4

3.9 在 Multisim 仿真软件上建立一个带通滤波器如题图 3.5 所示,试用波特图仪测出电路所通过的频率范围。

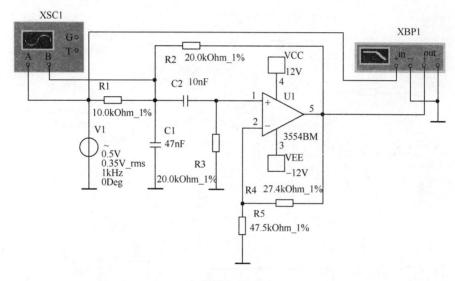

题图 3.5

3.10 在 Multisim 仿真软件上建立一个双 T 带阻滤波器电路,试用波特图仪测出电路所通过的频率范围。

3.11 设计一个过零比较器,输入信号最大值为 5V 的正弦交流电,选择稳压值为 3V 的双向稳压管。用示波器观察输入、输出波形。

3.12 在 Multisim 仿真软件上建立一个反相滞回比较器如题图 3.6 所示。试用示波器测出门限电平 U_{T+}、U_{T-} 及回差电压 ΔU_T。

3.13 在 Multisim 仿真软件上设计一个同相滞回比较器。试用示波器测出门限电平 U_{T+}、U_{T-} 及回差电压 ΔU_T。

3.14 在 Multisim 仿真软件上建立一个温度补偿对数器的电路,如题图 3.7 所示。

3.15 在 Multisim 仿真软件上建立一个温度补偿指数器的电路,如题图 3.8 所示。

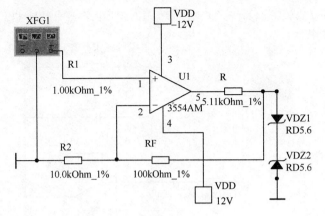

题图 3.6

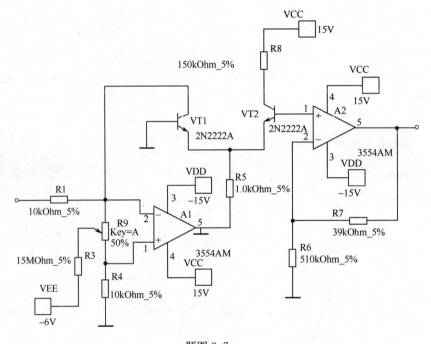

题图 3.7

题图 3.8

第4章 波形发生器电路

内容提要

信号发生器可以分为正弦波发生器和非正弦波发生器。本章介绍 RC 正弦波振荡器电路，LC 振荡器电路，方波和三角波发生电路，锯齿波产生电路的电路结构与计算机仿真设计方法。

知识要点

正弦波振荡器的工作原理，非正弦波振荡器的工作原理，RC 正弦波振荡器、LC 正弦波振荡器电路结构，方波、三角波和锯齿波电压产生电路结构。

教学建议

本章的重点是掌握信号发生器电路的仿真设计与分析方法。**建议学时数为 2～3 学时**。通过对双 T 选频网络正弦波振荡器、RC 桥式正弦波振荡器、电容反馈三点式振荡器、电感反馈三点式振荡器、方波和三角波发生器的介绍，掌握正弦波发生器和非正弦波发生器电路结构与工作原理的不同，掌握振荡频率的计算方法，注意计算值与仿真结果的差别。

4.1 双 T 选频网络正弦波振荡器

RC 正弦波振荡器有 RC 移相振荡器、RC 串并联网络（文氏桥）振荡器和双 T 选频网络振荡器等形式。

采用两级共射极放大器组成双 T 选频网络正弦波振荡器如图 4.1.1 所示，其中，振荡频率 $f_0 = \dfrac{1}{5RC}$，起振条件为 $R' < \dfrac{R}{2}$，$|AF| > 1$。

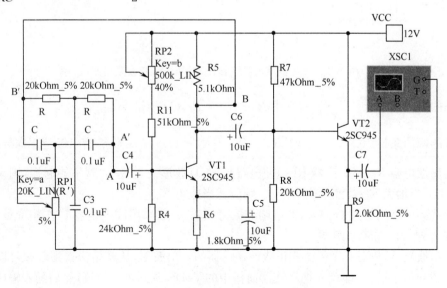

图 4.1.1 双 T 选频网络正弦波振荡器原理图

在调试电路时,应适当调节 RP1 和 RP2,否则振荡器不起振。单击示波器图标,可以观察到振荡波形。

4.2 RC 桥式正弦波振荡器

图 4.2.1 所示为 RC 桥式正弦波振荡器。其中,RC 串、并联电路构成正反馈支路,同时兼作选频网络,R1、R2、RP 及二极管等元件构成负反馈和稳幅环节。调节电位器 RP,可以改变负反馈深度,以满足振荡的振幅条件并改善波形。利用两个反向并联二极管 VD1、VD2 正向电阻的非线性特性来实现稳幅。VD1、VD2 采用硅管(温度稳定性好),且要求特性匹配,才能保证输出波形正、负半周对称。R3 的接入是为了削弱二极管非线性的影响,以改善波形失真。

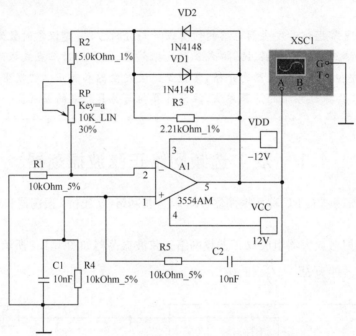

图 4.2.1　运算放大器组成的 RC 桥式正弦波振荡器

电路的振荡频率 $f_0 = \dfrac{1}{2\pi RC}$,其中 $R = R_4 = R_5$,$C = C_1 = C_2$。

起振的幅值条件为 $\dfrac{R_f}{R_1} \geqslant 2$,其中 $R_f = R_{RP} + R_2 + (R_3 /\!/ r_D)$,$r_D$ 为二极管正向导通电阻。

调整反馈电阻 R_f(调电位器 RP),使电路起振,且波形失真最小。若不能起振,则说明负反馈太强,应适当加大 R_f;若波形失真严重,则应适当减小 R_f。

改变选频网络的参数 C 或 R,即可调节振荡频率。一般采用改变电容 C 作频率量程切换,而调节 R 作量程内的频率细调。

单击示波器,可以看见 RC 桥式正弦波振荡器的输出波形,从开始仿真到起振可以通过示波器观察到起振全过程。即首先把示波器面板中的 V/Div 调到较小位置,然后随着输出电压的增大逐渐将 V/Div 调到合适位置。

4.3 LC 振荡电路

4.3.1 LC 振荡电路原理

LC 振荡器振荡应满足两个条件：

① 相位平衡条件，反馈信号与输入信号同相，保证电路正反馈；

② 振幅平衡条件，反馈信号的振幅应该大于或等于输入信号的振幅，即

$$|\dot{A}\dot{F}| \geqslant 1 \tag{4.3.1}$$

式中，$\dot{A}$ 为放大倍数；$\dot{F}$ 为反馈系数。

振荡器中的 LC 谐振回路，用于选频，使得振荡器只有在某一频率时才能满足振荡条件。

4.3.2 电容反馈三点式振荡器

图 4.3.1 所示电路为电容反馈三点式振荡器。电路在设计时要注意电路中的参数设置，特别是电位器 RP1 和 RP2 要调节合适，否则电路将不起振。单击示波器图标，可以观察到振荡波形。振荡频率为

$$f = \frac{1}{2\pi\sqrt{L\dfrac{C_4 C_5}{C_4 + C_5}}} \tag{4.3.2}$$

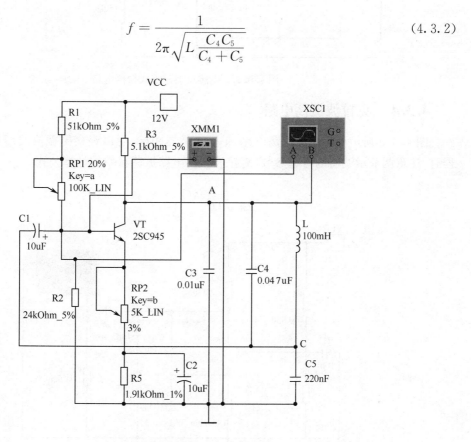

图 4.3.1 电容反馈三点式振荡器

4.3.3　电感反馈三点式振荡器

图 4.3.2 所示为电感反馈三点式振荡电路,其振荡频率为

$$f = \frac{1}{2\pi\sqrt{(L_1 + L_2 + 2M)C_2}} \tag{4.3.3}$$

单击示波器图标可以观察到振荡波形。

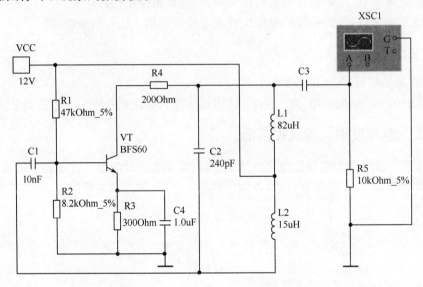

图 4.3.2　电感反馈三点式振荡电路

4.3.4　克拉波振荡电路

图 4.3.3 所示为克拉波振荡电路。单击示波器图标,可以观察到振荡波形,在观察起振过程时,注意调节示波器的时基参数。克拉波振荡电路振荡频率的计算公式为

$$f = \frac{1}{2\pi\sqrt{LC_3}}, C_1 \gg C_3, C_2 \gg C_3 \tag{4.3.4}$$

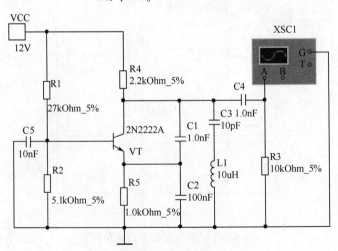

图 4.3.3　克拉波振荡电路

4.3.5　西勒振荡电路

图 4.3.4 所示为西勒振荡电路。单击示波器图标,可以观察到振荡波形,在观察起振过程时,注意调节示波器的时基参数。西勒振荡电路振荡频率的计算公式为

$$f = \frac{1}{2\pi\sqrt{L(C_2+C_6)}}, C_5 \gg C_2, C_1 \gg C_2 \tag{4.3.5}$$

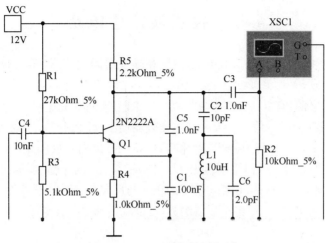

图 4.3.4　西勒振荡电路

4.4　方波和三角波发生电路

由集成运放构成的方波发生器和三角波发生器电路如图 4.4.1 所示,比较器 A1 输出的方波经积分器 A2 积分可得到三角波,三角波反馈到比较器,触发比较器自动翻转形成方波。单击示波器图标可以观察到振荡波形。

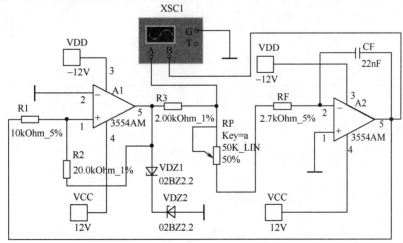

图 4.4.1　方波发生器和三角波发生器电路

电路振荡频率

$$f_0 = \frac{R_2}{4R_1(R_F+R_{RP}+R_3)C_F} \tag{4.4.1}$$

方波幅值

$$U'_{\text{om}} = \pm U_Z \tag{4.4.2}$$

三角波幅值

$$U_{\text{om}} = \frac{R_1}{R_2}U_Z \tag{4.4.3}$$

调节 RP 可以改变振荡频率,改变比值 R_1/R_2 可调节三角波的幅值。

4.5　锯齿波产生电路

锯齿波电压产生电路如图 4.5.1 所示,由同相输入滞回比较器(A1)和充放电时间常数不等的积分器(A2)组成。

设 $t = 0$ 时接通电源,有 $u_{\text{o1}} = -U_Z$,则 $-U_Z$ 经 RP、R4 向 C 充电,使输出电压按线性规律增长。当 u_{o} 上升到门限电压 $U_{\text{T+}}$ 使 $u_{\text{P1}} = u_{\text{N1}}$ 时,比较器输出 u_{o1} 由 $-U_Z$ 上跳到 $+U_Z$,同时门限电压下跳到 $U_{\text{T-}}$ 值。以后 $u_{\text{o1}} = +U_Z$ 经 RP、R4 和 VD、R5 两支路向 C 反向充电,由于时间常数减小,u_{o} 迅速下降到负值。当 u_{o} 下降到下门限电压 $U_{\text{T-}}$ 使 $u_{\text{P1}} \approx u_{\text{N1}}$ 时,比较器输出 u_{o1} 又由 $+U_Z$ 下跳到 $-U_Z$。如此周而复始,产生振荡。由于电容 C 的正向与反向充电时间常数不相等,输出波形 u_{o} 为锯齿波电压,u_{o1} 为矩形波电压。单击示波器图标,可以观察到锯齿波电压产生电路输出波形。

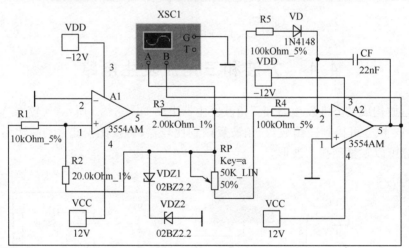

图 4.5.1　锯齿波电压产生电路

1. 门限电压的估算

$$u_{\text{P1}} = u_{\text{i}} - \frac{u_{\text{i}} - u_{\text{o1}}}{R_1 + R_2}R_1 \tag{4.5.1}$$

考虑到电路翻转时,有 $u_{\text{N1}} = u_{\text{P1}} = 0$,即得

$$u_{\text{i}} = -\frac{R_1}{R_2}u_{\text{o1}} \tag{4.5.2}$$

由于 $u_{\text{o1}} = \pm U_Z$,由上式可分别求出上、下门限电压和门限宽度为

$$U_{\text{T+}} = \frac{R_1}{R_2}U_Z \tag{4.5.3}$$

$$U_{T-} = -\frac{R_1}{R_2}U_Z \tag{4.5.4}$$

$$\Delta U_T = U_{T+} - U_{T-} \tag{4.5.5}$$

2. 振荡周期

可以证明,设忽略二极管的正向电阻,其振荡周期为

$$T = T_1 + T_2 = \frac{2R_1R_4C}{R_2} + \frac{2R_1(R_4 /\!/ R_5)C}{R_2} = \frac{2R_1R_4C(R_4 + 2R_5)}{R_2(R_5 + R_4)} \tag{4.5.6}$$

在图 4.5.1 中,当 R5、VD 支路开路时,电容 C 的正、反向充电时间常数相等,此时,锯齿波就变成三角波,图 4.5.1 所示电路就变成方波、三角波产生电路。

本 章 小 结

信号发生器可以分为正弦波发生器和非正弦波发生器。本章主要内容有:

(1)双 T 选频网络正弦波振荡器是带选频网络的正反馈放大器。若用 R、C 元件组成选频网络,就称为 RC 振荡器,一般用来产生 1Hz ~ 1MHz 的低频信号。

(2)运算放大器组成的 RC 正弦波振荡器,其中 RC 串、并联电路构成正反馈支路,同时兼作选频网络。

(3)LC 振荡器振荡应满足相位平衡条件和振幅平衡条件。电容反馈三点式振荡器有一个 LC 并联谐振回路,由于其选频作用,所以使振荡器只有在某一频率时才能满足振荡条件,可以得到单一频率的正弦波振荡信号。

(4)由集成运算放大器构成的方波发生器和三角波发生器,构成形式有多种,把滞回比较器和积分器首尾相接形成正反馈闭环系统,则比较器输出的方波经积分器积分可得到三角波,三角波又触发比较器自动翻转形成方波。

(5)锯齿波产生电路由同相输入滞回比较器(A1)和充放电时间常数不等的积分器(A2)两部分组成,产生锯齿波电压。

掌握信号发生器电路的仿真设计与分析方法是本章的重点。振荡频率和波形是信号发生器的基本参数,注意计算值与仿真结果的差别。

思考题与习题 4

4.1 在 Multisim 仿真软件上设计一个如题图 4.1 所示的 RC 串并联选频网络振荡器,调节 RP 使电路起振,测出起振时电阻 RP 的大小,并用示波器测出其振荡频率。改变正反馈支路 RC 的大小,再测其振荡频率。

4.2 在 Multisim 仿真软件上建立一个如题图 4.2 所示的双 T 网络 RC 正弦波振荡器,调节合适的静态工作点,用示波器测出其振荡频率。改变反馈支路 RP1 的大小,再测其振荡频率。

4.3 在 Multisim 仿真软件上建立一个如题图 4.3 所示的音频信号发生器的简化电路。(1)R5 大致调到多大才能起振?(2)RP 为双联电位器,可以从 0 调到 10kΩ,试测出振荡频率的调节范围。

4.4 实验室自制一台由运算放大器组成的文氏电桥振荡器电路,要求输出频率共 4 挡,频率范围分别为 20 ~ 200Hz,200Hz ~ 2kHz,2 ~ 20kHz,20 ~ 200kHz,各挡之间的频率略有覆盖。可采用题图 4.3 所示的方案,改变不同的电容作为粗调,调节电位器作为细调。已知有 4 个电容,分别为 $0.1\mu F$,$0.01\mu F$,$0.001\mu F$,$0.0001\mu F$,试选择电位器电阻 RP 的值。

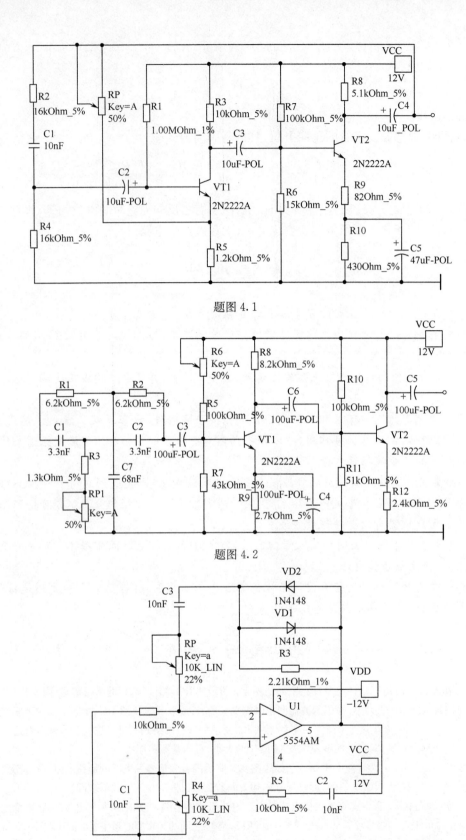

题图 4.1

题图 4.2

题图 4.3

4.5 在 Multisim 仿真软件上建立一个如题图 4.4 所示的电容反馈三点式振荡器电路。(1)测出起振时 RP1 的值。(2)测出振荡频率。

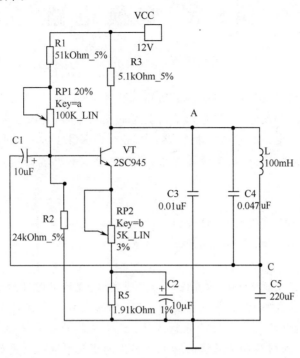

题图 4.4

4.6 在题图 4.5 所示电路中设稳压管的稳压值为±4V。电阻 R1,R2,R3 已知。(1)若要求三角波的输出幅值为 3V,振荡周期为 1ms,试选择电容 CF 和电阻 RF 的值。(2)用示波器测出振荡周期及幅值。

4.7 在题图 4.5 电路中调节电位器 RP 阻值,一边调节 RP 一边用示波器观察输出波形,使其从三角波变为锯齿波,并用示波器测出振荡周期及幅值。

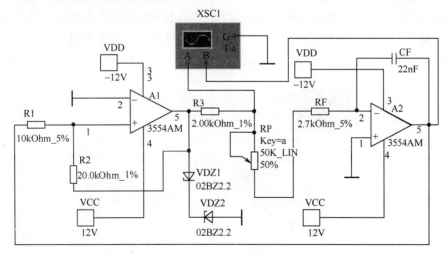

题图 4.5

第5章 变换电路

内容提要

变换电路属于非线性电路,其传输函数随输入信号的幅度、频率或者相位变化,输出信号的波形不同于输入信号的波形。本章介绍不同类型的变换电路,有检波电路、绝对值电路、限幅电路、死区电路、电压／电流(U/I)变换电路、电流／电压(I/U)转换电路、电压／频率变换(VFC)电路、峰值检出电路、阻抗变换器电路、模拟电感器和电容倍增器结构、工作原理与计算机仿真设计方法。

知识要点

理想运算放大器的非线性特性,检波、绝对值、限幅、死区、电压／电流、电压／频率、阻抗变换器工作原理与电路结构,变换电路的结构特点。

教学建议

本章的重点是掌握变换电路的仿真设计与分析方法。**建议学时数为2～3学时**。通过对检波电路、限幅电路、死区电路、电压／电流变换电路、电压／频率变换电路、阻抗变换器电路的介绍,掌握变换电路的电路结构与设计分析方法。变换电路的基础是运算放大器的非线性应用,注意运算放大器输入回路和负反馈回路上元器件的变化对电路功能的影响。

+·+

5.1 检波电路

一个由运算放大器组成的线性检波电路如图5.1.1所示。电路中,把检波二极管VD1接在反馈支路中,检波二极管VD2接在运算放大器A1输出端与电路输出端之间。该电路能克服普通小信号二极管检波电路失真大,传输效率低及输入的检波信号需大于起始电压(约为0.3V)的固有缺点,即使输入信号远小于0.3V,也能进行线性检波,因而检波效率能大大地提高。

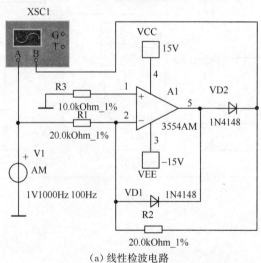

(a) 线性检波电路

图5.1.1 线性检波电路及其输入／输出波形

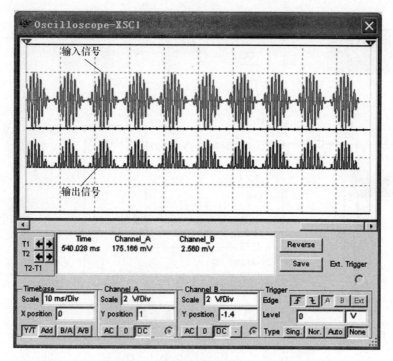

(b)输入波形和输出波形

图 5.1.1　线性检波电路及其输入/输出波形(续)

线性检波电路工作原理：当 $u_i > 0$，则 $u_{o1} < 0$，VD1 导通、VD2 截止，$u_o = 0$；当 $u_i < 0$，则 $u_{o1} > 0$，VD1 截止、VD2 导通，输出电压 u_o 为

$$u_o = -\frac{R_2}{R_1} u_i \qquad (u_i < 0)$$

图 5.1.1(b) 所示为输入波形和输出波形，输入信号 u_i 为 AM 信号，输出信号 u_o 为检波后未滤波的信号，加上滤波器即可得到 100Hz 的低频调制信号。

5.2　绝对值电路

在线性检波器的基础上，加一级加法器，让输入信号 u_i 的另一极性电压不经检波，而直接送到加法器，与来自检波器的输出电压相加，便构成绝对值电路。绝对值电路又称为整流电路，其输出电压等于输入信号电压的绝对值，且与输入信号电压的极性无关。采用绝对值电路能把双极性输入信号变成单极性信号。其原理电路如图 5.2.1 所示。

由图 5.2.1 可知：当 $u_i > 0$ 时，则运算放大器 A1 输出电压小于 0，VD1 导通、VD2 截止，检波器的输出电压为 $u_{o1} = 0$。

加法器 A2 输出电压为

$$u_o = -\frac{R_5}{R_3} u_i, u_i > 0 \qquad (5.2.1)$$

当 $u_i < 0$ 时，检波器的输出电压 u_{o1} 为

$$u_{o1} = -\frac{R_2}{R_1} u_i \qquad (5.2.2)$$

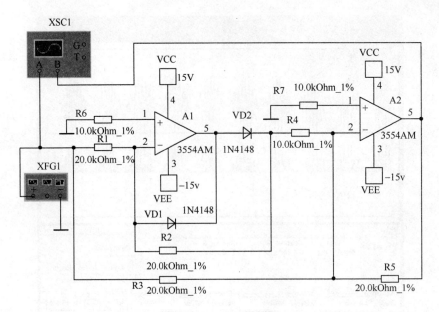

图 5.2.1　绝对值电路

加法器输出电压 u_o 为

$$u_\text{o} = -\frac{R_5}{R_4}u_\text{o1} - \frac{R_5}{R_3}u_\text{i} = \left(\frac{R_2 R_5}{R_1 R_4} - \frac{R_5}{R_3}\right)u_\text{i}, u_\text{i} < 0 \tag{5.2.3}$$

若取 $R_1 = R_2 = R_3 = R_5 = 2R_4$，则绝对值电路输出电压 u_o 为

$$u_\text{o} = -|u_\text{i}| \tag{5.2.4}$$

即输出电压值等于输入电压的绝对值，而且输出总是负电压。

若要输出正的绝对值电压，只需把图 5.2.1 所示电路中的二极管 VD1、VD2 的正负极性对调即可。

单击示波器图标，可以观察到电路输入、输出波形。

5.3　限　幅　电　路

限幅电路的功能是：当输入信号电压进入某一范围（限幅区）后，其输出信号电压不再跟随输入信号电压变化，或是改变了传输特性。

5.3.1　串联限幅电路

串联限幅电路如图 5.3.1(a) 所示，其传输特性如图 5.3.1(b) 所示。起限幅控制作用的二极管 VD1 与运放 A1 输入端串联，参考电压 $(V_\text{R} = 2\text{V})$ 作为 VD1 的反偏电压，以控制限幅器的限幅门限电压 U_th。

由电路可知，$u_\text{i} < 0$ 或 u_i 为数值较小的正电压时，VD 截止，运放 A1 输出 $u_\text{o} = 0$；仅当 $u_\text{i} > 0$ 且数值大于或等于某一个正电压值 U_th^+（U_th^+ 称为正门限电压）时，VD 才正偏导通，电路有输出，且 u_o 跟随输入信号 u_i 变化。其传输特性如图 5.3.1(b) 所示。

由于输入信号 $u_\text{i} = U_\text{th}^+$ 时，电路开始有输出，此时 A 点电压 u_A 应等于二极管 VD 的正向导通电压 U_D，故使 $u_\text{A} = U_\text{D}$ 时的输入电压值即为门限电压 U_th^+，即

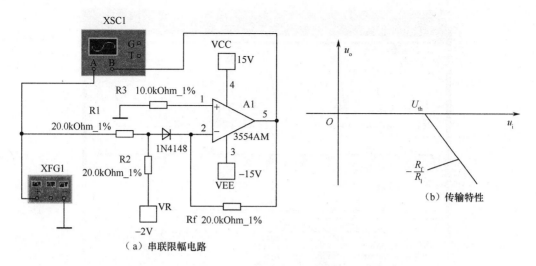

（a）串联限幅电路

（b）传输特性

图 5.3.1　串联限幅电路

$$u_A = \frac{R_2}{R_1+R_2}U_{th}^+ - \frac{R_2}{R_1+R_2}U_R = U_D \tag{5.3.1}$$

由此可求得 U_{th}^+ 为

$$U_{th}^+ = \frac{R_1}{R_2}U_R + \left(1+\frac{R_1}{R_2}\right)U_D \tag{5.3.2}$$

可见，当 $u_i < U_{th}^+$ 时，$u_o = 0$，因此 $u_i < U_{th}^+$ 的区域称为限幅区；$u_i > U_{th}^+$ 时，u_o 随 u_i 而变化，$u_i > U_{th}^+$ 区域称为传输区，传输系数为

$$A_{uf} = -\frac{R_f}{R_1}$$

如果把电路中的二极管 VD1 的正负极性对调，参考电压改为正电压 $+U_R$，则门限电压值为

$$U_{th}^- = -\left[\frac{R_1}{R_2}U_R + \left(1+\frac{R_1}{R_2}\right)U_D\right] \tag{5.3.3}$$

从上式可知，改变 $\pm U_R$ 的数值和改变 R_1 与 R_2 的比值，均可改变门限电压。

串联限幅电路输入正弦波时的限幅情况如图 5.3.2 所示，改变门限电压 U_{th}^+，可以改变限幅情况。

5.3.2　稳压管双向限幅电路

稳压管构成的双向限幅电路如图 5.3.3(a) 所示。稳压管 VDZ1 和 VDZ2 与负反馈电阻 Rf 并联。当 u_i 较小时，u_o 亦较小，VDZ1 和 VDZ2 没有击穿，输出电压 u_o 随输入电压 u_i 变化，传输系数为

$$A_{uf} = -\frac{R_f}{R_1} \tag{5.3.4}$$

当 u_i 幅值增大，使 u_o 幅值增大至使 VDZ1 和 VDZ2 击穿时，输出 u_o 的幅度保持 $\pm(U_Z + U_D)$ 值不变，电路进入限幅工作状态。限幅正门限电压 U_{th}^+ 和负门限电压 U_{th}^- 的数值为

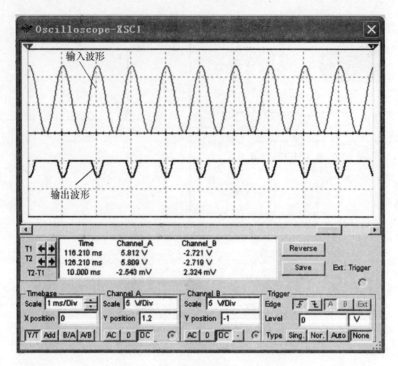

图 5.3.2　串联限幅电路输入和输出波形

$$U_{th}^{+} = | U_{th}^{-} | = \frac{R_1}{R_f}(U_Z + U_D) \tag{5.3.5}$$

电路传输特性如图 5.3.3(b) 所示。

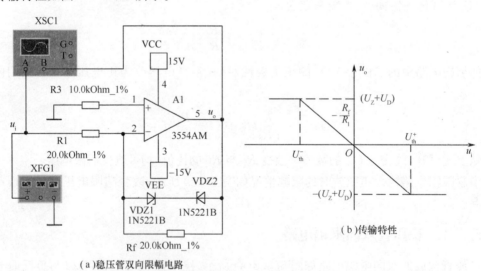

（a）稳压管双向限幅电路　　　　　　　　　　（b）传输特性

图 5.3.3　稳压管构成的双向限幅电路

　　稳压管双向限幅器电路简单,无须调整;但限幅特性受稳压管参数影响大,而且输出限幅电压完全取决于稳压管的稳压值。因而,这种稳压器只适用于限幅电压固定,且限幅精度要求不高的电路。

　　稳压管构成的双向限幅电路输入三角波时的限幅情况如图 5.3.4 所示,改变正门限电压 U_{th}^{+} 和负门限电压 U_{th}^{-} 的数值,可以改变限幅情况。

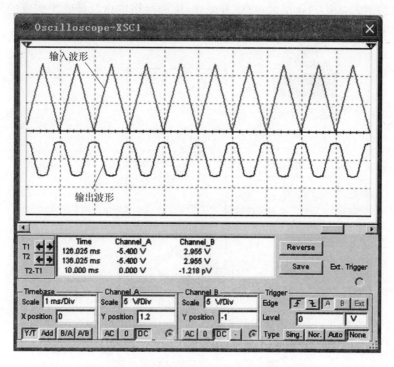

图 5.3.4　双向限幅电路输入三角波的限幅

5.4　死　区　电　路

死区电路又称失灵区电路。当输入信号 u_i 进入某个范围（死区）时，电路输出电压为零；当 u_i 脱离此范围时，电路输出电压随输入信号变化。

5.4.1　二极管死区电路

图 5.4.1 所示为二极管桥式死区电路。二极管桥路接在负反馈网络中，其导通情况与参考电压 $\pm U_R$（$U_{R1} = -U_R$ 和 $U_{R2} = +U_R$）、R 及输入电压 u_i 有关。二极管的导通与截止，将改变负反馈量而导致传输系数的改变，达到死区输出电压 $u_o = 0$ 的目的。

A1 为运算放大器，设 4 个二极管性能对称，正偏导通时，压降均为 U_D，内阻 $r_d \approx 0$。

当 $u_i = 0$，$i_i = 0$ 时，4 个二极管均导通，参考电压提供的电流 I_1 和 I_2 分别为

$$I_1 = \frac{U_R - U_D}{R} \tag{5.4.1}$$

$$I_2 = \frac{-U_D - (-U_R)}{R} = \frac{U_R - U_D}{R} \tag{5.4.2}$$

由于 $I_1 = I_2$，电桥将 Rf 短路，故输出 $u_o = 0$。

当 $u_i \neq 0$，但 $|u_i|$ 较小时，输入电流 i_i 较小，全被桥路吸收，负反馈电阻 Rf 上电流 $i_f = 0$，输出电压 u_o 保持零，出现死区。仅当 $|u_i|$ 增大到限幅门限电压 $|U_{th}|$ 时，i_i 较大，桥路无法全部吸收，负反馈电阻 Rf 上电流 $i_f \neq 0$，电路进入线性放大区，产生输出电压。例如，$u_i > 0$，随着

输入信号幅度的增大，$i_i(>0)$ 增大，二极管截止，反馈网络中由二极管桥构成的两条起短路作用的支路被切断，仅剩 Rf，电路开始对输入信号反相放大。

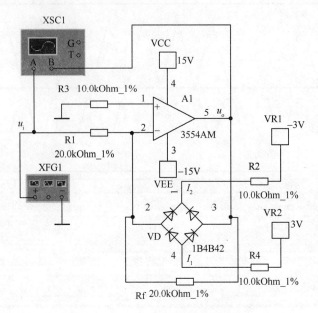

图 5.4.1　二极管桥式死区电路

根据 $u_i = U_{th}^+$ 时，$i_i = I_2$，由上式可得

$$i_i = \frac{U_{th}^+}{R_1} = \frac{U_R - U_D}{R} \tag{5.4.3}$$

从上式可求得正向限幅门限电压 U_{th}^+ 为

$$U_{th}^+ = \frac{R_1}{R}(U_R - U_D) \tag{5.4.4}$$

当 $u_i < 0$，且负方向增大时，$i_i < 0$ 负方向增大，二极管截止，反馈网络中由二极管桥构成的两条起短路作用的支路被切断，仅剩 Rf，电路开始对输入信号反相放大。因为

$$|i_i| = -\frac{U_{th}^-}{R_1} = \frac{U_R - U_D}{R} \tag{5.4.5}$$

所以负向限幅门限电压 U_{th}^- 为

$$U_{th}^- = \frac{R_1}{R}(U_R - U_D) \tag{5.4.6}$$

从上面分析可知，当 $U_{th}^- < u_i < U_{th}^+$ 时，有 $-I_1 < i_i < I_2$，输入电流全部被二极管吸收，4 个二极管维持导通状态，桥路把 R_f 短路，输出电压 $u_o = 0$，电路处于死区状态。

当 $u_i \leqslant U_{th}^-$ 或 $u_i \geqslant U_{th}^+$ 时，有 $i_i \leqslant -I_1$ 或 $i_i \geqslant I_2$，输入电流未能全部被二极管吸收，桥路中必有对应两个臂上的二极管截止而被切断，电路进入线性放大区，其传输系数为

$$A_{uf} = -\frac{R_f}{R_1} \qquad (5.4.7)$$

输出电压 u_o 表示为

$$u_o = \begin{cases} A_{uf}(u_i - U_{th}^+) & (u_i \geqslant U_{th}^+) \\ A_{uf}(u_i - U_{th}^-) & (u_i \leqslant U_{th}^-) \end{cases} \qquad (5.4.8)$$

电路传输特性如图 5.4.2 所示。

在输入端加上一个三角波,通过死区电路的输出波形如图 5.4.3 所示,只有当 $u_i \leqslant U_{th}^-$ 或 $u_i \geqslant U_{th}^+$ 时,才有输出电压随输入信号反相变化。

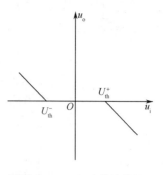

图 5.4.2　电路传输特性

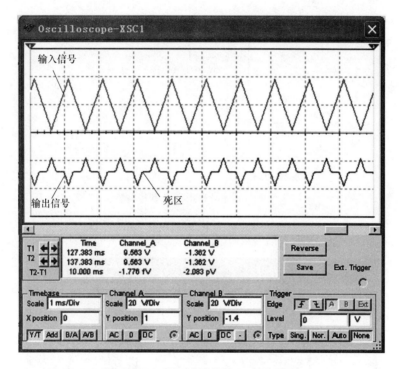

图 5.4.3　死区电路的输入、输出波形

5.4.2　精密死区电路

精密死区电路及其传输特性如图 5.4.4 所示。电路中,把带偏置电压(VR1 = + 5V,VR2 = −5V)的两个半波检波(整流)电路 A1、VD1、VD2 及 A2、VD3、VD4 组合起来。输入信号 u_i 的正、负极性电压分别由正半波检波电路 A1 和负半波检波电路 A2 限幅检波后,送入反相相加器 A3 相加,获输出电压 u_o。

由于二极管 VD1 和 VD3 均加上正偏电压,因而 A1 和 A2 检波输出不是以 $u_i = 0$ 作为起点。当 $U_{th}^- < u_i < U_{th}^+$ 时,两检波电路均无输出电压,$u_o = 0$,电路处于死区状态;$u_i \leqslant U_{th}^-$ 或 $u_i \geqslant U_{th}^+$ 时,A1 或 A2 有检波输出电压,电路处于同相线性放大状态,整个电路的传输系数为 $A_{uf} = \frac{R_8}{R_7}$。经过反相相加器 A3 反相输出。

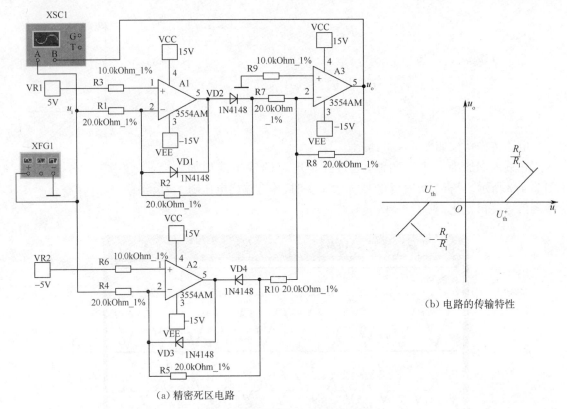

（a）精密死区电路

（b）电路的传输特性

图 5.4.4　精密死区电路及其传输特性

在输入端加上一个正弦波，通过死区电路的输出波形如图 5.4.5 所示，只有 $u_i \leqslant U_{th}^-$ 或 $u_i \geqslant U_{th}^+$ 时，才有输出电压随输入信号反相变化。

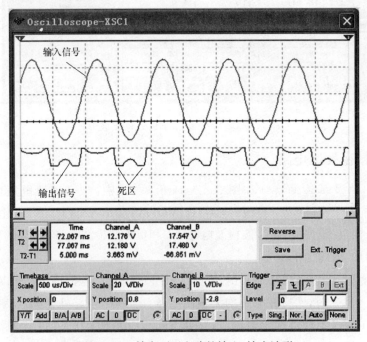

图 5.4.5　精密死区电路的输入、输出波形

5.5 电压/电流(U/I)变换电路

5.5.1 负载不接地的 U/I 变换电路

负载不接地电压/电流变换原理电路如图 5.5.1 所示,电路中电流表 XMM1 和 XMM2 为测量用。负载 RL 接在反馈支路,兼作反馈电阻。A1 为运算放大器,则有

$$i_L \approx i_R \approx \frac{u_i}{R} \tag{5.5.1}$$

可见,流过负载 RL 的电流大小与输入电压 u_i(电路图中的 V2)成正比,而与负载大小无关,实现 U/I 变换。如果 u_i 不变,即采用直流电源,则负载电流 i_L 保持不变,可以构成一个恒流源电路。

图 5.5.1 所示电路,最大负载电流受运放最大输出电流的限制;最小负载电流又受运放输入电流 I_B 的限制而取值不能太小,而且 $u_o = - i_L \cdot R_L$ 值不能超过运放输出电压范围。

5.5.2 负载接地的 U/I 变换电路

负载接地的 U/I 变换电路如图 5.5.2 所示,电路中电流表 XMM1 为测量用。由图可知

$$u_o = -\frac{R_f}{R_1}u_i + \left(1 + \frac{R_f}{R_1}\right)i_L R_L \tag{5.5.2}$$

$$i_L R_L = \frac{R_2 \,/\!/\, R_L}{R_3 + R_2 \,/\!/\, R_L}u_o \tag{5.5.3}$$

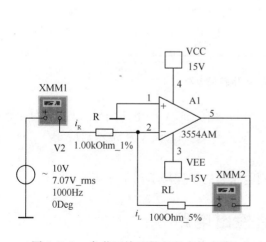

图 5.5.1 负载不接地的 U/I 变换电路

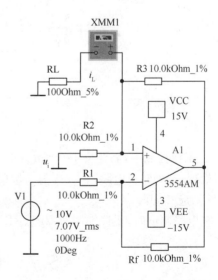

图 5.5.2 负载接地的 U/I 变换电路

联解上述两式可得

$$i_L = \cfrac{u_i \cfrac{R_f}{R_1}}{\cfrac{R_3}{R_2}R_L - \cfrac{R_f}{R_1}R_L + R_3} \tag{5.5.4}$$

若取 $\dfrac{R_f}{R_1} = \dfrac{R_3}{R_2}$,则

$$i_L = -\frac{u_i}{R_2} \tag{5.5.5}$$

可见,流过负载 RL 的电流大小 i_L 与输入电压 u_i(电路图中的 V1)成正比,而与负载大小无关,实现 U/I 变换。如果 u_i 不变,即采用直流电源,则负载电流 i_L 保持不变,可以构成一个恒流源电路。

5.6　电流/电压转换电路

电流/电压转换电路如图 5.6.1 所示。电流流过电阻 R1 就能产生电压 U_i;R2、R3、R4、R5 与 A1 组成差分放大器,抑制共模干扰,将 U_i 放大为输出电压 U_o。

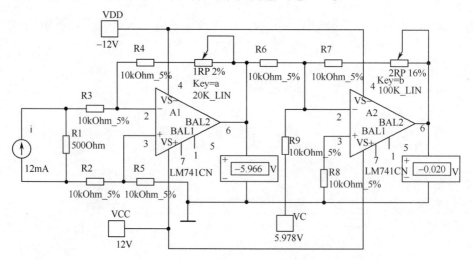

图 5.6.1　电流/电压转换电路

在工业控制中,需要将 $4 \sim 20mA$ 的电流信号转换成 $\pm 10V$ 的电压信号,以便送到计算机进行处理。这种转换电路以 4mA 为满量程的 0% 对应 $-10V$;12mA 为 50% 对应 0V;20mA 为 100% 对应 $+10V$。

在电路调试时,要仔细调节 RP1、RP2,否则电压表的量程得不到正确结果。

5.7　峰值检出电路

峰值检出电路是一种由输入信号自行控制采样或保持的特殊采样-保持电路。当复位控制信号 u_c 未到时,输出信号自动跟踪输入信号的峰值,并自动保持相邻两复位控制信号期间的输入信号的最大峰值,一旦下一个复位控制信号到来,保持电容 C 上的信号立即回

零,并接着进行下一次峰值检出。理想峰值检出电路的输入电压 u_s 和输出电压 u_o 波形如图 5.7.1 所示。

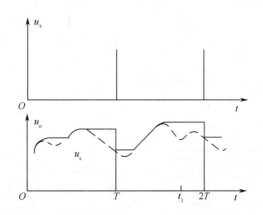

图 5.7.1　理想峰值检出电路的输入电压 u_s 和输出电压 u_o 波形

一个同相峰值检出电路如图 5.7.2 所示。它由 A1 和 VD1、VD2 构成的半波整流电路、保持电容 C、起缓冲作用的电压跟随器 A2 及复位开关管 VT1 组成。

由图 5.7.2 可知,A1 和 A2 构成负反馈系统。当复位控制信号 $u_c < 0$ 时,场效应管 VT2 截止,电路处于采样-保持状态,$u_o = u_{CH}$,若 $u_s > u_o$,则 $u_{o1} > u_{CH}$,VD2 截止、VD1 导通,误差电压经 A1 放大后,通过 VD1 对 CH 充电,使 $u_{CH}、u_o$ 跟踪 u_s;若 $u_s < u_o$,则 VD2 导通、VD1 截止,$u_o = u_{CH}$,不再跟踪 u_s,保持已检出的 u_s 的最大峰值。VD2 导通提供 A1 负反馈通路,防止 A1 进入饱和状态。当 $u_c > 0$ 时,即复位控制信号有效时,VT1 导通,CH 通过 VT1 快速放电,$u_{CH} = 0$,当 $u_c < 0$ 时,电路又开始进入峰值检出过程。

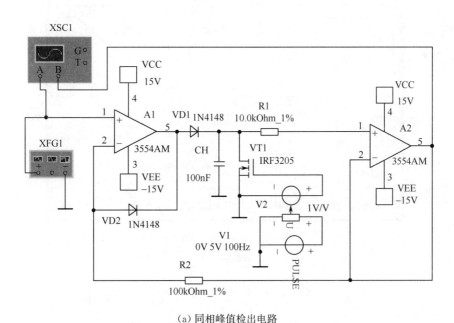

（a）同相峰值检出电路

图 5.7.2　同相峰值检出电路

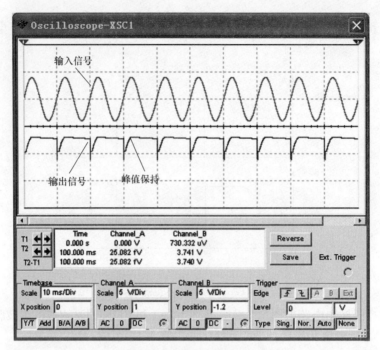

（b）输入正弦波的峰值检出

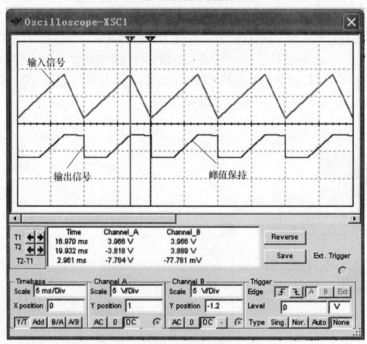

（c）输入锯齿波的峰值检出

图 5.7.2   同相峰值检出电路（续）

5.8   电压/频率变换（VFC）电路

VFC 电路能把输入信号电压变换成相应的频率信号，即它的输出信号频率与输入信号电压值成比例，故又称为电压控制振荡器（VCO）。VFC 电路通常主要由积分器、电压比较器、自动复位开关电路等 3 部分组成。各种类型 VFC 电路的主要区别在于复位方法及复位时间不同而已。

图 5.8.1 所示为简单的运算放大器组成的 VFC 电路。从图可知，当外输入信号 $u_i = 0$ 时，电路为方波发生器。振荡频率 f_0 为

$$f_0 = \frac{1}{2R_1C_1\ln\left(1 + \dfrac{2R_4}{R_3}\right)}$$

当 $u_i \neq 0$ 时，运放同相输入端的基准电压由 u_i 和反馈电压 $F_u u_o$ 决定。若 $u_i > 0$，则输出脉冲的频率降低，$f < f_0$；若 $u_i < 0$，则输出脉冲的频率升高，$f > f_0$。可见，输出信号频率随输入信号电压 u_i 变化，实现电压／频率变换。

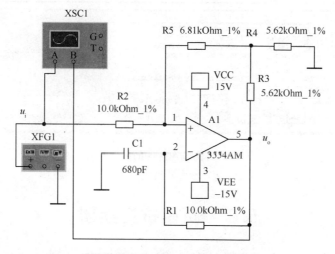

（a）运算放大器组成的 VFC 电路

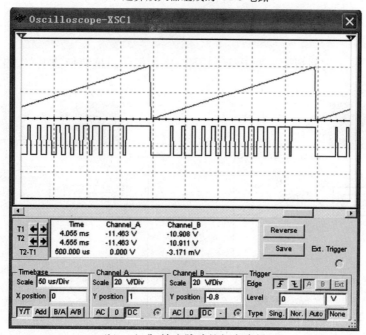

（b）u_i 上升，输出脉冲的频率降低

图 5.8.1　运算放大器组成的 VFC 电路

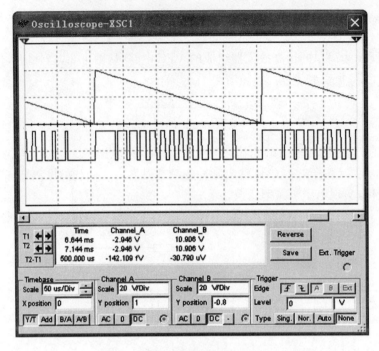

(c)u_i 下降，输出脉冲的频率升高

图 5.8.1　运算放大器组成的 VFC 电路(续)

5.9　负阻抗变换器

图 5.9.1 所示为一个同相放大器，其输入阻抗很高，输出电压为

$$\dot{U}_o = \dot{U}_i\left(1+\frac{R_2}{Z}\right) \tag{5.9.1}$$

在图 5.9.1 所示的同相放大器上接入电阻 R1 构成负阻抗变换器电路，如图 5.9.2 所示。

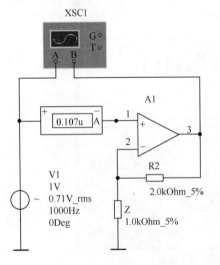

图 5.9.1　同相放大器电路

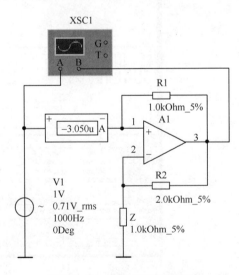

图 5.9.2　负阻抗变换器电路

电阻 R1 接入后，其等效输入阻抗将发生很大变化。这时由输入电压 U_i（图中的 V1）引起的输入电流为

$$\dot{I}_1 = \dot{I}_1 = \frac{\dot{U}_i - \dot{U}_o}{R_1} \tag{5.9.2}$$

将式(5.9.1)代入式(5.9.2)，可得等效输入阻抗为

$$Z_{ie} = \frac{\dot{U}_i}{\dot{I}_i} = -\frac{ZR_1}{R_2} \tag{5.9.3}$$

由式(5.9.3)可知，从阻抗 Z 变换到等效输入阻抗 Z_{ie}，它不仅按比值 R_1/R_2 变化，而且其特性也由正变为负，因此称为负阻抗变换器。

图 5.9.2 所示的负阻抗变换器只适用于信号源内阻抗 $|Z_s| < |Z|$ 的情况，否则易自激。若将 Z 取为电阻 R，则等效输入阻抗为负电阻

$$Z_{ie} = -\frac{RR_1}{R_2} \tag{5.9.4}$$

称之为负电阻变换器。

若将 Z 取为电容 C，则等效输入阻抗为电感

$$Z_{ie} = j\omega \frac{R_1}{R_2 \omega^2 C} = j\omega L_e \tag{5.9.5}$$

式中，Z_{ie} 为等效模拟电感，所以称为模拟电感变换器。此等效模拟电感是随频率变化的。

5.10 阻抗模拟变换器

5.10.1 阻抗模拟变换器的电路结构及其工作原理

图 5.10.1 所示为阻抗模拟变换器电路。在图 5.10.1 中，运放 A1 是同相放大器，起隔离作用和放大作用，运放 A2 是阻抗变换电路。

下面分析此阻抗变换器的工作原理。

运放 A1 的输出电压为

$$\dot{U}_{o1} = \dot{U}_i \left(1 + \frac{Z_2}{Z_1} \right) \tag{5.10.1}$$

运放 A2 的输出电压为

$$\dot{U}_{o2} = \dot{U}_i \left(1 + \frac{Z_4}{Z_3} \right) - \dot{U}_{o1} \frac{Z_4}{Z_3} \tag{5.10.2}$$

由式(5.10.1)和式(5.10.2)可得

$$\dot{U}_{o2} = \dot{U}_i \left(1 - \frac{Z_2 Z_4}{Z_1 Z_3} \right) \tag{5.10.3}$$

由图 5.10.1 可知，输入电流为

$$\dot{I}_i = \dot{I}_5 = \frac{\dot{U}_i - \dot{U}_{o2}}{Z_5} \tag{5.10.4}$$

将式(5.10.3)代入式(5.10.4)，可得等效输入阻抗为

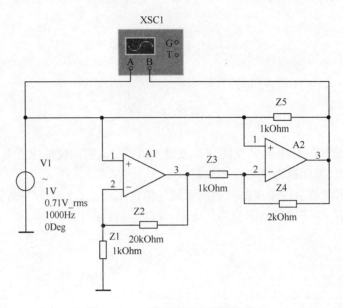

图 5.10.1　阻抗模拟变换器电路

$$Z_{\mathrm{ie}} = \frac{\dot{U}_{\mathrm{i}}}{\dot{I}_{\mathrm{i}}} = \frac{Z_1 Z_3 Z_5}{Z_2 Z_4} \tag{5.10.5}$$

　　根据式(5.10.5),当选择不同性质的元件时,则可构成不同性质的阻抗模拟电路。如可构成模拟对地电感电路、模拟对地电容电路、模拟对地负阻抗电路等。

5.10.2　模拟对地电感电路

　　若取 Z_1、Z_2、Z_3、Z_5 分别为电阻 R_1、R_2、R_3、R_5 的阻抗,而 Z_4 为电阻 R_4 和电容 C_4 的并联阻抗,则构成等效模拟电感电路,如图 5.10.2 所示。其等效阻抗为

$$Z_{\mathrm{ie}} = \frac{R_1 R_3 R_5}{R_2 R_4} + \mathrm{j}\omega \frac{C_4 R_1 R_3 R_5}{R_2} \tag{5.10.6}$$

其等效电感和等效内阻分别为

$$L_{\mathrm{e}} = \frac{C_4 R_1 R_3 R_5}{R_2}, R_{\mathrm{e}} = \frac{R_1 R_3 R_5}{R_2 R_4} \tag{5.10.7}$$

　　由式(5.10.7)可知,调节 R_1、R_3、R_5 中任一电阻,即可线性调节等效电感的大小。若增大电阻 R_4,可获得低内阻的等效模拟电感。

5.10.3　模拟对地电容电路

　　若取 Z_1、Z_2、Z_4、Z_5 分别为电阻 R_1、R_2、R_4、R_5 的阻抗,而 Z_3 为电容 C_3,则构成等效模拟电容电路,如图 5.10.3 所示。其等效阻抗为

$$Z_{\mathrm{ie}} = \left(\mathrm{j}\omega \frac{C_3 R_2 R_4}{R_1 R_5} \right)^{-1} \tag{5.10.8}$$

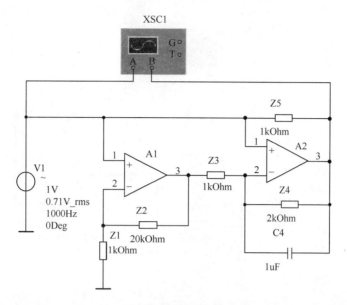

(a) 等效模拟电感电路

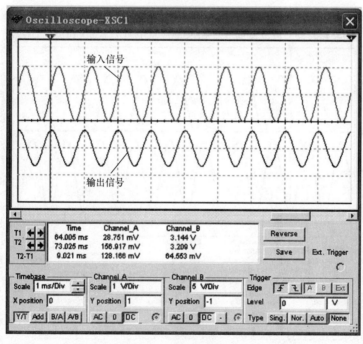

(b) 等效模拟电感电路输入、输出波形

图 5.10.2　等效模拟电感电路和输入、输出波形

其等效电容为

$$C_e = \frac{C_3 R_2 R_4}{R_1 R_5}$$ (5.10.9)

调节 R_2、R_4 中任一电阻,即可线性调节电容量的大小。

5.10.4　模拟对地负阻抗电路

若取 Z_1 和 Z_3 分别为电容 C_1、C_3,而 Z_2、Z_4 分别取为电阻 R_2、R_4,Z_5 为任一阻抗,则等效对

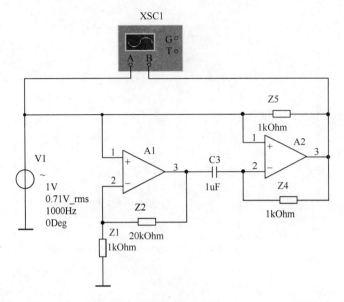

（a）等效模拟电容电路

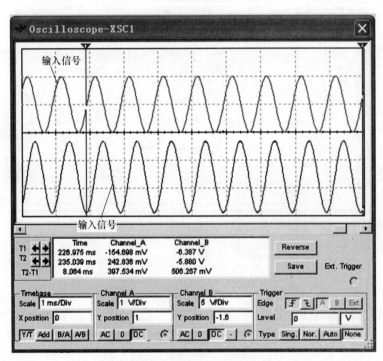

（b）等效模拟电容电路输入、输出波形

图 5.10.3　等效模拟电容电路和输入、输出波形

地阻抗为

$$Z_{\mathrm{ie}} = -\frac{Z_5}{\omega^2 C_1 C_3 R_2 R_4} \qquad (5.10.10)$$

由式(5.10.10)可知,这是一个 Z_5 的负阻抗变换器,其阻抗随频率变化。

5.11 模拟电感器

在集成电路中,电感元件不能直接集成,需要电感时都是采用模拟的方法得到的。模拟电感元件有多种,图 5.11.1 介绍采用电容和集成运放组成的模拟电感器。

图 5.11.1 所示为一个密勒积分式模拟电感器电路。图中,A1 构成同相放大器,A2 构成积分器。

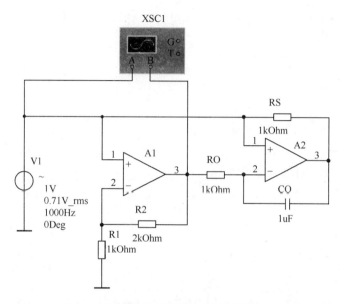

(a)密勒积分式模拟电感器电路

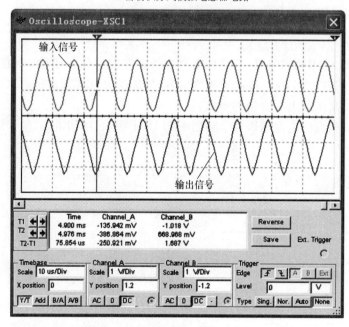

(b)密勒积分式模拟电感器电路输入、输出波形

图 5.11.1　模拟电感器电路和输入、输出波形

下面分析此电路的工作原理。假定集成运放满足理想化条件,由图 5.11.1 可知

$$\dot{I}_i = \frac{\dot{U}_i - \dot{U}_o}{R_S} \tag{5.11.1}$$

$$\dot{U}_o = -\frac{1}{j\omega R_o C_o} \dot{U}_{o1} + \left(1 + \frac{1}{j\omega R_o C_o}\right) \dot{U}_1 \tag{5.11.2}$$

$$\dot{U}_{o1} = \left(1 + \frac{R_2}{R_1}\right) \dot{U}_i = A_f \dot{U}_i \tag{5.11.3}$$

由式(5.11.1)、式(5.11.2)、式(5.11.3) 可得

$$\dot{I}_i = \frac{A_f - 1}{j\omega R_o C_o R_S} \dot{U}_i \tag{5.11.4}$$

所以,等效输入阻抗为

$$Z_{ie} = \frac{\dot{U}_i}{\dot{I}_i} = j\omega \frac{R_o C_o R_S}{A_f - 1} \tag{5.11.5}$$

当 $A_f \gg 1$ 时,输入阻抗可近似为

$$Z_{ie} \approx j\omega \frac{C_o R_o R_S}{A_f} \tag{5.11.6}$$

式中,等效电感值为

$$L_{ie} \approx \frac{C_o R_o R_S}{A_f} \tag{5.11.7}$$

5.12　电容倍增器

在有些低电平、低阻抗的电路中,往往需要容量非常大的电容,例如,对在某些低电压应用场合,当需要很大的电容如 $1000\mu F$ 的无极性电容,用无源元件实现这种要求是很困难的,这时可采用电容倍增器来实现大电容量的要求。

由反相放大器构成的电容倍增器电路如图 5.12.1 所示。由图可知,输入电流为

$$\dot{I}_i = \frac{j\omega C_o + \frac{1}{R_1 + R_2}}{1 - \frac{R_2}{R_1 + R_2}} \cdot \dot{U}_i = \frac{1 + j\omega C_o (R_1 + R_2)}{R_1} \cdot \dot{U}_i \tag{5.12.1}$$

等效输入阻抗为

$$Z_{ie} = \frac{\dot{U}_i}{\dot{I}_i} = \frac{R_1}{1 + j\omega C_o (R_1 + R_2)} = \frac{1}{\frac{1}{R_1} + j\omega C_o \left(1 + \frac{R_2}{R_1}\right)} = \frac{1}{\frac{1}{R_1} + j\omega C_1} \tag{5.12.2}$$

由式(5.12.2)可知,此电路的输入阻抗是电阻 R_1 和等效电容 C_{ie} 的并联,其中等效电容为

$$C_{ie} = C_o \left(1 + \frac{R_2}{R_1}\right) \tag{5.12.3}$$

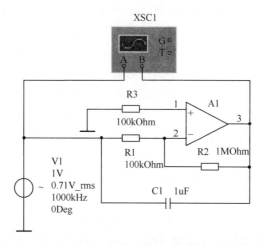

(a) 反相放大器构成的电容倍增器电路

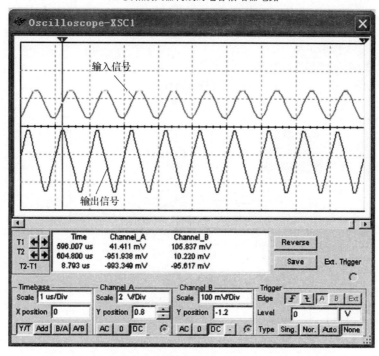

(b) 反相放大器构成的电容倍增器电路输入、输出波形

图 5.12.1　由反相放大器构成的电容倍增器电路和输入、输出波形

本 章 小 结

变换电路属于非线性电路,其传输函数随输入信号的幅度、频率或者相位变化,输出信号的波形不同于输入信号的波形。本章介绍了不同类型的变换电路与计算机仿真设计方法,主要内容有:

(1) 由运算放大器组成的线性检波电路。

(2) 在线性检波器的基础上,加一级加法器,便构成绝对值电路。绝对值电路又称为整流电路。

（3）限幅电路介绍了串联限幅电路和稳压管双向限幅电路。

（4）死区电路介绍了二极管死区电路和精密死区电路。

（5）介绍了负载不接地的 U/I 变换电路和负载接地的 U/I 变换电路。

（6）将输入的电压信号转换为电流输出的电流/电压转换电路。

（7）电压/频率变换（VFC）电路能把输入信号电压变换成相应的频率信号。

（8）峰值检出电路是一种由输入信号自行控制采样或保持的特殊采样 - 保持电路。

（9）负阻抗变换器电路的输入阻抗 Z 变换到等效输入阻抗 Z_{ie}，其特性由正变为负。

（10）阻抗模拟变换器电路选择不同性质的元件时，则可构成不同性质的阻抗模拟电路。

（11）模拟电感器采用电容和集成运放组成。

（12）电容倍增器由反相放大器构成。

掌握变换电路的仿真设计与分析方法是本章的重点。运算放大器是构成各种变换电路的基础，改变运算放大器输入回路和负反馈回路上的元器件，可以获得不同类型的变换电路。

思考题与习题 5

5.1　简述线性检波电路的工作原理。

5.2　试分析题图 5.1 所示电路的工作原理与输出波形。

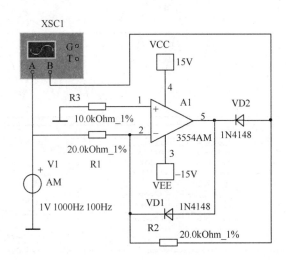

题图 5.1

5.3　试分析题图 5.2 所示电路的工作原理与输出波形。

5.4　改变题图 5.3 中稳压二极管 VDZ1 和 VDZ2 的连接方式，观察输出波形的变化。如果稳压二极管 VDZ1 和 VDZ2 改为二极管，情况会怎样？

5.5　试分析二极管桥式死区电路的传输特性。

5.6　改变图 5.4.4(a) 精密死区电路中二极管 VD1 ～ VD4 的连接方向，其传输特性有何变化？

5.7　题图 5.4 为负载不接地电压/电流变换电路，如果采用单电源电压的运算放大器，情况会怎样？

5.8　试设计一个电压/频率变换（VFC）电路，要求：输入电压为 0 ～ 1V，转换频率范围为 0 ～ 1000Hz。

5.9　简述峰值检出电路的工作原理。

5.10　试设计一个反相峰值检出电路。

5.11　仿真题图 5.5 所示可变电容倍增器电路，分析工作原理与各参数关系。

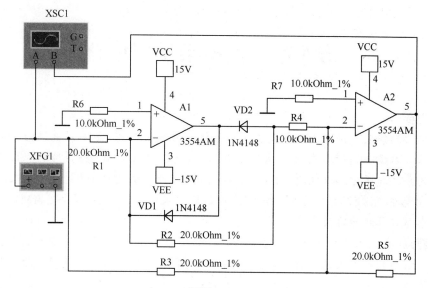

题图 5.2

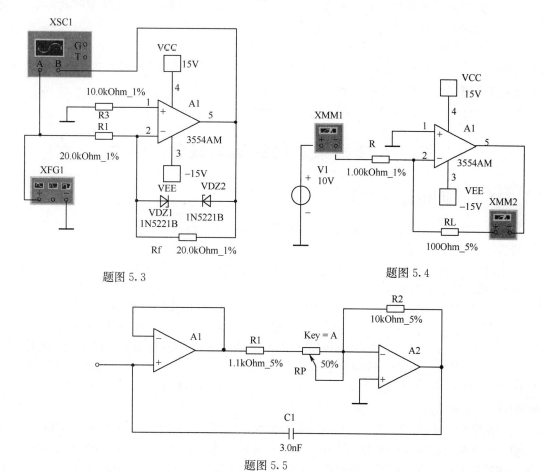

题图 5.3

题图 5.4

题图 5.5

第6章 模拟乘法器电路

内容提要

模拟乘法器能实现两个互不相关的模拟信号间的相乘功能,是一种普遍应用的非线性模拟集成电路。本章介绍模拟乘法器的基本概念与特性,Multisim 的模拟乘法器,以及模拟乘法器组成的乘法与平方运算电路、除法与开平方运算电路、函数发生电路、调幅电路、振幅键控(ASK)调制电路、混频器电路、倍频器电路、抑制载波双边带调幅(DSB/SC AM)解调电路、功率测量电路与计算机仿真设计方法。

知识要点

模拟乘法器的基本概念与特性,模拟乘法器运算电路,模拟乘法器的非线性应用电路。

教学建议

本章的重点是掌握模拟乘法器应用电路的仿真设计与分析方法。**建议学时数为2~3学时**。通过对乘法、除法、平方、开平方运算电路,函数发生电路,调幅(AM)电路、混频、倍频电路的介绍,掌握模拟乘法器应用电路的结构特点与设计分析方法。模拟乘法器是构成应用电路的基础,注意模拟乘法器与运算放大器的结合,以及将模拟乘法器连接在运算放大器的输入回路和负反馈回路上对电路功能的影响。

6.1 模拟乘法器的基本概念与特性

6.1.1 通用模拟乘法器

模拟乘法器是一种普遍应用的非线性模拟集成电路。模拟乘法器能实现两个互不相关的模拟信号间的相乘功能。

模拟乘法器具有两个输入端口 X 和 Y,及一个输出端口 Z(K·XY),是一个三端口非线性网络,其符号如图 6.1.1 所示。

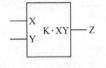

一个理想的模拟乘法器,其输出端 Z 的瞬时电压 U_o 仅与两个输入端(X 和 Y)的瞬时电压 U_X 和 U_Y 的(波形、幅值、频率均是任意的)的相乘积成正比,不含有任何其他分量。模拟乘法器输出特性可表示为

图 6.1.1 模拟乘法器符号

$$U_o = K U_X U_Y \tag{6.1.1}$$

式中,K 为相乘增益。

根据模拟乘法器两输入电压 U_X 和 U_Y 的极性,乘法器有 4 个工作象限(又称区域)。如果两输入电压都只能取同一极性(同为正或同为负)时,乘法器才能工作,则称为"单象限乘法器";如果其中一个输入电压极性可正、可负,而另一个输入电压极性只能取单一极性(即只能是正或只能是负),则称为"二象限乘法器";如果两输入电压极性均可正、可负,则称为"四象限乘法器"。两个单象限乘法器可构成一个二象限乘法器,两个二象限乘法器则可构成一个四象限乘法器。

模拟乘法器有两个独立的输入量 U_X 和 U_Y，输出量 U_o 与 U_X，U_Y 之间的传输特性既可以用式 $U_o=KU_XU_Y$ 表示，也可以用四象限输出特性和平方律输出特性来描述。

当模拟乘法器两个输入信号中，有一个为恒定的直流电压 E，根据式(6.1.1)得

$$U_o=(KE)U_Y \tag{6.1.2}$$

或

$$U_o=(KE)U_X \tag{6.1.3}$$

上述关系称为理想模拟乘法器四象限输出特性。由上式可知，模拟乘法器输入、输出电压的极性关系满足数学符号运算规则；有一个输入电压为零时，模拟乘法器输出电压也为零；有一个输入电压为非零的直流电压 E 时，模拟乘法器相当于一个增益为 $A_u=KE$ 的放大器。

当模拟乘法器两个输入电压相同时，则其输出电压为

$$U_o=KU_X^2=KU_Y^2 \tag{6.1.4}$$

当模拟乘法器两个输入电压幅度相等而极性相反时，则其输出电压为

$$U_o=-KU_X^2=-KU_Y^2 \tag{6.1.5}$$

上述关系称为理想模拟乘法器的平方律输出特性。

模拟乘法器是一种非线性器件，一般情况下，它体现出非线性特性。例如，两输入信号为 $U_X=U_Y=U_m\cos\omega t$ 时，则输出电压为

$$U_o=KU_XU_Y=KU_m^2\cos^2\omega t=KU_m^2\cos^2\omega t=\frac{1}{2}KU_m^2\cos^2\omega t+\frac{1}{2}KU_m^2\cos^2\omega t \tag{6.1.6}$$

可见，输出电压中含有新产生的频率分量。

注意：一般情况下，线性叠加原理不适用于模拟乘法器。

6.1.2 Multisim 的模拟乘法器

在 Multisim 10 模拟乘法器模型中，输出电压

$$U_o=K[X_K(U_X+X_{off})\cdot Y_K(U_Y+Y_{off})]+O_{ff} \tag{6.1.7}$$

式中，U_o 为在 $Z(K\cdot XY)$ 端的输出电压；U_X 为在 X 端的输入电压；U_Y 为在 Y 端的输入电压；K 为输出增益，默认值 1V/V；O_{ff} 为输出补偿，默认值 0V；Y_{off} 为 Y 补偿，默认值 0V；X_{off} 为 X 补偿，默认值 0V；Y_K 为 Y 增益，默认值 1V/V；X_K 为 X 增益，默认值 1V/V。

单击 Sources→Control-Function→ Multipller 选项，即可取出一个乘法器放置在电路工作区中，双击乘法器图标，即可弹出乘法器属性对话框，可以在对应的窗口中对乘法器的参数值、标识符等进行修改。

6.2 乘法与平方运算电路

当两个输入电压 U_X(图 6.2.1 中的 V1)和 U_Y(图 6.2.1 中的 V2)加到乘法器 X 和 Y 端时，乘法器输出端的输出电压 U_o 可表示为

$$U_o=KU_XU_Y \tag{6.2.1}$$

从图 6.2.1 仿真分析结果可见，$K=1$，$U_X(V1)=2V$，$U_Y(V2)=4.3V$，输出电压 $U_o=8.6V$，满足 $U_o=KU_XU_Y$ 关系。

从图 6.2.2 仿真分析结果可见，当 $K=1$，$U_X(V1)=U_Y(V2)=2V$ 时，输出电压 $U_o=4V$，满足 $U_o=KU_X^2=KU_Y^2$ 关系，即平方运算关系。

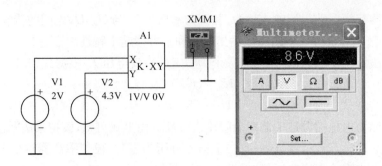

图 6.2.1　乘法电路

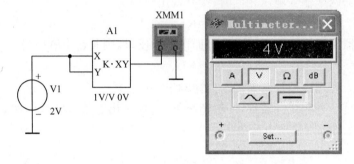

图 6.2.2　平方运算电路

6.3　除法与开平方运算电路

6.3.1　反相输入除法运算电路

一个二象限反相输入除法运算电路如图 6.3.1 所示,它由运放 3554AM 和接于负反馈支路的乘法器 A1 构成。根据运放线性应用时的特点及乘法器的特性,不难推出输出电压 U_o 与输入信号 U_i(V2)、U_r(V1)的关系为

$$U_o = -\frac{1}{K}\frac{R_2}{R_1}\frac{U_i}{U_r} \tag{6.3.1}$$

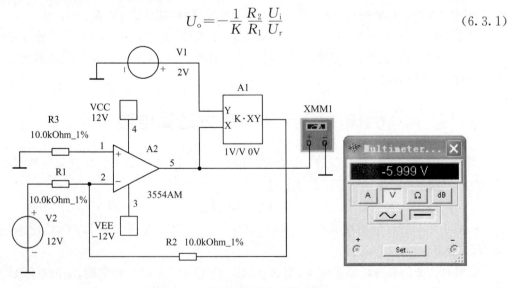

图 6.3.1　反相输入除法运算电路

当取 $R_1 = R_2$ 时,U_o 为

$$U_o = -\frac{1}{K}\frac{U_i}{U_r} = -K_d\frac{U_i}{U_r} \tag{6.3.2}$$

式中,相除增益 K_d 为乘法器相乘增益 K 的倒数。仿真运行图 6.3.1 电路($K=1$),可得输出电压 $U_o = -5.999\mathrm{V}$,满足式(6.3.2)。

电路中,U_r(即电路图中的 V1)为正极性电压,否则,运算放大器 3554AM 将工作于非线性饱和状态。因而,电路只能实现二象限相除功能。

6.3.2 同相输入除法运算电路

U_i(V2)从运放的反相输入端加入,除法器的输入阻抗较低。若要求提高除法器的输入阻抗,可采用图 6.3.2 所示的同相端输入除法电路。同样地,要求 U_r(V1)为正极性电压。由图可推导出电路输出电压为

$$U_o = \left(1 + \frac{R_2}{R_1}\right)\frac{U_i}{KU_r} \tag{6.3.3}$$

式中,K 为乘法器相乘增益。仿真运行图 6.3.2 电路,可得输出电压 $U_o = 7.905\mathrm{V}(K=1)$,满足式(6.3.3)。

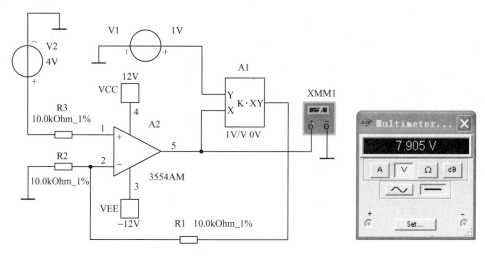

图 6.3.2 同相端输入除法运算电路

6.3.3 开平方运算电路

开平方运算电路如图 6.3.3 所示,电路适用于 U_i(V2)<0 情况,把乘法器组成的平方运算电路接在运放的负反馈支路,便构成了开平方运算电路。由图可推理出电路输出电压 U_o 为

$$U_o = \sqrt{\frac{R_2}{KR_1}|U_i|} \tag{6.3.4}$$

当取 $R_1 = R_2$ 时,U_o 为

$$U_o = \sqrt{\frac{1}{K}|U_i|} \tag{6.3.5}$$

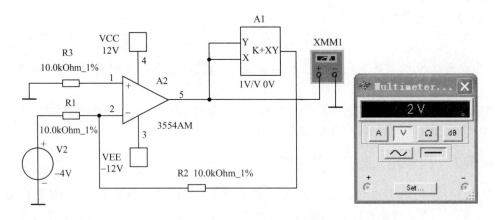

图 6.3.3　开平方运算电路

仿真运行图 6.3.3 电路,可得输出电压 $U_o = 2V(K=1)$,满足式(6.3.5)。

6.4　函数发生电路

利用模拟集成乘法器与集成运算放大器配合,可以构成各种各样能以幂级数形式表示的函数发生电路,例如,函数 $f(x) = 2.6x - 1.69x^2$。

由函数表达式 $f(x) = 2.6x - 1.69x^2$ 可知,该函数可由乘法器构成的平方电路和由运放构成的比例相减电路的组合电路来实现,其电路如图 6.4.1 所示,图中,$R_1 = R_2 = R$,$R_3 = 1.69R$,$R_4 = 1.86R$,$R_5 = 2.6R$,输入电压 U_i(V2)。图中乘法器 A1 接成单位增益平方电路,运放 3554AM 接成双端输入比例相减电路。由图可得

$$U_o = \left(1 + \frac{1.69R}{R \; /\!/ \; 1.86R}\right)\frac{2.6R}{R + 2.6R}U_i - \frac{1.69R}{R}U_i^2$$

$$= \left(1 + \frac{1.69}{1 \; /\!/ \; 1.86}\right)\frac{2.6}{1 + 2.6}U_i - 1.69U_i^2 = 2.6U_i - 1.69U_i^2 \qquad (6.4.1)$$

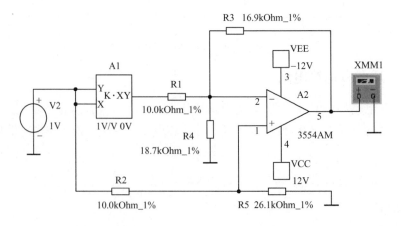

图 6.4.1　函数 $f(x) = 2.6x - 1.69x^2$ 电路

可见,电路的输出特性方程与函数 $f(x)$ 的表达式完全相同,只要乘法器、运放及外接电阻的精度足够高,便能产生逼真的函数关系。

仿真运行图 6.4.1 电路,可得输出电压 $U_o = 910.492\text{mV}(K=1)$,满足式(6.4.1)。

6.5 调幅电路

6.5.1 普通调幅(AM)电路

设载波电压为

$$u_c(t) = U_{cm}\cos\omega_c t \tag{6.5.1}$$

设调制电压为

$$u_\Omega = E_c + U_{\Omega m}\cos\Omega t \tag{6.5.2}$$

上面两式相乘为普通振幅调制信号,有

$$
\begin{aligned}
u_S(t) &= K[E_c + U_{\Omega m}\cos\Omega t]U_{cm}\cos\omega_c t \\
&= KU_{cm}[E_c + U_{\Omega m}\cos\Omega t]\cos\omega_c t \\
&= U_S[1 + m_a\cos\Omega t]\cos\omega_c t
\end{aligned}
\tag{6.5.3}
$$

式中,m_a 称为调幅系数(或调制指数),它表示调幅波的幅度的最大变化量与载波振幅之比,即幅度变化量的最大值。显然,$0 \leqslant m_a \leqslant 1$,否则已调波会产生失真。

根据式(6.5.3),由乘法器($K=1$)组成的普通调幅(AM)电路图 6.5.1 所示,可获得通信系统中常用的普通调幅(AM)。高频载波信号电压 $u_c(t)$(图中的 V2)加到 Y 输入端口;直流电压 U_3(图中的 V3)和低频调制信号 $u_\Omega(t)$(图中的 V1)加到 X 输入端口,仿真运行图 6.5.1 电路,可得输出电压波形如图 6.5.1(b)所示,满足式(6.5.3)。

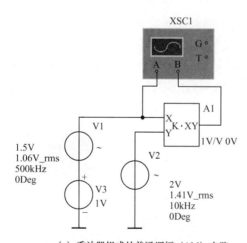

(a) 乘法器组成的普通调幅 (AM) 电路

图 6.5.1 乘法器组成的普通调幅(AM)电路

6.5.2 抑制载波双边带调幅(DSB/SC AM)调制电路

在抑制载波调幅波的产生电路中,设

载波电压为

$$u_c(t) = U_{cm}\cos\omega_c t \tag{6.5.4}$$

调制电压为

$$u_\Omega(t) = U_{\Omega m}\cos\Omega t \tag{6.5.5}$$

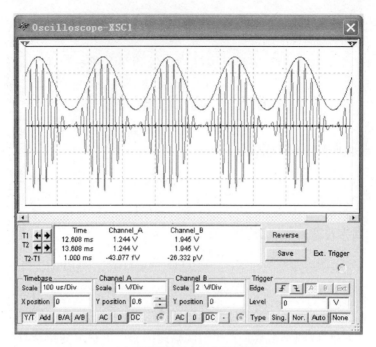

(b) 普通调幅（AM）仿真输出波形

图 6.5.1　乘法器组成的普通调幅（AM）电路（续）

经过模拟乘法器电路后输出电压为抑制载波双边带振幅调制信号为

$$u_o(t)=Ku_c(t)u_\Omega(t) \,=\, KU_{cm}U_{\Omega m}\cos(\Omega t) \, \cos(\omega_c t)$$

$$=\frac{1}{2}KU_{cm}U_{\Omega m}\left[\cos(\omega_c+\Omega)t \,+\, \cos(\omega_c-\Omega)t\right] \tag{6.5.6}$$

　　利用乘法器$(K=1)$组成的抑制载波双边带调幅（DSB/SC AM）电路如图 6.5.2 所示,可获得通信系统中常用的抑制载波双边带信号（DSB/SC AM）。高频载波信号电压 $u_c(t)$（V2）加到 Y 输入端口。低频调制信号 $u_\Omega(t)$（V1）加到 X 输入端口,仿真运行图 6.5.2 电路,可得输出电压波形如图 6.5.2(b)$(K=1)$所示,满足式(6.5.6)。

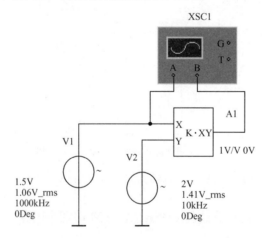

(a) 乘法器组成的抑制载波双边带调幅电路

图 6.5.2　乘法器组成的抑制载波双边带调幅电路

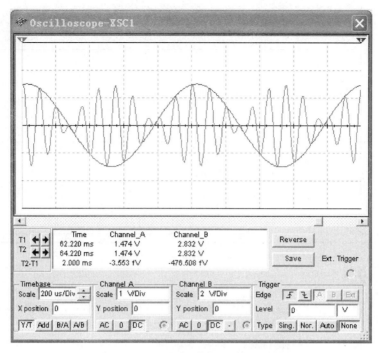

（b）抑制载波双边带调幅仿真输出波形

图 6.5.2　乘法器组成的抑制载波双边带调幅电路(续)

6.6　振幅键控(ASK)调制电路

数字信号对载波振幅调制称为振幅键控,即 ASK(Amplitude-Shift Keying),ASK 有两种实现方法:乘法器实现法和键控法。采用乘法器实现的 ASK 调制器电路如图 6.6.1 所示,在图 6.6.1(a)所示仿真电路中,$u(t)$用方波信号源 V2 代替,载波信号为 V1,产生的振幅键控信号 $u_{ASK}(t)$如图 6.6.1(b)所示。

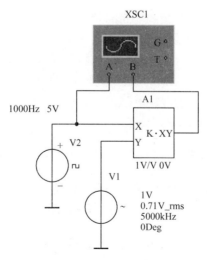

(a) 乘法器实现的ASK调制电路

图 6.6.1　乘法器实现的 ASK 调制器电路

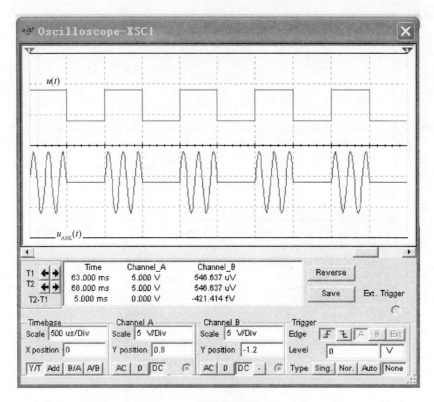

(b) 产生的振幅键控信号$u_{ASK}(t)$

图 6.6.1　乘法器实现的 ASK 调制器电路(续)

6.7　混频器电路

6.7.1　混频器特性与仿真

实际的混频器有晶体二极管平衡和环路混频电路、晶体三极管混频电路和模拟乘法器混频电路。由于模拟乘法器构成的混频器其输出电压中不包含信号频率分量,从而降低了对带通滤波器的要求,用带通滤波器取出差频即可得混频输出。

用乘法器组成的普通调幅波(AM)调制与混频电路如图 6.7.1(a)所示。调制器输出信号u_S经过乘法器和带通滤波器组成的混频电路,输出波形如图 6.7.1(c)所示,比较图 6.7.1(b)和图 6.7.1(c),可以看到载波频率已经降低。

6.7.2　混频器频谱分析

用乘法器组成的混频电路如图 6.7.2 所示,设射频输入频率 f_R 为 2.45GHz,本机振荡器频率 f_L 为 2.21GHz,混频后输出中频 f_I 为 240MHz。按图 6.7.2(a)连接好仿真电路,单击频谱分析仪,进行参数设置。

① 在 Span Control 区中:选择 Set Span,频率范围由 Frequency 区域设定。频率范围可设定为 0~4GHz。

② 在 Frequency 区中:在 Span 栏设定频率范围,4GHz。在 Start 栏设定起始频率,1Hz。

在 Center 栏设定中心频率,2GHz。在 End 栏设定终止频率,4GHz。

③ 在 Amplitude 区中:当选择 dB 时,纵坐标刻度单位为 dB。当选择 dBm 时,纵坐标刻度单位为 dBm。当选择 Lin 时,纵坐标刻度单位为线性 V/Div。

④ 在 Resolution Freq. 区中,可以设定频率分辨率,即能够分辨的最小谱线间隔。

⑤ 当选择 Start 按钮时,启动分析;当选择 Stop 按钮时,停止分析。

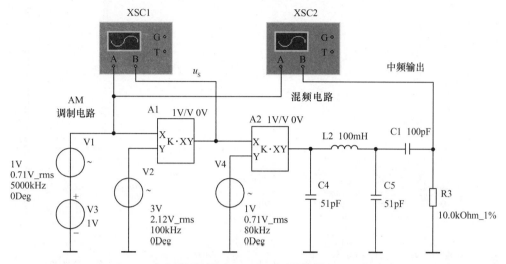

(a) 普通调幅波(AM)调制与混频电路

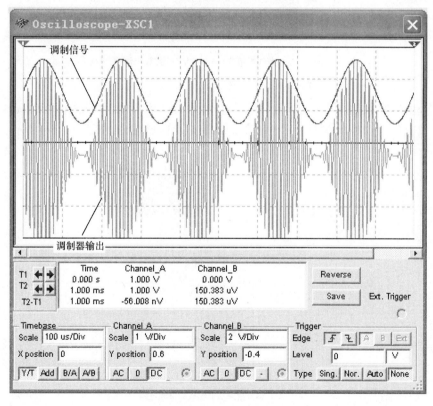

(b) 普通调幅波(AM)调制输出波形

图 6.7.1 普通调幅波(AM)调制/混频电路和输出波形

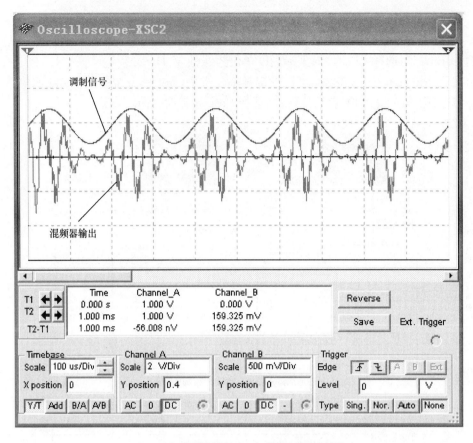

(c) 普通调幅波（AM）混频电路输出波形

图 6.7.1　普通调幅波（AM）调制/混频电路和输出波形（续）

单击启动按纽,频谱图显示在频谱分析仪面板左侧的窗口中,移动游标可以读取所显示的频谱参数,每点的数据显示在面板右侧下部的数字显示区域中,如图 6.7.2(c)所示。

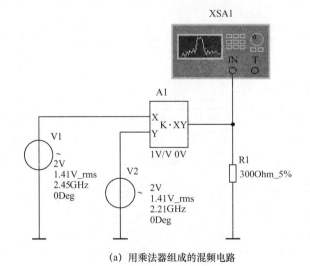

(a) 用乘法器组成的混频电路

图 6.7.2　混频器的频谱分析

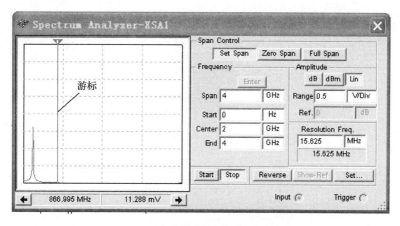

（b）频普分析仪参数设置与分析

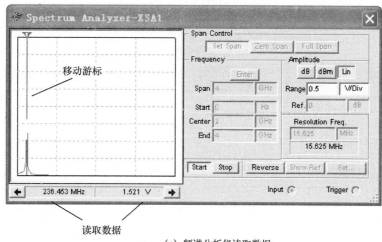

（c）频谱分析仪读取数据

图 6.7.2　混频器的频谱分析（续）

6.8　倍频器电路

6.8.1　倍频器特性与仿真

如果输出频率 f_0 为输入频率整数值，即 $f_0 = n f_n (n=1,2,\cdots)$，则这种频率变换电路称为倍频器。当 $n=2$ 时，即 $f_0 = 2f_S$，称为二倍频器。用模拟乘法器可以组成一个倍频电路。用乘法器组成的二倍频器电路如图 6.8.1(a) 所示。若

$$u_S(t) = U_{Sm}\cos\omega_S t \tag{6.8.1}$$

则模拟乘法器的输出为

$$
\begin{aligned}
u_o(t) &= Ku_S^2(t) = KU_{Sm}^2\cos^2\omega_S t \\
&= \frac{K}{2}U_{Sm}^2(1+\cos 2\omega_S t)
\end{aligned}
\tag{6.8.2}
$$

从上式可见，输出电压中包含直流分量和二倍频分量，通过隔直流电容滤除直流分量，可在负载上得到二倍频电压。

倍频器输出信号 $u_o(t)$ 波形如图 6.8.1(b)所示。

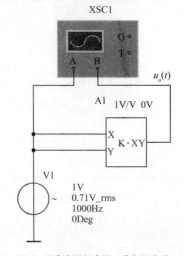

(a) 用乘法器组成的二倍频器电路

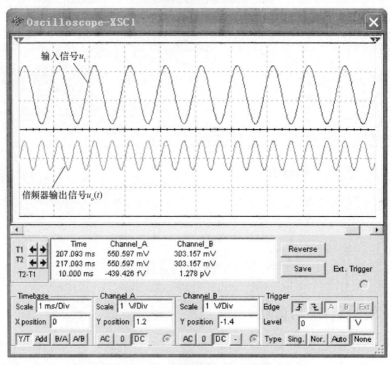

(b) 二倍频器电路输出波形

图 6.8.1 用乘法器组成的二倍频器电路和输出波形

6.8.2 用乘法器组成的二倍频器电路频谱分析

用乘法器组成的二倍频器电路频谱分析电路如图 6.8.2 所示,按 6.7.2 节所介绍的方法设置频谱分析仪参数,单击频谱分析仪可以观察到分析结果。

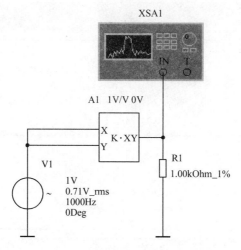

图 6.8.2 二倍频器电路频谱分析电路

6.9 抑制载波双边带调幅(DSB/SC AM)解调电路

要从抑制载波的双边带调幅波检出调制信号 $u_\Omega(t)$ 来,从频谱上看,就是将幅度调制波的边带信号不失真地搬到零频附近。因此,AM 波的解调电路(包括抑制载波的双边带调幅波的解调在内)也属于频谱搬移电路。需要用乘法器来实现这种频谱搬移作用,其电路如图 6.9.1 所示。

DSB/SC AM 波的电压 $u(t)$ 可表示为

$$u(t) = U_{DSB}(t) = Ku_\Omega(t)\cos\omega_c t \tag{6.9.1}$$

本机载波频率 $$u_c(t) = U_{\Omega m}\cos(\omega_c t)$$

两者相乘 $$u_p(t) = U_{DSB}(t) \cdot u_c(t) = Ku_\Omega(t)\cos\omega_C t \cdot U_{\Omega m}\cos\omega_c t$$

$$= \frac{KU_{\Omega m}u_\Omega(t)}{2}[1 + \cos\omega_c t] \tag{6.9.2}$$

其中,第一项包含了所需的调制信号,第二项则是载频为 $2\omega_c$ 的双边带调制信号,用低通滤波器(LPF)将它滤除,即可得到所需的调制信号。

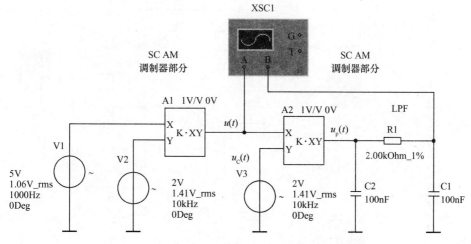

（a）用乘法器组成的抑制载波双边带调幅调制与解调电路

图 6.9.1 用乘法器组成的抑制载波双边带调幅调制与解调电路及波形

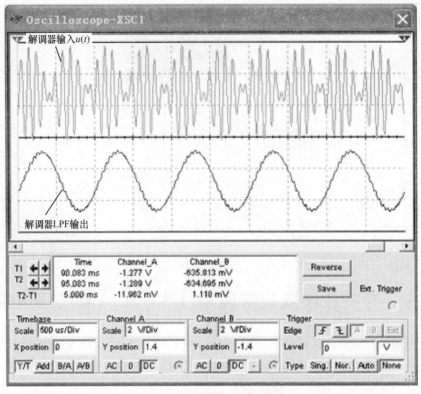

(b) 解调器输入和输出波形

图 6.9.1　用乘法器组成的抑制载波双边带调幅调制与解调电路及波形(续)

6.10　功率测量电路

用乘法器组成的功率测量电路如图 6.10.1 所示,图中输入电压 V1(加在负载电阻 RL 上的电源电压),通过分压电阻加到乘法器的 X 输入端。A1、R1、R2 和 R4 组成电流／电压转换

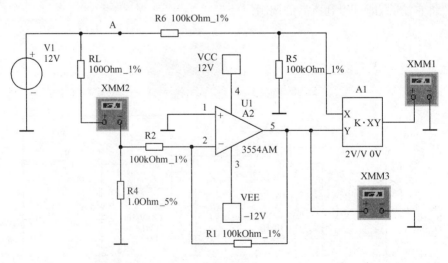

图 6.10.1　用乘法器组成的功率测量电路

电路,将流过负载电阻 RL 上的电流直接转换成 1∶1 的电压,加到乘法器的 Y 输入端。乘法器的比例系数 $K=2$,乘法器的输出电压 $U_o=KU_XU_Y$,数字万用表 XMM1 测量乘法器的输出电压,显示的数字直接表示在负载电阻 RL 上的消耗功率。XMM2 用来测量流过 RL 上的电流,XMM3 用来测量 I/U 转换电路的输出电压,仅在调试中使用。实际应用时,A、B 为输入端。

该电路也可以用于交流功率测量,应注意的是,XMM1 应设置为直流电压挡,XMM1 显示的电压值直接表示 RL 上消耗的功率。

本 章 小 结

模拟乘法器能实现两个互不相关的模拟信号间的相乘功能,是一种普遍应用的非线性模拟集成电路。本章主要内容有:

(1) 模拟乘法器是一个三端口非线性网络,输出特性可表示为 $U_o=KU_XU_Y$,K 为相乘增益。

(2) 在 Multisim10 模拟乘法器模型中,输出电压为

$$U_o=K[X_K(U_X+X_{off})\cdot Y_K(U_Y+Y_{off})]+O_{ff}$$

(3) 由模拟乘法器组成的乘法与平方运算电路。

(4) 由运算放大器和乘法器组成的除法与开平方运算电路。

(5) 由模拟集成乘法器与运算放大器构成的以幂级数形式表示的函数发生电路,其特点是:利用模拟集成乘法器产生函数所需的变量。

(6) 由模拟乘法器组成的普通调幅(AM)电路和抑制载波双边带调幅(DSB/SC AM)调制电路。

(7) 由模拟乘法器组成的振幅键控(ASK)调制电路,完成数字信号对载波振幅调制。

(8) 由模拟乘法器组成的混频器电路,将输入已调波的载频 ω_C 变为中频 ω_I。

(9) 由模拟乘法器组成的倍频器电路,输出频率 f_0 为输入频率整数倍。

(10) 抑制载波双边带调幅(DSB/SC AM)解调电路,利用乘法器来实现这种频谱搬移作用。

(11) 用乘法器组成的功率测量电路,可以完成功率的测量。

掌握模拟乘法器应用电路的仿真设计与分析方法是本章的重点。构成应用电路的基础是模拟乘法器,将模拟乘法器连接在运算放大器的输入回路和负反馈回路上,可以构成各种不同的应用电路。

思考题与习题 6

6.1 简述模拟乘法器的基本概念与特性。

6.2 分析 Multisim10 模拟乘法器模型的特性,进行参数设置。

6.3 如题图 6.1 所示电路,改变乘法器系数,使乘法器输出为 4.3V。

6.4 试用乘法器和运算放大器设计一个开立方运算电路。

6.5 试用乘法器和运算放大器设计一个函数发生器,函数 $f(x)=\sin x$(提示:将 $\sin x$ 展开)。

6.6 试用乘法器和运算放大器设计一个函数发生器,函数 $f(x)=a_0+a_1x+a_2x^2+a_3x^3$。

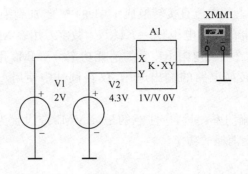

题图 6.1

6.7 试用乘法器和运算放大器设计一个调频电路。

6.8 试用乘法器和运算放大器设计一个鉴相电路。

6.9 试用乘法器和运算放大器设计一个压控三角波与方波发生器电路。

第 7 章　555 定时电路

内容提要

集成定时器 555 电路是一种数字、模拟混合型的中规模集成电路。本章介绍集成定时电路 555 的基本结构与工作原理,以及 555 构成多谐振荡器、模拟声响电路、大范围可变占空比方波发生器电路、数字逻辑笔测试电路、接近开关电路和简单的汽车防盗报警电路与计算机仿真设计方法。

知识要点

555 定时电路工作原理与结构,555 构成的多谐振荡器,555 电路应用电路。

教学建议

本章的重点是掌握 555 应用电路的仿真设计与分析方法。**建议学时数为 2 学时**。通过对模拟声响电路、方波发生器电路、接近开关电路的介绍,掌握 555 应用电路的特点与设计分析方法。555 电路是构成应用电路的基础,基本电路是 555 电路构成的振荡器电路,应用电路多是振荡器电路的变形。

7.1　555 构成的多谐振荡器

集成定时器 555 电路是一种数字、模拟混合型的中规模集成电路,其电路类型有双极型和 CMOS 型两大类,二者的结构与工作原理类似。几乎所有的双极型产品型号最后的 3 位数码都是 555 或 556;所有的 CMOS 产品型号最后 4 位数码都是 7555 或 7556,二者的逻辑功能和引脚排列完全相同。555 和 7555 是单定时器,556 和 7556 是双定时器。双极型的电源电压 $V_{CC}=5\sim15\text{V}$,输出的最大电流可达 200mA,CMOS 型的电源电压为 $3\sim18\text{V}$。

由 555 定时器和外接元件 R1、R2、C 构成的多谐振荡器如图 7.1.1 所示,引脚 2 与引脚 6 直接相连。电路没有稳态,仅存在两个暂稳态,电路也不需要外加触发信号,利用电源通过 R1、R2 向 C 充电,以及 C 通过 R1 放电,使电路产生振荡。电容 C 在 $\frac{1}{3}V_{CC}$ 和 $\frac{2}{3}V_{CC}$ 之间充电和放电,其波形如图 7.1.2 所示。输出信号的时间参数为

$$T_1=0.7(R_1+R_2)C, T_2=0.7R_2C, T=T_1+T_2$$

LM555CN 电路要求 R_1 与 R_2 均应大于或等于 $1\text{k}\Omega$,但 R_1+R_2 应小于或等于 $3.3\text{M}\Omega$。

7.2　模拟声响电路

图 7.2.1 所示为由两个多谐振荡器构成的模拟声响发生器。调节定时元件 R1、R2、C2,使第 1 个振荡器的振荡频率为 714Hz,调节 R3、R4、C4,使第 2 个振荡器的振荡频率为 10kHz。由于低频振荡器的输出端 3 接到高频振荡器的复位端 4,因此当振荡器 U1 的输出电

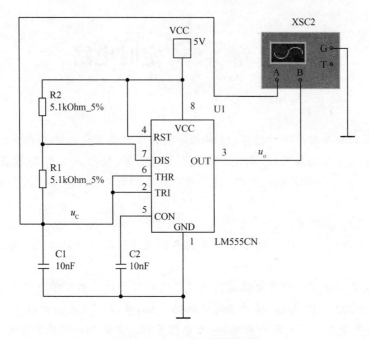

图 7.1.1　多谐振荡器电路

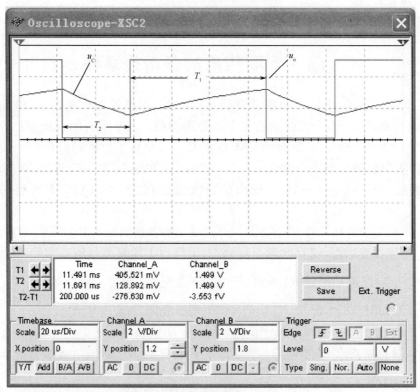

图 7.1.2　u_C 和 u_o 端输出波形

压 u_{o1} 为高电平时，振荡器 U2 就振荡；u_{o1} 为低电平时，振荡器 U2 停止振荡。接通电源，试听音响效果。调换外接阻容元件，再试听音响效果，从而扬声器便发出"呜……呜……"的间隙声响。单击示波器图标，可以观察到 u_{o1} 和 u_o 的波形。

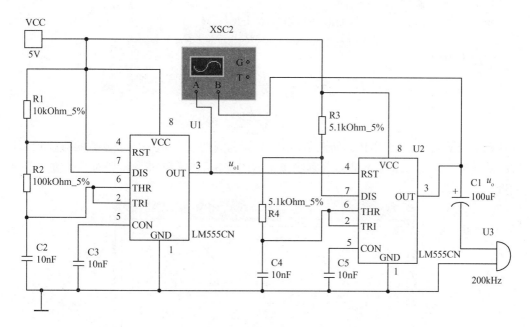

图 7.2.1　模拟声响发生器电路

7.3　大范围可变占空比方波发生器电路

电路如图 7.3.1 所示，555 与 R1、R2、RP、VD1、VD2、C1 组成无稳态多谐振荡器。VD1、VD2 分别为充电和放电回路的导引管。

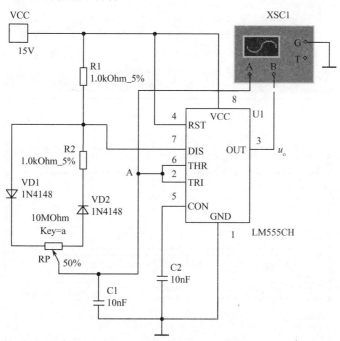

图 7.3.1　大范围可变占空比方波发生器

该电路充、放时间分别为

$$t_{充} = 0.693(R_1 + R_{RP左})C_1$$

$$t_{放} = 0.693(R_2 + R_{RP右})C_1$$
$$T = t_{充} + t_{放} = 0.693(R_1 + R_2 + R_{RP})C_1$$

占空比 D 则为

$$D_{min} = \frac{t_{充}}{T} = \frac{R_1}{R_1 + R_2 + R_{RP}} \approx 0.01\%$$

$$D_{max} = \frac{t_{充}}{T} = \frac{R_1 + R_{RP}}{R_1 + R_2 + R_{RP}} \approx 99.9\%$$

从以上公式可见,不管 RP 如何调节,不影响振荡周期 T 的值。图示参数的振荡频率约为 14Hz,图 7.3.2、图 7.3.3 用示波器分别测出了 RP 调节在 5%和 95%位置时 A 点的波形和输出波形。

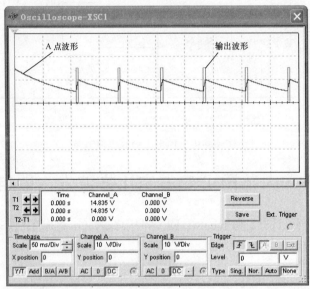

图 7.3.2　RP 电位器调节在 5%位置时的波形

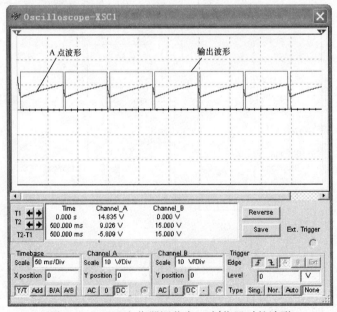

图 7.3.3　RP 电位器调节在 95%位置时的波形

7.4 数字逻辑笔测试电路

利用 555 电路的触发端(引脚 2)和阈值端的置位和复位特性,可组成对数字逻辑的状态是否正常进行检测的测试笔,电路如图 7.4.1 所示。

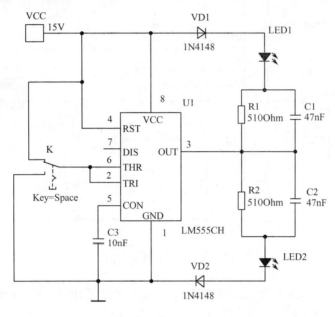

图 7.4.1 数字逻辑笔测试电路

本例中的探头用开关 K 来代替,通过空格键控制(引脚 2、6)高、低电平的输入。当探头输入为低电平"0"时,LED2(绿)亮,当输入高电平"1"时,LED1(红)亮。由 R1C1、R2C2 组成的网络为加速网络。该逻辑笔适用于 TTL、CMOS 等数字电路的测试,VCC 在 5~15V 内任选。

7.5 接近开关电路

接近开关电路如图 7.5.1 所示,接近开关以 555 为核心组成单稳触发电路。555 的触发端引脚 2 通过大电阻 R1 接 VCC,处于等待触发状态。当人体接近或触摸金属板电极时,由于感应信号,555 被触发,输出一单稳脉冲。C1 用于抗干扰滤波。

该电路可用于家用电器、玩具或报警电路中。本例中触摸金属板电极用开关 K 代替。

7.6 简单的汽车防盗报警电路

简单的汽车防盗报警电路如图 7.6.1 所示,报警电路由一只双时基电路 556 和少量 R、C 元件、继电器、门开关组成。556 中每个时基电路组成一个单稳延时电路,延时时间为 $t = 1.1RC$,图示参数的延时时间约为 10s,换句话说,允许汽车主人短时内出和入。当主人关门外出后,门开关和控制开关闭合,两个时基电路的输出端(5、9 脚)皆成高电平,继电器 J 不动作。当盗车者破门而入时,开关起开,则 C1、C2 各自通过 R1 及 R3 充电,当复位端引脚 2、12 的电

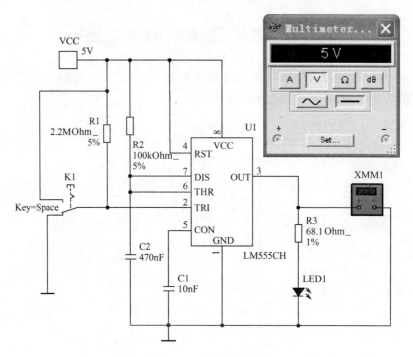

图 7.5.1 接近开关电路

压超过 $\frac{2}{3}V_{CC}=8\text{V}$ 时,电路置位,输出端引脚 5、引脚 9 皆成低电平,则 VT 导通,继电器吸合,其接点接通,将报警电路的电源接通。在本例中,继电器用发光二极管替代。

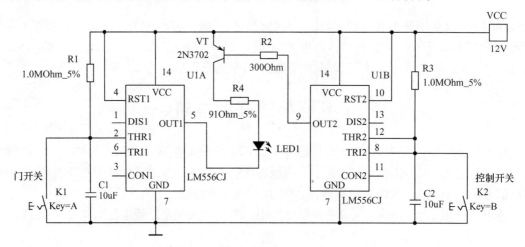

图 7.6.1 简单的汽车防盗报警电路

本 章 小 结

集成定时器 555 电路是一种数字、模拟混合型的中规模集成电路,是一种能够产生时间延迟和多种脉冲信号的电路,应用十分广泛。本章主要内容有:

(1) 集成定时器 555 电路工作原理。

（2）集成定时器 555 电路构成多谐振荡器。

（3）模拟声响电路由集成定时器 555 电路构成的两个多谐振荡器组成。

（4）集成定时器 555 电路构成的大范围可变占空比方波发生器电路。

（5）集成定时器 555 电路构成的数字逻辑笔测试电路。

（6）集成定时器 555 电路构成的接近开关电路。

（7）集成定时器构成的简单汽车防盗报警电路。

掌握 555 电路应用电路的仿真设计与分析方法是本章的重点。555 电路构成的振荡器电路是基本的电路形式，应用电路多是振荡器电路的变形。

思考题与习题 7

7.1　在什么元件库中选择扬声器？为了与电路输出端匹配应如何设置扬声器的参数？

7.2　在 Multisim 仿真软件上建立一个由运放、RS 触发器、三极管及若干个电阻组成的 555 原理电路。

7.3　在 Multisim 仿真软件上用 555 定时器设计一个单稳态触发器，给定输入触发信号的重复频率为 500Hz，要求输出脉冲宽度为 0.5ms，请选择定时元件 R、C，并用示波器观察定时元件 C 端及输出端的波形。

7.4　在 Multisim 仿真软件上用 555 定时器设计一个多谐振荡器电路，要求振荡输出频率为 10MHz。用示波器测出振荡频率。

7.5　在 Multisim 仿真软件上用 555 定时器设计一个大范围可变占空比方波发生器电路，并用示波器测出其占空比的时间变化范围。

7.6　在 Multisim 仿真软件上用 555 定时器建立如题图 7.1 所示模拟声响电路。（1）用示波器观察第一级、第二级的波形并测出其频率。（2）分别改变电阻 R1、R2、R3、R4 的值，用示波器观察第一级、第二级的波形并测出其频率。（3）分别改变电容 C2、C4 的值，用示波器观察第一级、第二级的波形并测出其频率。

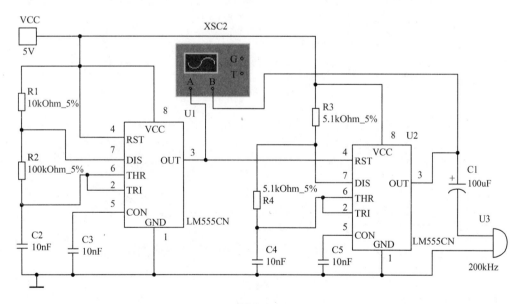

题图 7.1

7.7　在 Multisim 仿真软件上用 555 定时器建立如题图 7.2 所示的双音电子门电路。（1）用示波器观察 A、B 点的波形；（2）倾听扬声器发出的双音频率。

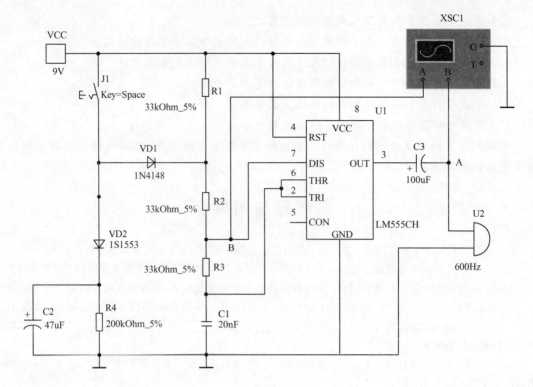

题图 7.2

第8章 门 电 路

内容提要

用来实现基本逻辑运算和复合逻辑运算的单元电路统称为门电路。本章介绍门电路的基本性质,编码器电路,译码器电路,数据选择器电路,加法器电路,数值比较器电路,用门电路实现的 ASK 幅度键控调制电路,用门电路实现的 FSK 频率键控调制电路,用门电路实现的 PSK 相位选择法调制电路,竞争冒险现象的分析与消除及计算机仿真设计方法。

知识要点

门电路的基本特性,门电路组成的组合逻辑电路,用门电路实现的数字调制电路,竞争冒险现象。

教学建议

本章的重点是掌握门电路组成的应用电路的仿真设计与分析方法。**建议学时数为 2 学时**。通过对编码器、译码器、加法器电路和数值比较器电路,ASK 调制、FSK 调制电路和 PSK 调制电路,竞争冒险现象的分析与消除方法介绍,掌握门电路组成的应用电路的结构特点与设计分析方法。门电路是构成应用电路的基础,与门、或门、非门是基本的门电路,将各种应用要求转换成组合逻辑函数,根据组合逻辑函数选择门电路可以组成各种应用电路。

8.1 门电路的应用

一个采用门电路构成的故障报警器电路如图 8.1.1 所示。该电路主要用于自控设备中的自动报警,也可用作防盗报警器。电路中,使用一片四 2 输入端或非门集成电路 CC4001BD,晶体三极管 VT 和扬声器等构成故障报警器。其中,门 U1A、门 U1C 为或非门连接,门 U1B、门 U1D 为反相器连接。

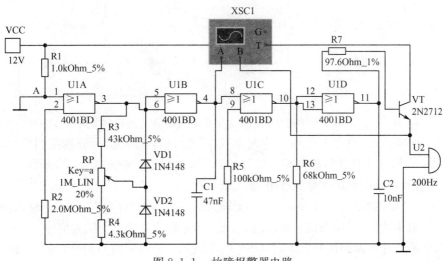

图 8.1.1　故障报警器电路

电路中 CC4001BD 的门 U1A 和门 U1B 组成一个低频振荡器,门 U1C 和门 U1D 组成一个音频振荡器。在 A 点外加低电平"0"状态来控制低频振荡器工作,音频振荡器则由低频振荡器输出来控制。平时 A 点通过 12V 电源及上拉电阻 R1 处于高电平"1"状态,低频振荡器不起振,其引脚 4 输出为高电平,故音频振荡器不起振,故障报警器不工作;当 A 点出现低电平"0"状态时,低频振荡器工作,门 U1B 输出低电平,由门 U1C 和门 U1D 构成的音频振荡器开始工作,并通过驱动 VT 使扬声器发出调制的变调音响,产生报警信号。电路中 RP、R3、R4、VD1、VD2 及 C1 构成占空比调整电路,用于调整音响变调时间。

8.2 编码器电路

用两片 74LS148 接成 16/4 线优先编码器电路如图 8.2.1 所示,将 $\overline{Y}_0 \sim \overline{Y}_{15}$ 16 个低电平输入信号编为 0000~1111 16 个 4 位二进制代码。其中,$\overline{Y}_{15}$ 的优先权最高,$\overline{Y}_0$ 的优先权最低。

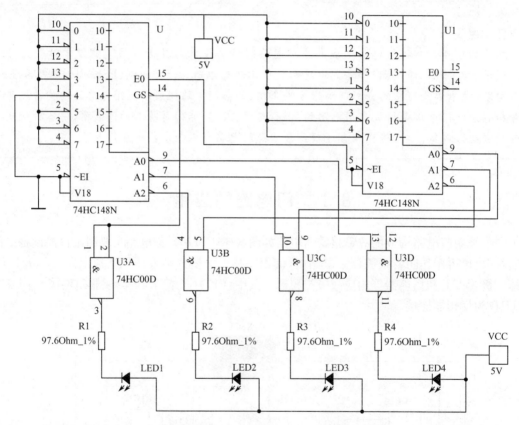

图 8.2.1 用两片 74LS148 接成 16/4 线优先编码器电路

由于每片 74LSl48 只有 8 个编码输入,所以需将 16 个输入信号分别接到两片 74LS148 上。现将 $\overline{Y}_{15} \sim \overline{Y}_8$ 8 个优先权高的输入信号接到第 1 片(U)的输入端 0~7,而将 $\overline{Y}_7 \sim \overline{Y}_0$ 8 个优先权低的输入信号接到第 2 片(U1)的输入端 0~7。

按照优先顺序的要求,只有 $\overline{Y}_{15} \sim \overline{Y}_8$ 均无输入信号时,才允许对 $\overline{Y}_7 \sim \overline{Y}_0$ 的输入信号编码。因此,只要把第 1 片的"无编码信号输入"信号 E0 作为第 2 片的选通输入信号－EI。

此外,当第 1 片有编码信号输入时,GS＝0,无编码信号输入时 GS＝1,正好可以用它作为输出编码的第 4 位,以区分 8 个高优先权输入信号和 8 个低优先权输入信号的编码。

由图 8.2.1 可见,当 $\overline{Y}_{15}\sim\overline{Y}_8$ 中任一输入端为低电平时,例如 $\overline{Y}_{11}=0$,则片(U)GS$=0$,$Z_3=1$,$\overline{A}_2\,\overline{A}_1\,\overline{A}_0=011$。同时片(U)的 E0$=1$,将片(U1)封锁,使它的输出 $\overline{A}_0\,\overline{A}_1\,\overline{A}_2=111$。$\overline{Y}_{15}\sim\overline{Y}_8$ 于是在最后的输出端得到 $Z_3Z_2Z_1Z_0=1011$。如果 $\overline{Y}_{15}\sim\overline{Y}_8$ 中同时有几个输入端为低电平,则只对其中优先权最高的一个信号编码。其他编码结果读者可通过仿真观察。

在进行仿真时要注意调节二极管的参数,本例调节二极管的端电压为 3V 时,发光二极管亮。

8.3　译码器电路

8.3.1　变量译码器

变量译码器的特点:对应于输入的每一位二进制码,译码器只有确定的一条输出线有信号输出。这类译码芯片有 2/4 线译码器 74LS139,3/8 线译码器 74LS138、74LS137、74LS237、74LS238、74LS538,4/16 线译码器 MC74154、MC74159、4514、4515 等。

在 3/8 线译码器 74LS138 中,A_2、A_1、A_0 为地址输入端,$\overline{Y}_0\sim\overline{Y}_7$ 为译码输出端,G1(S_1)、G2A($\overline{S}_2$)、G2B($\overline{S}_3$)为使能端。当 G1(S_1)$=1$,G2A($\overline{S}_2$)$+$G2B($\overline{S}_3$)$=0$ 时,器件使能,地址码所指定的输出端有信号(为 0)输出,其他所有输出端均无信号(全为 1)输出。当 G1(S_1)$=0$,G2A($\overline{S}_2$)$+$G2B($\overline{S}_3$)$=\times$ 时,或 G1(S_1)$=\times$,G2A($\overline{S}_2$)$+$G2B($\overline{S}_3$)$=1$ 时,译码器被禁止,所有输出同时为 1(括号中的符号为实际芯片中的符号)。

二进制译码器实际上也是负脉冲输出的脉冲分配器。若利用使能端中的一个输入端输入数据信息,器件就成为一个数据分配器(又称多路分配器),如图 8.3.1 所示。若在 G1(S_1)输入端输入数据信息,G2A($\overline{S}_2$)$=$G2B($\overline{S}_3$)$=0$,地址码所对应的输出是 G1(S_1)数据信息的反码;若从 G2A($\overline{S}_2$)端输入数据信息,令 G1(S_1)$=1$,G2B($\overline{S}_3$)$=0$,地址码所对应的输出就是 G2A($\overline{S}_2$)端数据信息的原码(括号中的符号是实际芯片中的符号)。若数据信息是时钟脉冲,则数据分配器便成为时钟脉冲分配器。

根据输入地址的不同组合译出唯一地址,故可用作地址译码器。接成多路分配器,可将一个信号源的数据信息传输到不同的地点。

二进制译码器还可以实现组合逻辑函数,如图 8.3.2 所示,实现的逻辑函数为

$$Z=\overline{A}\,\overline{B}\,\overline{C}+\overline{A}B\,\overline{C}+A\,\overline{B}C+ABC$$

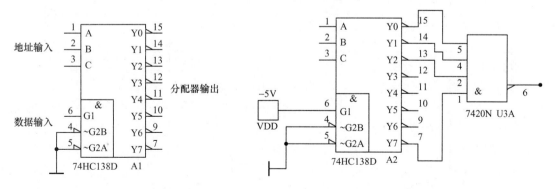

图 8.3.1　数据分配器　　　　　　　图 8.3.2　实现逻辑函数

利用使能端能方便地将两个 3/8 线译码器组合成一个 4/16 线译码器,如图 8.3.3 所示。

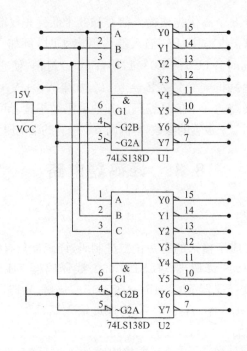

图 8.3.3　用两个 3/8 线译码器组合成一个 4/16 线译码器电路

8.3.2　译码器驱动指示灯电路

74145 是 BCD 码到十进制数译码器,其逻辑功能见表 8.3.1,其中×为随意态。74145 为集电极开路输出型的电路,其吸收大电流的能力较强且输出管具有高的击穿电压。用 74145 选择驱动指示灯和继电器的电路如图 8.3.4 所示。

表 8.3.1　74145 逻辑功能

N	输入				输出									
	D	C	B	A	0	1	2	3	4	5	6	7	8	9
0	0	0	0	0	0	1	1	1	1	1	1	1	1	1
1	0	0	0	1	1	0	1	1	1	1	1	1	1	1
2	0	0	1	0	1	1	0	1	1	1	1	1	1	1
3	0	0	1	1	1	1	1	0	1	1	1	1	1	1
4	0	1	0	0	1	1	1	1	0	1	1	1	1	1
5	0	1	0	1	1	1	1	1	1	0	1	1	1	1
6	0	1	1	0	1	1	1	1	1	1	0	1	1	1
7	0	1	1	1	1	1	1	1	1	1	1	0	1	1
8	1	0	0	0	1	1	1	1	1	1	1	1	0	1
9	1	0	0	1	1	1	1	1	1	1	1	1	1	0
×	1	0	1	0	1	1	1	1	1	1	1	1	1	1
×	1	0	1	1	1	1	1	1	1	1	1	1	1	1
×	1	1	0	0	1	1	1	1	1	1	1	1	1	1
×	1	1	0	1	1	1	1	1	1	1	1	1	1	1
×	1	1	1	0	1	1	1	1	1	1	1	1	1	1
×	1	1	1	1	1	1	1	1	1	1	1	1	1	1

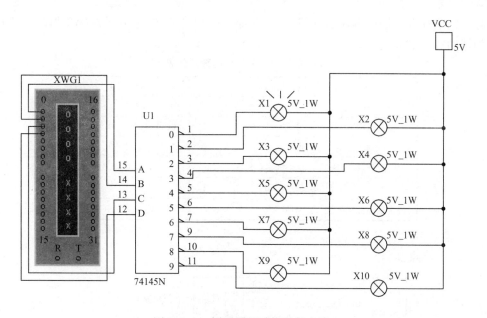

图 8.3.4　译码器驱动指示灯电路

该电路中字信号输入操作：双击字信号图标，出现如图 8.3.5 所示的对话框。字信号参数设置方法请参照 1.5.7 节字信号发生器内容。

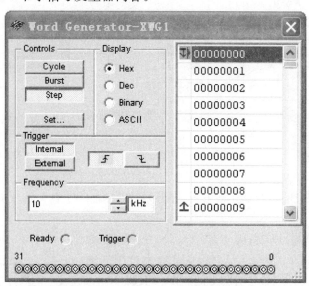

图 8.3.5　字信号发生器对话框

本例设置起始地址是 0000，终止地址是 0009。字信号的输出方式为 Step（单步），单击一次 Step 按钮，字信号输出一条。这种方式可用于对电路进行单步调试，便于观察电路变化状态。

8.4　数据选择器及其应用

8.4.1　用数据选择器 74LS153 实现的全加器电路

用 74LS153 组成的全加器电路如图 8.4.1 所示，全加器函数功能表见表 8.4.1，74LS153

的引脚 7 是全加器的进位端输出，引脚 9 是全加器的和输出，电路中开关"A"、"B"、"C"分别表示全加器的"A_i"、"B_i"、"C_{i-1}"。

表 8.4.1　全加器函数功能表

A_i	0	0	0	0	1	1	1	1
B_i	0	0	1	1	0	0	1	1
C_{i-1}	0	1	0	1	0	1	0	1
S_i	0	1	1	0	1	0	0	1
和输出接线方法	$2C0=C_{i-1}$		$2C1=\overline{C}_{i-1}$		$2C2=\overline{C}_{i-1}$		$2C3=C_{i-1}$	
C_i	0	0	0	1	0	1	1	1
进位输出接线方法	$1C0=0$		$1C1=C_{i-1}$		$1C2=C_{i-1}$		$1C3=1$	

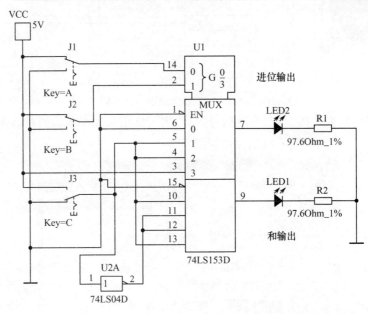

图 8.4.1　用 74LS153 组成的全加器电路

双 4 选 1 数据选择器 74LS153 在一块芯片上集成了两个 4 选 1 数据选择器，功能见表 8.4.2。

74LS153 的引脚端：$1\overline{S}$（引脚 1 EN））、$2\overline{S}$（引脚 15）为两个独立的使能端；A_1（引脚 2）、A_0（引脚 14）为公用的地址输入端；$1D_0$（引脚 6）～$1D_3$（引脚 3）和 $2D_0$（引脚 10）～$2D_3$（引脚 13）分别为两个 4 选 1 数据选择器的数据输入端；Q_1（引脚 7）、Q_2（引脚 8）为两个输出端。

① 当使能端 $1\overline{S}(2\overline{S})=1$ 时，多路开关被禁止，无输出，$Q=0$。

② 当使能端 $1\overline{S}(2\overline{S})=0$ 时，多路开关正常工作，根据地址码 A_1、A_0 的状态，将相应的数据 $D_0 \sim D_3$ 送到输出端 Q。

表 8.4.2　74LS153 功能表

输　入			输　出
$\overline{S}$	A_1	A_0	Q
1	×	×	0
0	0	0	D_0
0	0	1	D_1
0	1	0	D_2
0	1	1	D_3

例如，$A_1 A_0=00$，则选择 D_0 数据到输出端，即 $Q=D_0$。$A_1 A_0=01$，则选择 D_1 数据到输出端，即 $Q=D_1$，其余类推。

8.4.2　通道顺序选择电路

用数据选择器74LS153(双4选1)和JK触发器74LS73N组成的4通道顺序选择器电路如图8.4.2所示,触发器组成的计数器对时钟脉冲CP计数,周而复始地进行00～11的计数,其输出使74LS153顺序将$1D_0$～$1D_3$选中,引脚7为输出端,依次按位得到数据输出$1D_0$～$1D_3$,1CLR端可对计数器清零。

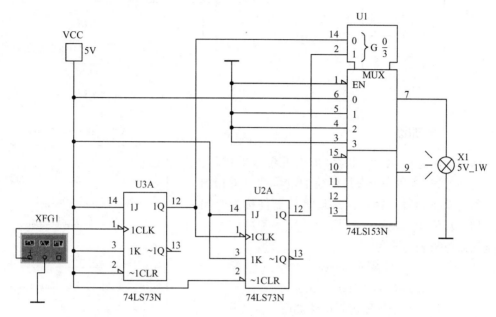

图8.4.2　通道顺序选择电路

电路中信号发生器是用来提供时钟脉冲的,因此在设置参数时应注意,信号发生器的输出信号为方波,幅值不能太小,一般情况应大于或等于3V,频率选择为1Hz,这样便于观察灯泡的亮、灭。

电路中的灯泡选择:单击指示部件库中的灯泡图标显示对话框,在对话框中选择5V,1W的灯泡放入电路中。其工作电压及功率不可设置,额定电压(即显示在灯泡旁的电压参数)对交流而言是指其最大值。当加在灯泡上的电压大于(不能等于)额定电压的50%至额定电压时,灯泡一边亮;而大于额定电压至150%额定电压值时,灯泡两边亮;而当外加电压超过电压150%额定电压值时,灯泡被烧毁。灯泡烧毁后不能恢复,只有选取新的灯泡。对直流而言,灯泡发出稳定的灯光,对交流而言,灯泡将一闪一闪地发光。

8.5　加　法　器

8.5.1　半加器

如果不考虑有来自低位的进位,将两个1位二进制数相加,称为半加。实现半加运算的电路称为半加器。

按照二进制加法运算规则可以列出如表8.5.1所示的半加器真值表。其中,A、B是两个加数,S是相加的和,C是向高位的进位。将S、C和A、B的关系写成逻辑表达式,则得

$$S=\overline{A}B+A\,\overline{B}=A\oplus B$$
$$C=AB$$

因此半加器是由一个异或门和一个与门组成的,如图8.5.1所示。

表 8.5.1 半加器真值表

输 入		输 出	
A	B	S	C
0	0	0	0
0	1	1	0
1	0	1	0
1	1	0	1

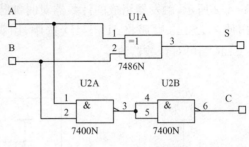

图 8.5.1 半加器逻辑图

8.5.2 全加器

表 8.5.2 全加器真值表

输 入			输 出	
C_0	B	A	S	C
0	0	0	0	0
0	0	1	1	0
0	1	0	1	0
0	1	1	0	1
1	0	0	1	0
1	0	1	0	1
1	1	0	0	1
1	1	1	1	1

实际的加法运算,必须同时考虑由低位来的进位,这种由被加数、加数和一个来自低位的进位数三者相加的运算称为全加运算。执行这种运算的器件称为全加器。全加器真值表如表8.5.2所示。

全加器逻辑表达式为

$$S=C_0\oplus(A\oplus B)$$
$$C=C_0(A\oplus B)+AB$$

由门电路组成的全加器逻辑电路如图8.5.2所示。

电路仿真,双击逻辑转换仪图标,弹出如图8.5.3所示逻辑转换仪面板。逻辑转换仪的使用方法参见1.5.9节(逻辑转换仪)。图中测出的是和S的结果,若要测出向高位进位的结果,则把测试线改接到进位C端,便得到向高位进位的结果。

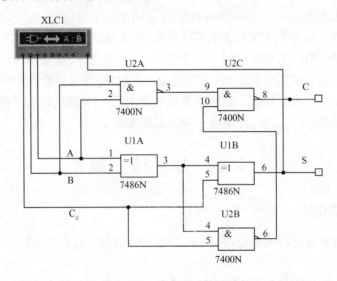

图 8.5.2 全加器逻辑电路

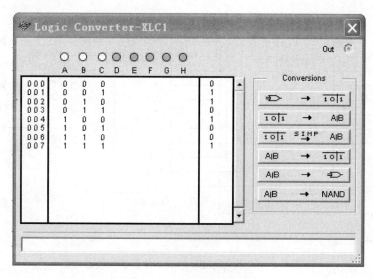

图 8.5.3　逻辑转换仪面板

8.6　数值比较器

8.6.1　1 位数值比较器

门电路组成的 1 位数值比较器电路如图 8.6.1 所示,两个 1 位二进制数 A 和 B 相比较有 3 种可能:①A>B(即 A=1,B=0),则 $A\overline{B}=1$,故可以用 $A\overline{B}$ 作为 A>B 的输出信号 $Y_{(A>B)}$;②A<B(即 A=0,B=1),则 $\overline{A}B=1$,故可以用 $\overline{A}B$ 作为 A<B 的输出信号 $Y_{(A<B)}$;③A=B,则 $A\odot B=1$,故可以用 $A\odot B$ 作为 A=B 的输出信号 $Y_{(A=B)}$。

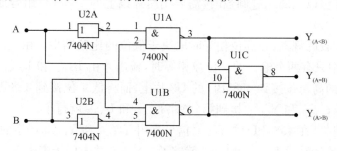

图 8.6.1　1 位数值比较器

8.6.2　多位数值比较器

用两片 4585BD 接成 8 位数值比较器电路如图 8.6.2 所示。

4585BD 的逻辑表达式为

$$Y_{(A<B)} = \overline{A}_3 B_3 + (A_3 \odot B_3)\overline{A}_2 B_2 + (A_3 \odot B_3)(A_2 \odot B_2)\overline{A}_1 B_1 +$$
$$(A_3 \odot B_3)(A_2 \odot B_2)(A_1 \odot B_1)\overline{A}_0 B_0 +$$
$$(A_3 \odot B_3)(A_2 \odot B_2)(A_1 \odot B_1)(A_0 \odot B_0) I_{(A<B)}$$

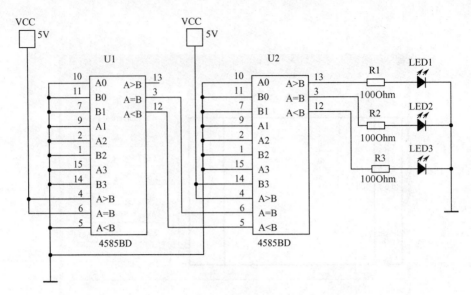

图 8.6.2 两片 4585BD 接成 8 位数值比较器电路

$$Y_{(A=B)} = (A_3 \odot B_3)(A_2 \odot B_2)(A_1 \odot B_1)(A_0 \odot B_0) I_{(A=B)}$$

$$Y_{(A>B)} = \overline{Y_{(A<B)} + Y_{(A=B)}}$$

式中，$Y_{(A<B)}$、$Y_{(A=B)}$、$Y_{(A>B)}$ 是总的比较结果，$A_3 A_2 A_1 A_0$ 和 $B_3 B_2 B_1 B_0$ 是两个相比较的 4 位数的输入端。$I_{(A<B)}$、$I_{(A=B)}$、$I_{(A>B)}$ 是扩展端，供片间连接时用。只比较两个 4 位数时，将扩展端 $I_{(A<B)}$ 接低电平，$I_{(A=B)}$、$I_{(A>B)}$ 接高电平，即 $I_{(A<B)} = 0$、$I_{(A=B)} = I_{(A>B)} = 1$。这时上式中 $Y_{(A<B)}$ 中的最后一项为 0，其余 4 项分别表示了 $A<B$ 的 4 种可能情况，即 $A_3 < B_3$；$A_3 = B_3$，$A_2 < B_2$；$A_2 = B_2$，$A_1 < B_1$；$A_1 = B_1$，$A_0 < B_0$。

式 $Y_{(A=B)}$ 中表明，只有 A 和 B 的每一位都相等时，A 和 B 才相等。

式 $Y_{(A>B)}$ 则说明，若 A 和 B 比较的结果既不是 $A<B$ 又不是 $A=B$，则必为 $A>B$。

在比较两个 4 位以上的二进制数时，需要用两片以上的 4585BD 组合成位数更多的数值比较电路。

根据多位数比较的规则，在高位相等时取决于低位的比较结果。由式 $Y_{(A<B)}$ 和式 $Y_{(A=B)}$ 又知，在 4585BD 中只有两个输入的 4 位数相等时，输出才由 $I_{(A<B)}$ 和 $I_{(A=B)}$ 的输入信号决定。因此，在将两个数的高 4 位接到 4585BD 的 U2 片上，而将低 4 位接到 4585BD 的 U1 片上时，只需把第（1）片的 $Y_{(A<B)}$ 和 $Y_{(A=B)}$ 接到第（2）片 $I_{(A<B)}$ 和 $I_{(A=B)}$ 就行了。

由式 $Y_{(A>B)}$ 可见，在 4585BD 中 $Y_{(A>B)}$ 信号是用 $Y_{(A<B)}$ 和 $Y_{(A=B)}$ 产生的，因此在扩展连接时，只需输入低位比较结果 $I_{(A<B)}$ 和 $I_{(A=B)}$ 就够了。$Y_{(A>B)}$ 并未用于产生 $Y_{(A>B)}$ 的输出信号，它仅仅是一个控制信号。当 $I_{(A>B)}$ 为高电平时，允许有 $Y_{(A>B)}$ 信号输出，而当 $I_{(A>B)}$ 为低电平时，$Y_{(A>B)}$ 输出端被封锁在低电平。因此，正常工作时应使 $I_{(A>B)}$ 端处于高电平。

目前生产的数值比较器产品中，也有采用其他电路结构形式的。因为电路结构不同，扩展输入端的用法也不完全一样，使用时应注意加以区别。

8.7 用门电路实现的 ASK 调制电路

用门电路实现的 ASK 键控调制电路如图 8.7.1 所示。用 XFG1 信号发生器作为基带信号,XFG2 作为周期方波源,与门 74LS08D 作为键控开关。输入波形与输出波形如图 8.7.2 所示。

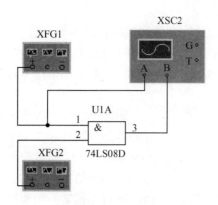

图 8.7.1 用门电路实现的 ASK 键控调制电路

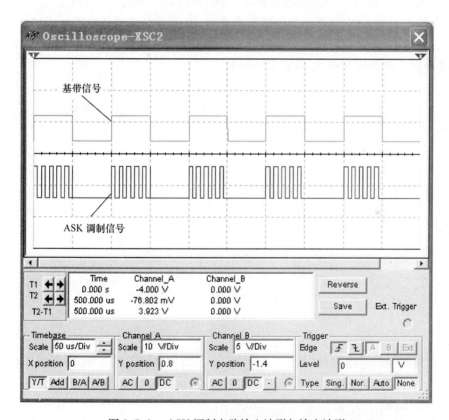

图 8.7.2 ASK 调制电路输入波形与输出波形

8.8 FSK 调制电路

频移键控(FSK)是用不同频率的载波来传送数字信号,用数字基带信号控制载波信号的频率。二进制频移键控是用两个不同频率的载波来代表数字信号的两种电平。接收端收到不同的载波信号再进行逆变换成为数字信号,完成信息传输过程。

8.8.1　FSK 信号的产生

FSK 信号的产生有两种方法:直接调频法和频率键控法。直接调频法是用数字基带信号直接控制载频振荡器的振荡频率。频率键控法也称频率选择法,图 8.8.1 所示为实现频率键控法的原理框图。电路中有两个独立的振荡器,数字基带信号控制转换开关,选择不同频率的高频振荡信号实现 FSK 调制。

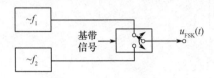

图 8.8.1　频率键控法的原理框图

频率键控法也常常利用数字基带信号去控制可控分频器的分频比来改变输出载波频率,从而实现 FSK 调制。图 8.8.2 所示为一个 11/13 可控分频器原理图。当数字基带信号为"1"时,第四级双稳态电路输出的反馈脉冲被加到第一级和第二级双稳态电路上,此时分频比为 13;当基带信号为"0"时,第四级双稳态电路输出的反馈脉冲被加到第一级和第三级双稳态电路上,分频比变为 11。由于分频比改变,使输出信号频率变化,从而实现 FSK 调制。采用可变分频器产生的 FSK 信号相位通常是连续的,因此在基带信息变化时,FSK 信号会出现过渡频率。为减小过渡时间,可变分频器应工作于较高的频率,而在可变分频器后再插入固定分频器,使输出频率满足 FSK 信号要求的频率。

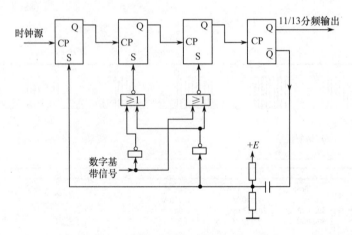

图 8.8.2　利用可变分频器实现 FSK 调制

FSK 信号有相位不连续和相位连续两种情况。相位不连续的 FSK 信号可以视为两个频率分别为 f_1 和 f_2 的 ASK 信号的叠加,如图 8.8.3 所示。

8.8.2　用门电路实现的 FSK 调制电路

用门电路实现的 FSK 键控调制电路如图 8.8.4 所示。用 XFG3 信号发生器作为基带信号,XFG1 作为时钟源 1,产生频率为 f_1 的信号。XFG2 作为时钟源 2,产生频率为 f_2 的信号。与门 74LS08D 的 U1A 和 U1B 作为键控开关。输入波形与输出波形如图 8.8.5 所示。

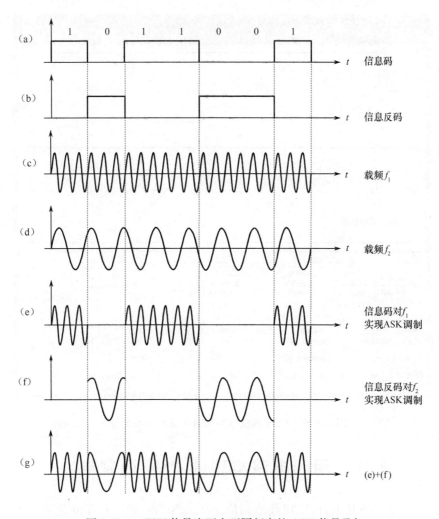

图 8.8.3　FSK 信号为两个不同频率的 ASK 信号叠加

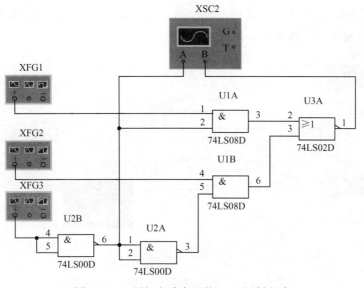

图 8.8.4　用门电路实现的 FSK 调制电路

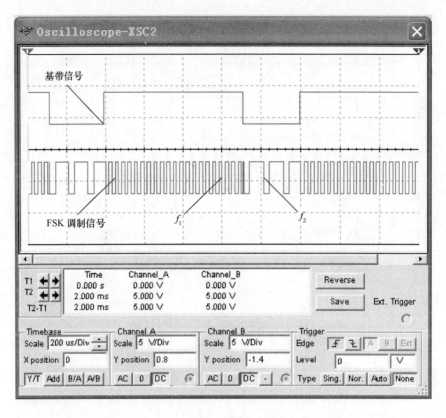

图 8.8.5   FSK 调制电路的输入波形与输出波形

8.9   用门电路实现的 PSK 调制电路

对于一个二进制的 PSK,可以用载波相位 π 代表"0"码,载波相位 0 代表"1"码。用门电路实现的 PSK 相位选择法调制电路如图 8.9.1 所示。用 XFG2 信号发生器作为基带信号。XFG1 作为振荡器信号源,产生频率为 f_1 的信号。与门 74LS08D 的 U1A 和 U1B 作为键控开关。输入波形与输出波形如图 8.9.2 所示。

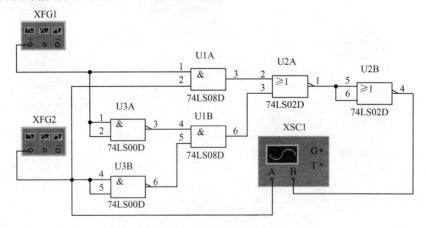

图 8.9.1   用门电路实现的 PSK 调制电路

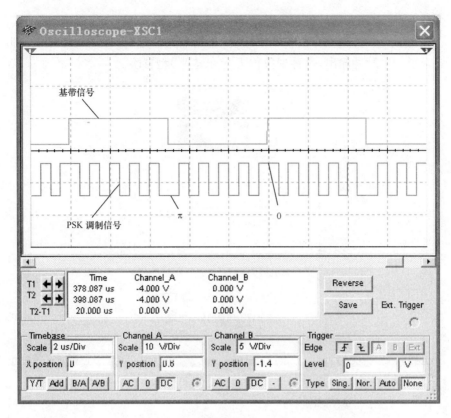

图 8.9.2　PSK 调制电路输入波形与输出波形

8.10　竞争冒险现象分析与消除

8.10.1　竞争冒险现象

在由门电路组成的组合逻辑电路中,输入信号的变化传输到电路各级门电路时,由于门电路存在传输延时时间和信号状态变化的速度不一致等现象,使信号的变化出现快慢的差异,这种先后所形成的时差称为竞争。竞争的结果是使输出端可能出现错误信号,这种现象称为冒险。有竞争不一定有冒险,但有冒险一定存在竞争。

利用卡诺图可以判断组合逻辑电路是否可能存在竞争冒险现象,具体做法如下:根据逻辑函数的表达式,作出其卡诺图,若卡诺图中填 1 的格所形成的卡诺图有两个相邻的圈相切,则该电路就存在竞争冒险的可能性。

组合逻辑电路存在竞争就有可能产生冒险,造成输出的错误动作。因此,在设计组合逻辑电路时,必须分析竞争冒险现象产生的原因,解决电路设计中的问题,杜绝竞争冒险现象的产生。常用的消除竞争冒险的方法有:加取样脉冲,消除竞争冒险;修改逻辑设计,增加冗余项;在输出端接滤波电容;加封锁脉冲等。

8.10.2　竞争冒险现象的仿真

1. 竞争冒险现象的仿真电路示例 1

竞争冒险现象的仿真电路示例 1 如图 8.10.1(a)所示,该电路的逻辑功能为 $F = A + \overline{A} = 1$,从逻辑表达式来看,无论输入信号如何变化,输出应保持不变,恒为 1(高电平)。但实际情况并非如此,从仿真的结果可以看到,由于 74LS05D 非门电路的延时,在输入信号的下降沿,电路输出端有一个负的窄脉冲输出,这种现象称为 0(低电平)型冒险。

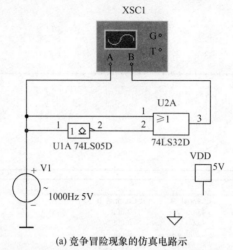

(a) 竞争冒险现象的仿真电路示

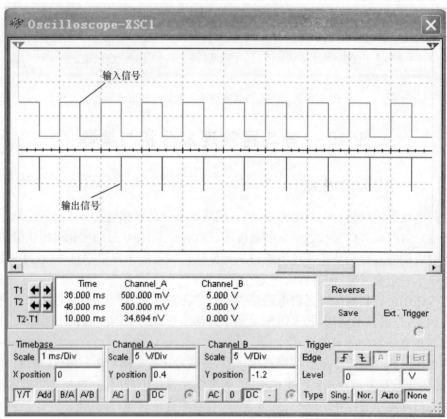

(b) 0(低电平)型冒险输出

图 8.10.1　竞争冒险现象的仿真电路与输出波形

2. 竞争冒险现象的仿真电路示例 2

竞争冒险现象的仿真电路示例 2 如图 8.10.2(a)所示，该电路的逻辑功能为 $F=A \cdot \overline{A}=0$，从逻辑表达式来看，无论输入信号如何变化，输出应保持不变，恒为 0(低电平)。但实际情况并非如此，从仿真的结果可以看到，由于 74LS05D 非门电路的延时，在输入信号的上升沿，电路输出端有一个正的窄脉冲输出，这种现象称为 1(高电平)型冒险。

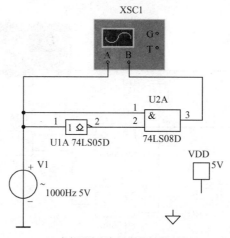

(a) 竞争冒险现象的仿真电路示例2

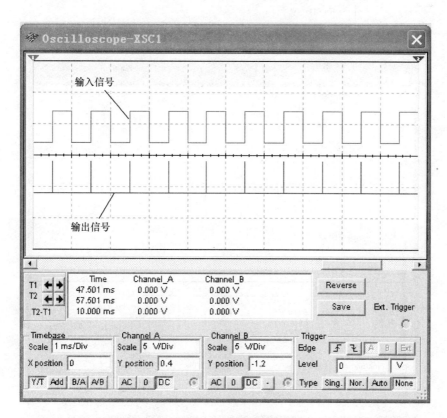

(b) 1(高电平)型冒险输出

图 8.10.2　竞争冒险现象的仿真电路与输出波形

3. 竞争冒险现象的仿真电路示例 3

竞争冒险现象的仿真电路示例 3 如图 8.10.3(a)所示,该电路的逻辑功能为$F=AB+\overline{A}\cdot C$,已知 $B=C=1$,所以 $F=A+\overline{A}=1$。从逻辑表达式来看,无论输入信号如何变化,输出应保持不变,恒为 1(高电平)。但实际情况并非如此,从仿真的结果可以看到,由于 74LS09D 与门电路的延时,在输入信号的下降沿,电路输出端有一个负的窄脉冲输出,这种现象称为 0(低电平)型冒险。

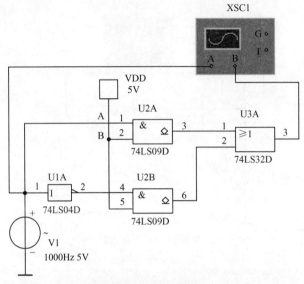

(a) 竞争冒险现象的仿真电路示例3

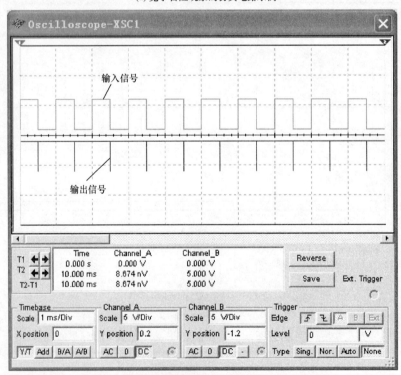

(b) 0(低电平)型冒险输出

图 8.10.3　竞争冒险现象的仿真电路与输出波形

8.10.3 竞争冒险现象的消除

为了消除图 8.10.3(a)所示电路的竞争冒险现象,修改逻辑设计,增加冗余项 BC,该电路的逻辑功能为 $F=AB+\overline{A}\cdot C+BC$,修改后的电路和仿真结果如图 8.10.4 所示,输出保持不变,恒为 1(高电平),电路的竞争冒险现象被消除。

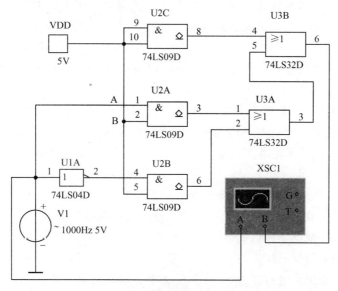

(a) 增加冗余项BC

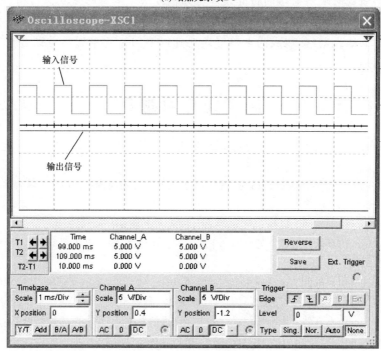

(b) 输出保持不变(高电平)

图 8.10.4 消除竞争冒险现象的电路与输出波形

本 章 小 结

门电路是实现基本逻辑运算和复合逻辑运算的基本单元电路。本章主要内容有：

（1）门电路的基本性质；门电路有 TTL 和 CMOS 结构。

（2）目前经常使用的编码器有普通编码器和优先编码器两类。在普通编码器中，任何时刻只允许输入一个编码信号。在优先编码器中，当几个输入信号同时出现时，只对其中优先权最高的一个进行编码。

（3）译码是编码的逆过程。译码器可分为通用译码器和显示译码器两大类。前者又分为变量译码器和代码变换译码器。

（4）数据选择器又叫"多路开关"。数据选择器在地址码（或叫选择控制）电位的控制下，从几个数据输入中选择一个并将其送到一个公共的输出端。

（5）加法器是构成算术运算器的基本单元。全加器实现由被加数、加数和一个来自低位的进位数三者相加的运算。

（6）数值比较器电路完成两个数字信号大小的比较。

（7）介绍了 ASK 幅度键控调制电路工作原理与用门电路实现的 ASK 键控调制电路。

（8）介绍了 FSK 频率键控调制电路工作原理与用门电路实现的 FSK 键控调制电路。

（9）介绍了 PSK 相位选择法调制电路与用门电路实现的 PSK 相位选择法调制电路。

（10）对竞争冒险现象进行了分析，介绍了竞争冒险的消除方法。

掌握门电路组成的应用电路的仿真设计与分析方法是本章的重点。与门、或门、非门是基本的门电路，注意应用要求、逻辑函数与门电路之间的有机关系，解决同一个问题，可以有不同形式的逻辑关系表达式，当然组成的电路形式也可以不同。竞争冒险是组合逻辑电路设计时应注意的一个问题。

思考题与习题 8

8.1　在 Multisim 仿真软件上用逻辑分析仪直接测试字信号发生器的输出信号，要求逻辑分析仪所测出的波形颜色不同。

8.2　若已知逻辑表达式，在 Multisim 仿真软件上要将其直接转换成逻辑电路应选择哪种仪器？选择好仪器后应单击哪个键？

8.3　在 Multisim 仿真软件上选择一块 7400 芯片构成一个基本的 RS 触发器。

8.4　在 Multisim 仿真软件上建立如题图 8.1 所示的倍频电路，输入电压频率自定，用示波器观察输入、输出波形并测出其周期。

8.5　在 Multisim 仿真软件上设计一个全加器电路，用发光二极管显示其结果。（1）用与非门和异或门组成；（2）用或非门、与非门和异或门组成；（3）自己另设计一种方案。

8.6　在 Multisim 仿真软件上用与非门设计一个多谐振荡器电路，要求振荡频率为 10kHz。

8.7　在 Multisim 仿真软件上用与非门设计一个单稳态振荡器电路，要求振荡频率为 10KHz。

8.8　在 Multisim 仿真软件上用两块 CC4052 和一块 CC4069 设计一个两路数据传输开关。

8.9　在 Multisim 仿真软件上用两片 74LS148 设计一个 16/4 线优先编码器，用二极管显示编码结果。

8.10　在 Multisim 仿真软件上选择一块能实现 8421 编码的芯片进行仿真，用数码管显示编码结果。

8.11　在 Multisim 仿真软件上选择一块 74LS138 芯片进行仿真，记录仿真结果。

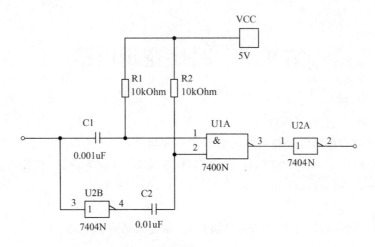

题图 8.1

8.12 在 Multisim 仿真软件上选择两块 74LS138 芯片设计一个 4/16 线译码器,用数码管显示译码结果。

8.13 在 Multisim 仿真软件上测出 74LS153 的逻辑功能,并列表记录。

8.14 在 Multisim 仿真软件上建立如题图 8.2 所示的四通道数据选择器电路进行仿真,自拟表格记录仿真结果。

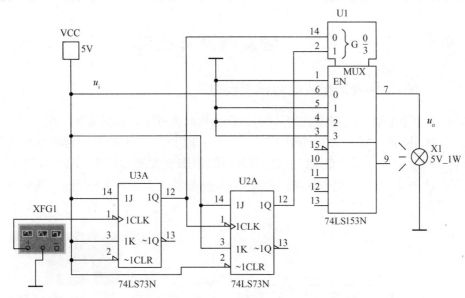

题图 8.2

8.15 在 Multisim 仿真软件上测出 CC4585BT 的逻辑功能,并列表记录。

8.16 在 Multisim 仿真软件上用两块 CC4585BT 设计一个 8 位数值比较器,用二极管显示比较结果。

8.17 设计仿真图 8.8.3 利用可变分频器实现 FSK 调制电路。

8.18 设计仿真一个绝对码-相对码变换电路。

8.19 设计仿真一个 2DPSK 调制电路。

第9章 时序逻辑电路

内容提要

触发器是一个具有记忆功能的二进制信息存储器件,是构成各种时序电路的最基本的逻辑单元。本章介绍基本 RS 触发器,JK 触发器,D 触发器,移位寄存器,计数器,多谐振荡器的原理应用电路与计算机仿真设计方法。

知识要点

触发器的基本特性,触发器的不同结构形式,触发器的应用电路。

教学建议

本章的重点是掌握触发器组成的应用电路的仿真设计与分析方法。**建议学时数为 2 学时**。掌握触发器的结构特点与应用电路的设计分析方法。RS 触发器是触发器的基础,注意不同结构形式的触发器之间的差别,注意采用不同触发器构成的寄存器、计数器、多谐振荡器的特点。

9.1 触发器及其应用

9.1.1 双 JK 触发器组成的时钟变换电路

该电路主要用于单-双时钟脉冲的转换,可作为双时钟可逆计数器的脉冲源。图 9.1.1 所示电路是由双 JK 触发器 CC4027 和四 2 输入端与非门 CC4011 构成的时钟变换电路。将 CC4027 的 J1 端(引脚 6)接至 $\overline{Q1}$ 端(引脚 2),K1 端(引脚 5)接至 Q1 端(引脚 1),CP1 端(引脚 3)接与非门 U2A 和门 U2C 的输入端。假设 Q1 端初始状态为低电平"0"状态,当 CP1 脉冲上

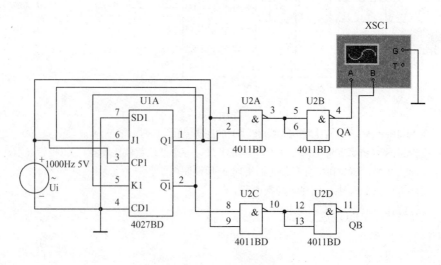

图 9.1.1　时钟变换电路

升沿到达后,Q1 端变为高电平"1"状态,$\overline{Q1}$ 端为低电平"0"状态。CP1 脉冲和 Q1 端输出经门 U2A 与非后送入反相器门 U2B,输出一个与 CP 脉冲同步的脉冲。

当第二个 CP 上升沿到达后,Q1 变为低电平"0"状态,$\overline{Q1}$ 变为高电平"1"状态。CP 脉冲和 $\overline{Q1}$ 端输出经门 U2C 与非后送入反相器门 U2D,输出一个与 CP 脉冲同步的脉冲。

应当指出:经转换的双时钟脉冲,其频率为 CP 的二分之一,QA 与 QB 相差 180°,波形如图 9.1.2 所示。

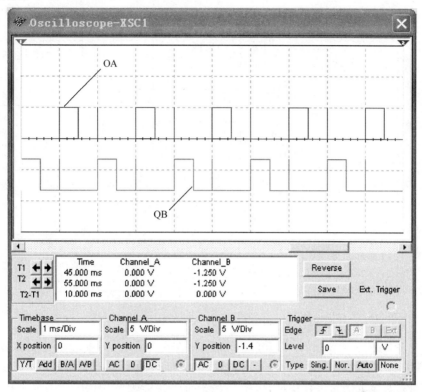

图 9.1.2 QA、QB 输出波形图

9.1.2 四锁存 D 型触发器组成的智力竞赛抢答器

智力竞赛抢答电路如图 9.1.3 所示,该电路能鉴别出 4 个数据中的第 1 个到来者,而对随后到来的其他数据信号不再传输和作出响应。至于哪一位数据最先到来,则可从 LED 指示看出。该电路主要用于智力竞赛抢答器中。

图 9.1.3 所示电路是由四锁存 D 型触发器 4042BD、双 4 输入端与非门 4012BD、四 2 输入端或非门 4001BD 和六同相缓冲/变换器 4010BC1 构成的智力竞赛抢答器。电路工作时,4042BD 的极性端 EO(POL)处于高电平"1",E1(CP)端电平由 $\overline{Q1}$ ~ $\overline{Q3}$ 和复位开关产生的信号决定。复位开关 K5 断开时,4001BD 的引脚 2 经上拉电阻接 VCC,由于 K1~K4 均为关断状态,D0~D3 均为低电平"0"状态,所以 $\overline{Q0}$ ~ $\overline{Q3}$ 为高电平"1"状态,CP 端为低电平"0"状态,锁存了前一次工作阶段的数据。新的工作阶段开始,复位开关 K5 闭合,4001BD 的引脚 2 接地,4012BD 的输出端引脚 1 也为低电平"0"状态,所以 E1 端为高电平"1"状态。以后,E1 的状态完全由 4042BD 的 $\overline{Q}$ 输出端电平决定。一旦数据开关(K1~K4)有一个闭合,则 Q0~Q3 中必有一端最先处于高电平"1"状态,相应的 LED 被点亮,指示出第一信号的位数。同时

4012BD 的引脚 1 为高电平"1"状态,迫使 E1 为低电平"0"状态,在 CP 脉冲下降沿的作用下,第一信号被锁存,电路对以后的信号便不再响应。

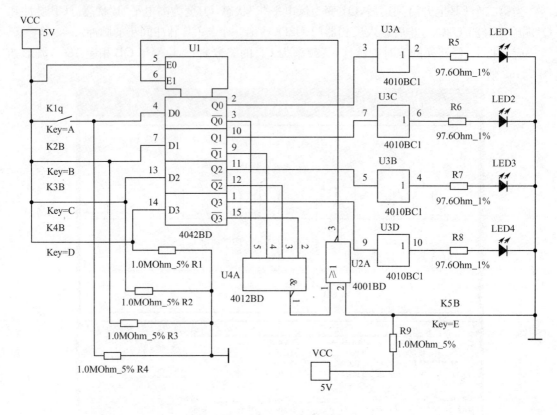

图 9.1.3   智力竞赛抢答电路

该电路还可用于数字系统中,可检测群脉冲的时序。图 9.1.3 中的 K1~K3 开关如果是机械触点,则需对输入信号进行整形,以提高系统抗干扰能力。4010BC1 为电平接口电路,将 CMOS 集成电路高电平电压转换成适合 LED 工作的电压。

9.2   8 位串入-并出移位寄存器电路

8 位串入-并出移位寄存器电路如图 9.2.1 所示。电路由 2 片 4 位串入-并出移位寄存器集成电路 4015BD 组成,该电路主要用于数字电路系统或计算机中对输入数据进行排队,使数据按先后次序传送。

电路中,4015BD 的两个移位寄存器为串行级联,构成 8 位串行输入并行输出形式。前级(U2A)的数据输入端 D1 接高电平"1"或 VCC,在末级输出端 2D 后串入 4013BD,并将其输出Q 与 4015BD 的复位端 MR1、MR2 相连接。这样,在时钟脉冲 CP 的作用下,高电平"1"信息将逐次移位通过每级寄存器,当高电平"1"到达 4013BD 的 Q 端时,移位寄存器全部复位。因此,在两个时钟脉冲后,复位消失,同时高电平"1"再一次移入寄存器内。

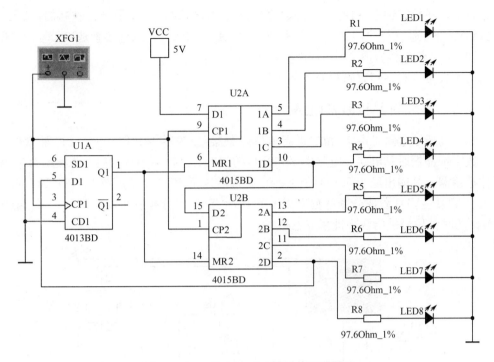

图 9.2.1　8 位串入-并出移位寄存器电路

9.3　计数器及其应用

9.3.1　用复位法获得任意进制计数器

假定已有 N 进制计数器，而需要得到一个 M 进制计数器时，只要 $M<N$，用复位法使计数器计数到 M 时置"0"，即获得 M 进制计数器。如图 9.3.1 所示为一个特殊十二进制的计数

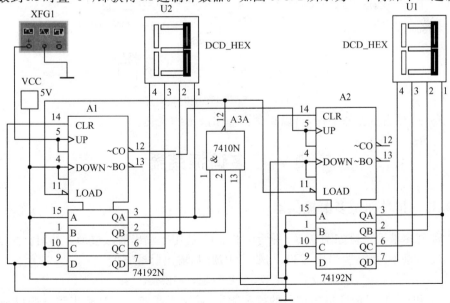

图 9.3.1　特殊十二进制的计数器电路

器电路方案。在数字钟里,对时位的计数序列是 $1,2,\cdots,11,12$,即是十二进制的,且无 0 数。当计数到 13 时,通过与非门产生一个复位信号,使 74192N(A2)直接置成 0000,而 74192N(A1),即时的个位直接置成 0001,从而实现 1~12 计数。

启动仿真可以观察到数码管的数字变化。

9.3.2　数字钟晶振时基电路

图 9.3.2 所示电路是由 12 位二进制串行计数器/分频器 4040BD 和六反相器 4069BD 等构成的数字钟晶振时基电路。电路中,4069BD 的门 U1A 和门 U1B 构成振荡频率为 32798Hz 的晶体振荡器。其输出经 4069BD 的门 U1C 整形后送至 4040BD 的 $\overline{CP}$ 端。4040BD 的输出端由二极管 VD1~VD3 置成分频系数为 $2^1 + 2^5 + 2^9 = 546$,经分频后在输出端 Q9 上便可输出一个 60Hz 的时钟信号供给数字钟集成电路。

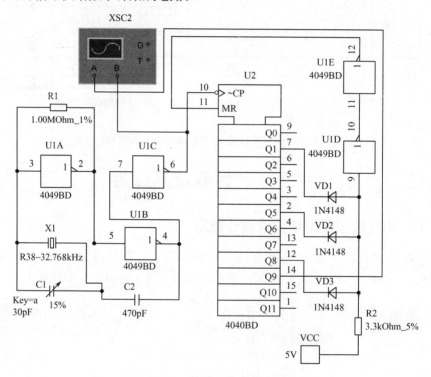

图 9.3.2　数字钟晶振时基电路

启动仿真,单击示波器图标,可以观察到输出波形的变化。

9.4　多谐振荡器

9.4.1　非对称型多谐振荡器

非对称型多谐振荡器如图 9.4.1 所示,非门 U1C 用于输出波形整形。非对称型多谐振荡器的输出波形是不对称的,当用 TTL 与非门组成时,输出脉冲宽度

$$t_{01} = RC, t_{02} = 1.2RC, t = 2.2RC$$

调节 R 和 C 值,可改变输出信号的振荡频率,通常用改变 C 实现输出频率的粗调,改变电位器 R 实现输出频率的细调。

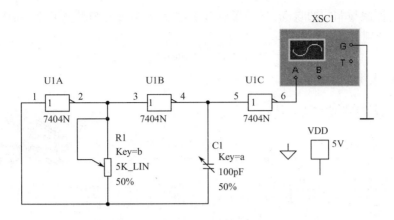

图 9.4.1　非对称型多谐振荡器

启动仿真,单击示波器图标,可以观察到输出波形的变化。

数字接地端(Digital Ground)的符号为"▽",在实际数字电路中,许多数字元件需要接上直流电源才能正常工作,而在原理图中并不直接表示出来。为更接近于现实,Multisim 在进行数字电路的"Real"仿真时,电路中的数字元件要接上示意性的电源,数字接地端是该电源的参考点。数字接地端只用于含有数字元件的电路,通常不能与任何器件相接,仅示意性地放置于电路中。要接到 0V 电位,还需要用一般接地端。

9.4.2　对称型多谐振荡器

对称型多谐振荡器如图 9.4.2 所示,由于电路完全对称,电容器的充、放电时间常数相同,故输出为对称的方波。改变 R 和 C 的值,可以改变输出振荡频率。

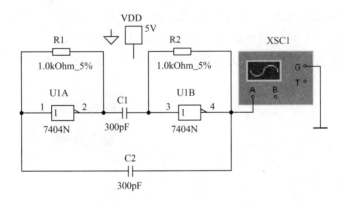

图 9.4.2　对称型多谐振荡器

一般取 $R=1\text{k}\Omega$,当 $R=1\text{k}\Omega$,C_1 为 100pF～100μF 时,$f=n\text{Hz}\sim n\text{MHz}$,脉冲宽度 $t_{01}=t_{02}=0.7RC$,$t=1.4RC$。

启动仿真,单击示波器图标,可以观察到输出波形的变化。

9.4.3　带 RC 电路的环形振荡器

带 RC 电路的环形振荡器电路如图 9.4.3 所示,非门 U1D 用于输出波形整形,R 为限流电阻,一般取 100Ω,要求电位器 RP 小于等于 1kΩ,电路利用电容 C 的充、放电过程,控制 D 点电压U_D,从而控制与非门的自动启闭,形成多谐振荡,电容 C 的充电时间 t_{01}、放电时间 t_{02} 和总的振荡周期 t 分别为

$$t_{01}\approx0.94RC, t_{02}\approx1.26RC, t\approx2.2RC$$

调节 R 和 C 的大小,可改变电路输出的振荡频率。

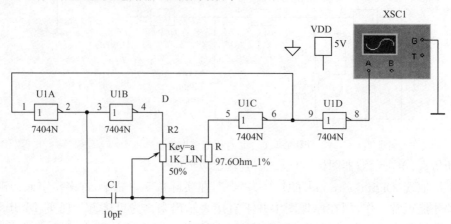

图 9.4.3　带 RC 电路的环形振荡器

以上这些电路的状态转换都发生在与非门输入电平达到门的阈值电平 U_{th} 的时刻。在 U_{th} 附近,电容器的充、放电速度已经缓慢,而且 U_{th} 本身也不够稳定,易受温度、电源电压变化等因素及干扰的影响。因此,电路输出频率的稳定性较差。

启动仿真,单击示波器图标,可以观察到输出波形。

9.4.4　石英晶体稳频的多谐振荡器

晶体稳频多谐振荡器如图 9.4.4 所示,其中晶体的 $f_0=32768\text{Hz}$。门 U1A 用于振荡,门 U1B 用于缓冲整形。RF 是反馈电阻,通常在几十兆欧之间选取,一般选 $22\text{M}\Omega$。R 起稳定振荡作用,通常取十至几百千欧。C1 是频率微调电容器,C2 用于温度特性校正。

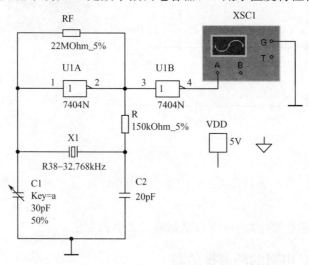

图 9.4.4　晶体稳频多谐振荡器

启动仿真,单击示波器图标,可以观察到输出波形。

本 章 小 结

触发器具有两个稳定状态,用以表示逻辑状态"1"和"0",在一定的外界信号作用下,可以从一个稳定状态翻转到另一个稳定状态,它是一个具有记忆功能的二进制信息存储器件,是构成各种时序电路的最基本的逻辑单元。本章主要内容有:

(1) 触发器:双 JK 触发器组成的时钟变换电路、四锁存 D 型触发器组成的智力竞赛抢答器原理与应用电路。

(2) 移位寄存器及其应用。

(3) 计数器:用复位法获得任意进制计数器、数字钟晶振时基电路原理与应用电路。

(4) 多谐振荡器:非对称型多谐振荡器、对称型多谐振荡器、带 RC 电路的环形振荡器、石英晶体稳频的多谐振荡器原理与应用电路。

掌握触发器组成的应用电路的仿真设计与分析方法是本章的重点。不同结构形式的触发器,其特性不同,构成的寄存器、计数器、多谐振荡器等电路形式也有差别。解决同一个问题,可以采用不同形式的组成电路。

思考题与习题 9

9.1 在 Multisim 仿真软件的元件库中选择 RS、JK、D 触发器,分别测出它们的逻辑功能并记录于自拟表格中。

9.2 在 Multisim 仿真软件中画出由 D 触发器转换为 T 触发器的电路,并将仿真结果记录于自拟表格中。

9.3 在 Multisim 仿真软件中用 74LS112 JK 触发器设计一个同步二进制计数器,要求显示仿真结果。

9.4 在 Multisim 上用两片 74LS192、一片 74LS10 设计一个特殊的十三进制计数器,要求显示仿真结果。

9.5 在 Multisim 上利用同步十进制计数器 74LS160,(1)用置零法设计一个六进制计数器;(2)用置数法设计一个六进制计数器。要求显示仿真结果。

9.6 在 Multisim 仿真软件中用 3 块 CC40192 设计一个 421 进制计数器,要求显示仿真结果。

9.7 在 Multisim 仿真软件中用 74LS74 设计一个能自动实现环形计数器电路,要求显示仿真结果。

9.8 在 Multisim 仿真软件中用 74LS74 设计一个能自动实现扭环计数器电路,要求显示仿真结果。

9.9 在 Multisim 仿真软件中设计一个串行数据检测器。要求是:连续输入 3 个或 3 个以上的 1 时输出为 1,其他输入情况下输出为零。要求显示仿真结果。

9.10 在 Multisim 仿真软件中设计一个能自启动实现 3 位环形计数器,有效循环状态为 100—010—001—100。要求显示仿真结果。

9.11 在 Multisim 仿真软件中设计一个可控进制计数器,当输入控制变量 $M=0$ 时工作在五进制,$M=1$ 时工作在十五进制。要求显示仿真结果。

第 10 章 A/D 与 D/A 转换电路

内容提要

把模拟量转换为数字量称为模数转换电路(A/D 转换器,简称 ADC),将数字量转换为模拟量称为数模转换电路(D/A 转换器,简称 DAC)。本章介绍 Multisim 的 A/D 和 D/A 转换器电路、数控放大器、可编程任意波形发生器、数控电压源、数控电压/电流变换器、数控恒流源电路的基本结构与计算机仿真设计方法。

知识要点

A/D 和 D/A 转换器电路的基本概念,A/D 转换电路,D/A 转换电路,D/A 转换器与运算放大器构成的数控电路。

教学建议

本章的重点是掌握 A/D 和 D/A 转换器电路的仿真设计与分析方法。**建议学时数为 2～3 学时。**通过对 Multisim 的 A/D 和 D/A 转换器电路、数控放大器、可编程任意波形发生器、数控电压源、数控恒流源电路的介绍,掌握 A/D 和 D/A 转换器应用电路的结构特点与设计分析方法。A/D 和 D/A 转换器是构成应用电路的基础。注意 A/D 和 D/A 转换器与一些运算放大器应用电路的结构特点,采用不同的结合方式,将二者结合起来,可以构成各种可编程的数控电路。注意输入信号的变化对电路功能的影响。

+·

10.1 Multisim 中的 A/D 转换电路

在 Multisim 10 仿真软件中有 8 位 ADC 和 16 位 ADC 模型,以及 ADS6320、MAX1182—FP48 等 A/D 转换电路芯片,可以将输入的模拟信号转换成 8 位/16 位的数字信号输出。在 8 位 ADC 和 16 位 ADC 模型中:

● VIN——模拟电压输入端。

● VREF+——参考电压"+"端,要接直流参考源的正端,其大小视用户对量化精度的要求而定。如果输出是 8 位,若 V_{REF} 为 5V,则输入信号对应的量化离散电平为:$V_{in} \times 256/V_{fs}$,V_{fs} 为满刻度电压,V_{in} 模拟输入电压,$V_{fs} = V_{REF+} - V_{REF-}$。

● VREF-——参考电压"-"端,一般与地连接。

● SOC——启动转换信号端,只有端电平从低电平变成高电平时,转换才开始,转换时间 $1\mu s$,期间 EOC 为低电平。

● EOC——转换结束标志位端,高电平表示转换结束。

● OE——输出允许端,可与 EOC 接在一起。

一个 8 位的 A/D 转换器仿真电路如图 10.1.1 所示,改变电位器 RP 的大小,即改变输入模拟量,在仿真电路中可观察到输出端数字信号的变化。

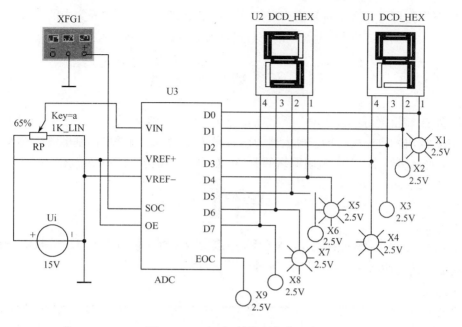

图 10.1.1　A/D 转换器仿真电路

10.2　Multisim 中的 D/A 转换器

　　在 Multisim 10 仿真软件中有两种 D/A 转换电路模型：一个是电流型 DAC，即 IDAC（8 位/16 位），另一个是电压型 DAC，即 VDAC（8 位/16 位）；并有 DAC7642-FP32 等 D/A 转换电路芯片，可以将输入的 8 位/16 位的数字信号转换成模拟信号输出。

　　利用 VDAC 的 D/A 转换器仿真电路如图 10.2.1 所示。VDAC 芯片中的 D0～D7 是 8 位数字量输入，用两个数码管显示其输入的数字量，U1 为 D/A 转换器的基准电压。只要改变

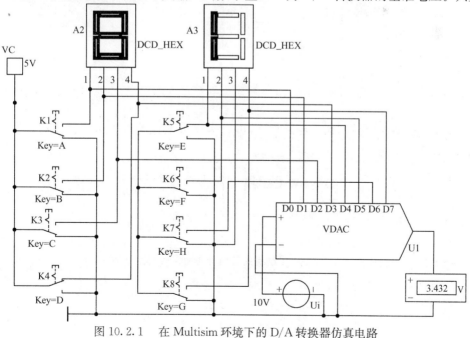

图 10.2.1　在 Multisim 环境下的 D/A 转换器仿真电路

输入的数字信号，即可将数字量转换为模拟量。在图 10.2.1 中，按键开关中的 Key＝A(B、C、D、E、F、G、H)表示在仿真时按键盘上的字母键即可改变开关的触点位置。

10.3 数控放大器

利用 D/A 转换器可以构成增益受数字信号工作的可变增益放大器。图 10.3.1 所示为一个由 VDAC 构成的数控放大器。放大器的输入信号 V1 加在 VDAC 的基准电压输入端上，从 10.2.1 节中的介绍可知，对于电阻网络的 DAC，如倒 T 型电阻网络 DAC，有

$$V_{\mathrm{o}} = \frac{V_{\mathrm{REF}} R_{\mathrm{F}}}{2^n R} \sum_{i=0}^{n-1} D_i \times 2^i$$

图 10.3.1 电路中，输入电压 V1 等于 V_{REF}，改变数字控制信号 D0～D7 的权值，可以改变输出电压 V_{o}。启动仿真，单击示波器图标，可以观察到输出波形的变化。

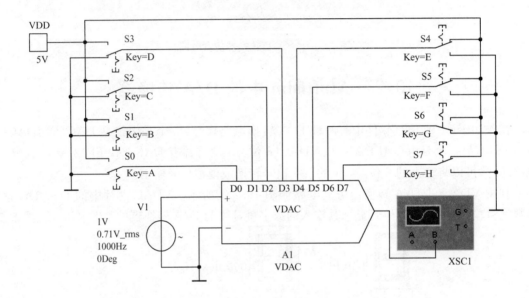

图 10.3.1 数控可变增益放大器电路

将 D/A 转换器与微控制器等电路相连，可以构成可编程的数控可变增益放大器电路，示意图如图 10.3.2 所示。

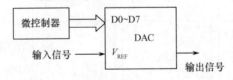

图 10.3.2 可编程的数控可变增益放大器电路

10.4 可编程任意波形发生器

对于电阻网络的 DAC,如倒 T 型电阻网络 DAC,有

$$V_{\text{o}} = \frac{V_{\text{REF}} R_{\text{F}}}{2^n R} \sum_{i=0}^{n-1} D_i \times 2^i$$

改变数字控制信号 D0～D7 的权值,可以改变输出电压 V_{o}。如果利用微控制器等器件,通过编程使数字控制信号 D0～D7 按照一定的规律变化,则 DAC 的输出电压是与按一定规律变化的数字控制信号 D0～D7 相对应的波形。DAC 构成的可编程任意波形发生器如图 10.4.1所示,图中利用字信号发生器代替微控制器,字信号发生器的一个编码如图 10.4.2所示,DAC 输出波形如图 10.4.3 所示。改变字信号发生器的编码,即可改变 DAC 的输出波形。

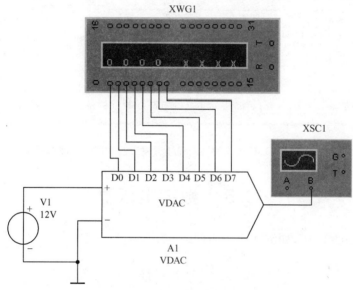

图 10.4.1　DAC 构成的可编程任意波形发生器

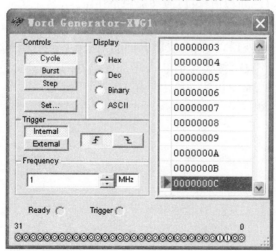

图 10.4.2　字信号发生器编程状态

启动仿真,单击示波器图标,可以观察到输出波形的变化。

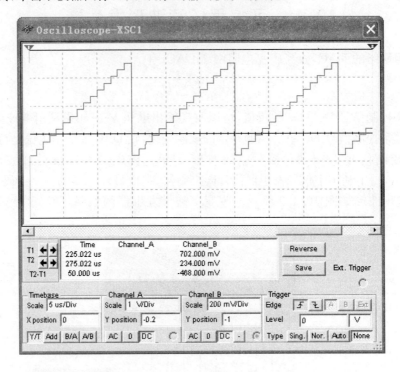

图 10.4.3　DAC 构成的可编程任意波形发生器输出波形示例

10.5　数控电压源

对于电阻网络的 DAC,如倒 T 型电阻网络 DAC,有

$$V_{\text{o}} = \frac{V_{\text{REF}} R_{\text{F}}}{2^n R} \sum_{i=0}^{n-1} D_i \times 2^i$$

改变数字控制信号 D0~D7 的权值,可以改变输出电压 V_{o}。

DAC 构成的数控电压源电路如图 10.5.1 所示,基准电压 V_{REF} 由电压源 V2 和输出电压 V_{o} 通过电阻 R3 和 R4 分压获得,调整电位器 R4 可以调节基准电压 V_{REF} 和输出电压 V_{o}(按小写字母 a 减少电位器的百分比,按大写字母 A 增加电位器的百分比)。Q1 为电压调整管。改变开关 A~H 的触点位置,也可以改变输出电压 V_{o}。

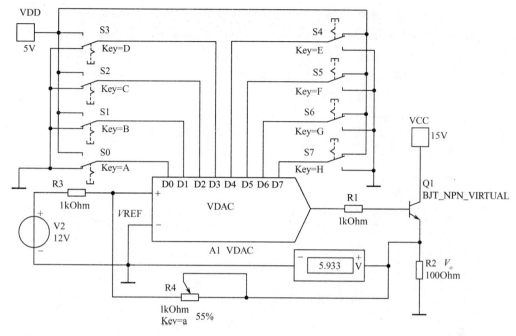

图 10.5.1　DAC 构成的数控电压源电路

10.6　数控电压/电流变换器

负载不接地电压/电流变换原理电路如图 10.6.1 所示,负载 RL 接在反馈支路,兼作反馈电阻。A1 为运算放大器,则有

$$i_L \approx i_R \approx \frac{u_i}{R}$$

可见,负载 RL 的电流大小与输入电压 u_i 成正比,而与负载大小无关,实现电压/电流变换。如果 u_i 不变,即采用直流电源,则负载电流 i_L 保持不变,可以构成一个恒流源电路。

图 10.6.1 所示电路,最大负载电流受运放最大输出电流的限制,最小负载电流又受运放输入电流 I_B 的限制而取值不能太小,且 $u_o = -i_L \cdot R_L$ 值不能超过运放输出电压范围。

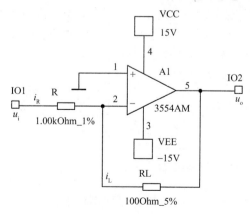

图 10.6.1　负载不接地 U/I 变换电路

由 DAC 和运算放大器组成的数控电压/电流变换器如图 10.6.2 所示。输入电压 u_i(图中 V1)从 VDAC 的基准电压端 V_{REF} 输入,VDAC 构成一个数控电压源,改变 VDAC 的 D0~D7 端连接开关的触点位置,可以调节 VDAC 的输出电压(按键开关中的 Key=A(B、C、D、E、F、G、H),在仿真时按键盘上对应的字母键即可改变开关的触点位置)。运算放大器 A2 构成负载不接地电压/电流变换电路,在负载电阻 RL 上流过的电流(i_L)大小与输入电压 u_i 成正比。图中 XMM1 和 XMM2 为仿真测试用。

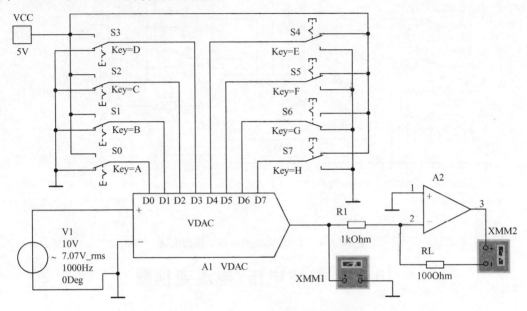

图 10.6.2 数控电压/电流变换器

10.7 数控恒流源电路

由运算放大器组成的恒流源电路如图 10.7.1(a)所示,忽略 $I_B(I_B \ll I_R)$,其负载电流 I_L 为

$$I_L = I_R = \frac{E}{R}$$

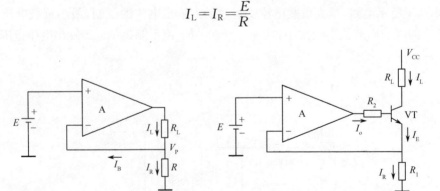

(a)运算放大器构成的恒流源电路　　　　(b)改进的恒流源电路

图 10.7.1 恒流源电路

为提高恒流源电路的输出电流,改进的电路如图 10.7.1(b)所示,负载电流为

$$I_L = \alpha I_E = \alpha \frac{E}{R_1}$$

运放 A 输出电流 I_o 为

$$I_o = \frac{I_L}{\beta} = \frac{E}{(1+\beta)R_1}$$

可见图 10.7.1(b)所示电路,输出电流扩大 β 倍。

由 VDAC 和运算放大器组成的数控恒流源电路如图 10.7.2 所示。图中 VDAC 构成数控直流电压源,运算放大器构成恒流源电路,改变开关触点位置,可以调节恒流源电路输出电流。

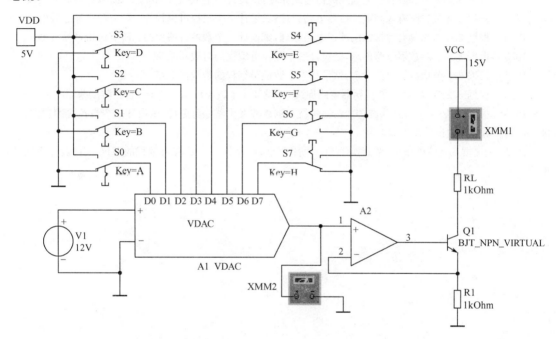

图 10.7.2   VDAC 和运算放大器组成的数控恒流源电路

本 章 小 结

在自动控制与信息处理技术中,往往需要把模拟量转换为数字量,或者将数字量转换为模拟量,前者称为模数转换电路(A/D 转换器,简称 ADC),后者称为数模转换电路(D/A 转换器,简称 DAC)。本章主要内容有:

(1) Multisim 的 A/D 和 D/A 转换电路。A/D 转换电路将输入的模拟信号转换成 8 位的数字信号输出。Multisim 的 D/A 转换器电路有 IDAC 和 VDAC 两种,将输入的 8 位数字信号转换成模拟信号输出。

(2) 可改变电路输出增益的数控可变增益放大器电路。

(3) 可改变输出波形的可编程任意波形发生器。

(4) 可改变电路输出电压的数控电压源电路。

(5) 由 DAC 和运算放大器组成的数控电压/电流变换器。

(6) 由 DAC 和运算放大器组成的数控恒流源电路。

本章的重点是掌握 A/D 和 D/A 转换器电路组成的应用电路的仿真设计与分析方法。DAC 与一些运算放大器应用电路结合,通过按键开关或者微控制器编程改变 D/A 转换器的 D0～D7 的状态,可以构成各种各样的可编程数控电路。

思考题与习题 10

10.1　根据 3.2 节积分电路与微分电路原理,试设计一个数控可编程的积分与微分电路。

10.2　根据 3.3.1 节一阶有源低通滤波器电路原理,试设计一个数控可编程的一阶有源低通滤波器。

10.3　根据 3.3.3 节二阶有源低通滤波器电路原理,试设计一个数控可编程的二阶有源低通滤波器。

10.4　根据 3.4 节二阶有源高通滤波器电路原理,试设计一个数控可编程的二阶有源高通滤波器。

10.5　根据 3.5 节二阶有源带通滤波器电路原理,试设计一个数控可编程的二阶有源带通滤波器。

10.6　根据 3.8 节对数器电路原理,试设计一个数控可编程的对数器电路。

10.7　根据 3.9 节指数器电路原理,试设计一个数控可编程的指数器电路。

10.8　根据 4.2 节 RC 正弦波振荡器电路原理,试设计一个数控可编程的 RC 正弦波振荡器电路。

10.9　根据 4.4～4.5 节正弦波、方波、三角波和锯齿波发生器电路原理,试设计一个数控可编程的正弦波、方波、三角波和锯齿波发生器电路。

10.10　根据 5.8 节电压/频率变换(VFC)电路原理,试设计一个数控可编程的 VFC(电压/频率变换)电路。

第11章 电源电路

内容提要

电源电路是各种电子设备必不可少的组成部分。可控整流电路、直流降压/升压斩波变换电路、逆变电路是常用的电源电路。本章介绍单相半波可控整流电路，单相半控桥整流电路，三相桥式整流电路，直流降压斩波变换电路，直流升压斩波变换电路，直流降压-升压斩波变换电路，DC-AC全桥逆变电路，正弦脉宽调制(SPWM)逆变电路工作原理、电路结构与计算机仿真设计方法。

知识要点

可控整流电路、直流斩波变换电路、逆变电路的工作原理与结构特点。

教学建议

本章的重点是掌握电源电路的仿真设计与分析方法。**建议学时数为2～3学时**。通过对单相半波可控整流电路，三相桥式整流电路，直流降压斩波变换电路，直流升压斩波变换电路，DC-AC全桥逆变电路，正弦脉宽调制(SPWM)逆变电路介绍，掌握电源电路的结构特点与设计分析方法。注意整流电路中二极管与晶闸管的不同、晶闸管的控制方法。注意直流降压/升压斩波变换电路的拓扑结构，注意电感L、电容C、续流二极管VD和开关S位置的变化带来的电路功能变化，注意逆变电路的控制信号的产生与相互之间的关系，逆变电路的控制信号对输出电压波形的影响。

+—+

11.1 单相半波可控整流电路

一个单相半波可控整流电路如图 11.1.1 所示。图中，V1 为 220V 交流电源。电压控制

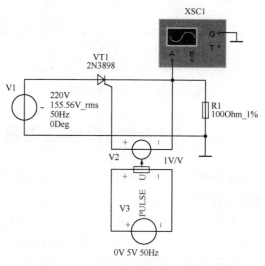

图 11.1.1 单相半波可控整流电路

电压源 V2 和脉冲电压源 V3 组成晶闸管驱动电路。VT1(2N3898)为晶闸管,栅极受电压控制电压源 V2 控制,电压控制电压源 V2 受脉冲电压源 V3 控制。双击 V3,可以打开 V3 的对话框,如图 11.1.2 所示,在对话框中可以修改脉冲宽度、上升时间、下降时间和脉冲电压等参数。应注意的是,触发脉冲周期是 20ms(对应是 360°,即 2π),控制角或触发角 α 与 Delay Time 参数相对应,修改 Delay Time 参数即可修改触发角 α。当设置 Delay Time 参数(即触发角 α)为 2ms 时,启动仿真,单击示波器,可以看到单相半波可控整流电路的输出电压变化曲线,如图 11.1.3 所示。在图 11.1.4 电路中增加一个滤波电容 C1,可以看到单相半波可控整流电路的输出电压变化曲线,如图 11.1.5 所示,输出电压脉动变化减小。

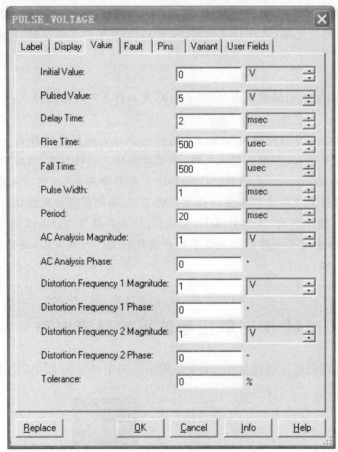

图 11.1.2　脉冲电压源对话框

11.2　单相半控桥整流电路

一个单相半控桥整流电路如图 11.2.1 所示。图中,V1 为 220V 交流电源。电压控制电压源 V2 和脉冲电压源 V4 组成晶闸管 VT1 的驱动电路,电压控制电压源 V3 和脉冲电压源 V5 组成晶闸管 VT2 的驱动电路。VT1(2N3898)为晶闸管,栅极受电压控制电压源 V2 控制,电压控制电压源 V2 受脉冲电压源 V4 控制。VT2(2N3898)为晶闸管,栅极受电压控制电压源 V3 控制,电压控制电压源 V3 受脉冲电压源 V5 控制。VD3 为续流二极管,R1 和 L1 为负载。

双击 V4 或者 V5,可以打开 V4 或者 V5 的对话框,如图 11.2.2 所示,在对话框中可以修

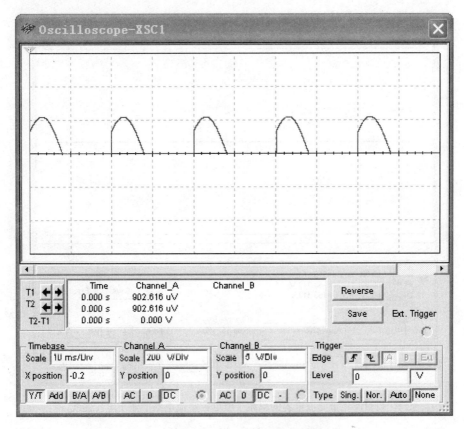

图 11.1.3　单相半波可控整流电路的输出电压曲线

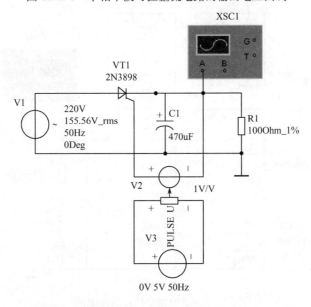

图 11.1.4　带滤波电容的单相半波可控整流电路

改脉冲宽度、上升时间、下降时间和脉冲电压等参数。应注意的是,在本例中,触发脉冲周期是20ms(对应是 $360°$,即 2π),控制角或触发角 α 与 Delay Time 参数相对应,修改 Delay Time 参数即可修改触发角 α。当设置 V3 的 Delay Time 参数(即触发角 α)为 5ms 时,应设置 V5 的

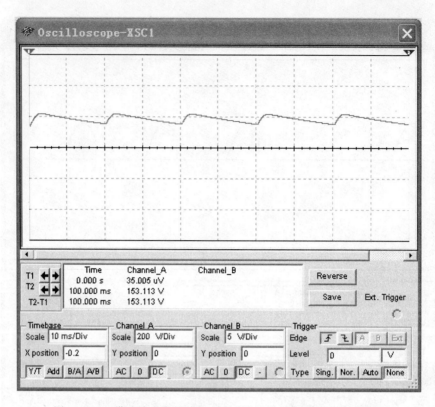

图 11.1.5　带滤波电容的单相半波可控整流电路的输出电压曲线

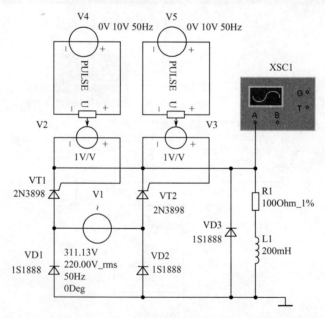

图 11.2.1　单相半控桥整流电路

Delay Time 参数(即触发角 α)为 15ms(10ms 对应为 π),使两者之间相差 $180°(\pi)$。启动仿真,单击示波器,可以看到单相半控桥整流电路的输出电压变化曲线,如图 11.2.3 所示。在图 11.2.1 电路中负载 R1 和 L1 的两端增加一个滤波电容 C1($100\mu F$),可以看到单相半控桥整流电路的输出电压变化曲线,如图 11.2.4 所示,输出电压脉动变化减小。

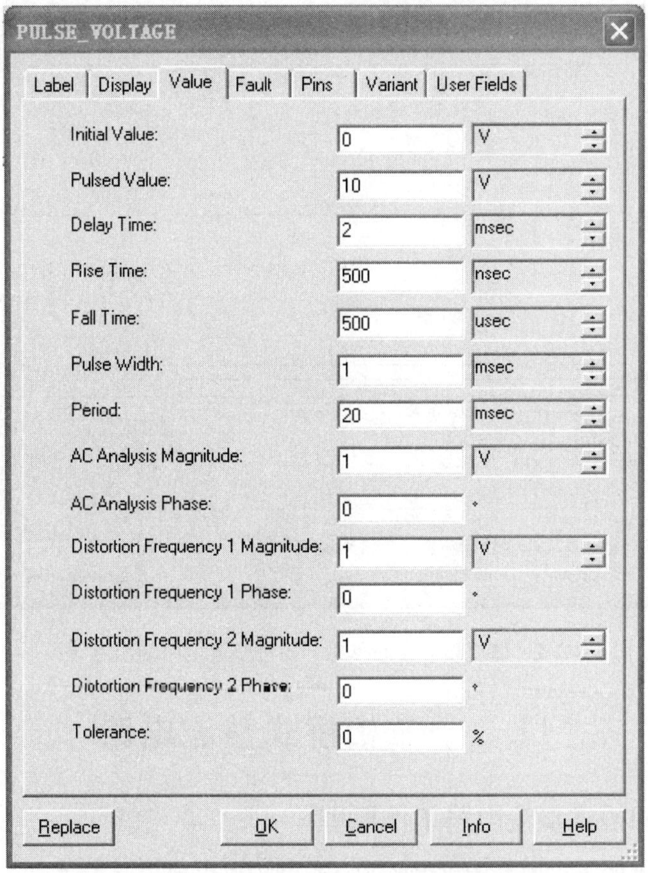

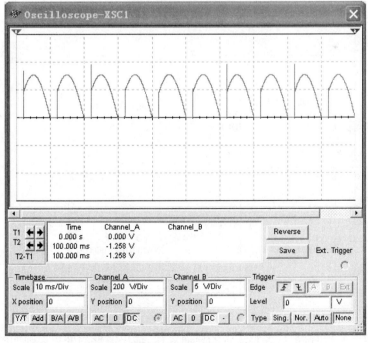

图 11.2.2　脉冲电压源 V4 和 V5 的对话框

图 11.2.3　单相半控桥整流电路输出电压波形

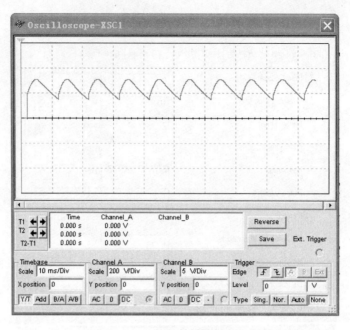

图 11.2.4 加滤波电容的单相半控桥整流电路输出电压波形

11.3 三相桥式整流电路

11.3.1 三相桥式整流电路工作原理

三相桥式整流电路是一组共阴极电路和一组共阳极电路串联组成的,电路如图 11.3.1 所示。图中,二极管 VD1、VD3、VD5 按共阴极连接,VD4、VD6、VD2 则按共阳极连接。此外,二极管 VD1 和 VD4 接 a 相,VD3 和 VD6 接 b 相,VD5 和 VD2 接 c 相。

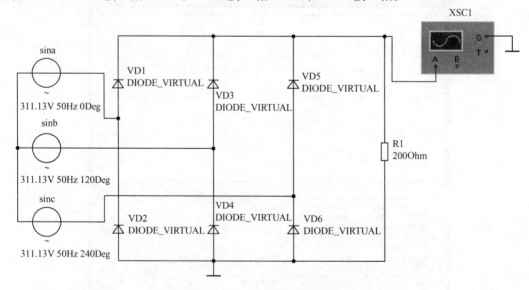

图 11.3.1 三相桥式整流电路

在自然换相点换相时,根据各整流管的导通规律,输出波形的变化规则如图 11.3.2 所示。

$$u_o = u_a - u_b = u_{ab} \qquad\qquad (11.3.1)$$

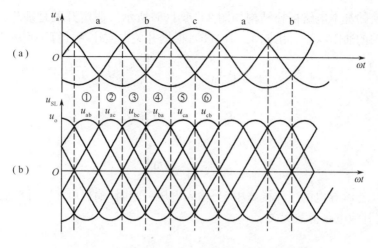

图 11.3.2 三相桥式整流电路输入/输出电压波形

11.3.2 三相桥式整流电路仿真输出

启动仿真,单击示波器,可以看到三相桥式整流电路的输出电压变化曲线,如图 11.3.3 所示。在图 11.3.1 电路中,负载 R1 的两端增加一个滤波电容 C1(470μF),可以看到输出电压脉动变化减小。

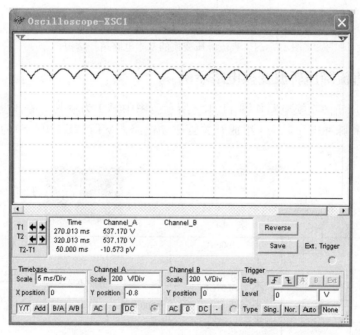

图 11.3.3 三相桥式整流电路输出电压波形

11.4 直流降压斩波变换电路

11.4.1 直流降压斩波变换电路工作原理

直流降压变换电路产生一个低于直流输入电压 U_D 的平均输出电压 U_o。一个具有纯电阻负载的降压变换的基本电路拓扑结构如图 11.4.1(a)所示。假定开关是理想的,则瞬时输出电压决定于开关的通断状态。由图 11.4.1(b),根据开关占空比可计算平均输出电压为

$$U_{\mathrm{o}} = \frac{1}{T_{\mathrm{s}}}\int_0^{T_{\mathrm{s}}} u_{\mathrm{o}}(t)\,\mathrm{d}t = \frac{1}{T_{\mathrm{s}}}\left(\int_0^{t_{\mathrm{on}}} U_{\mathrm{D}}\,\mathrm{d}t + \int_{t_{\mathrm{on}}}^{T_{\mathrm{s}}} 0\,\mathrm{d}t\right) = \frac{t_{\mathrm{on}}}{T_{\mathrm{s}}}U_{\mathrm{D}} = DU_{\mathrm{D}} \qquad (11.4.1)$$

或表示为

$$(U_{\mathrm{D}} - U_{\mathrm{o}})t_{\mathrm{on}} = U_{\mathrm{o}}(T_{\mathrm{s}} - t_{\mathrm{on}})$$

或化简为

$$\frac{U_{\mathrm{o}}}{U_{\mathrm{D}}} = \frac{t_{\mathrm{on}}}{T_{\mathrm{s}}} = D \qquad (11.4.2)$$

所以在电流连续导电的工作模式中,当输入电压一定时,输出电压与开关的占空比呈线性关系,而与任何其他电路参数无关。

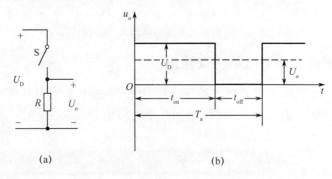

图 11.4.1 直流降压变换的基本电路拓扑结构

11.4.2 直流降压斩波变换电路示例

一个直流降压斩波变换电路如图 11.4.2 所示。图中,V1 为输入电源,电压为 12V。电压控制电压源 V2 和脉冲电压源 V4 组成开关管驱动电路。VT1(2SK4070S)为开关管,栅极受

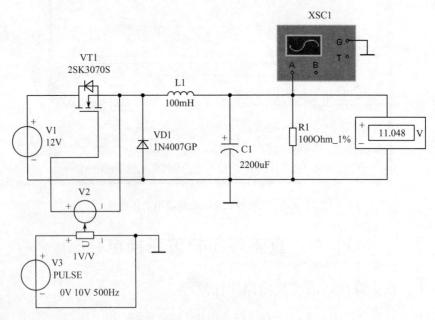

图 11.4.2 直流降压斩波变换电路

电压控制电压源 V2 控制,电压控制电压源 V2 受脉冲电压源控制。双击 V4,可以打开 V4 的对话框,如图 11.4.3 所示,在对话框中可以修改脉冲宽度、上升时间、下降时间和脉冲电压等参数。当改变占空系数 D 时,启动仿真,可以看到电路输出电压的变化,基本满足式(11.4.2)关系(注意:在实际电路中,开关不是理想状态的,存在一定的压降)。单击示波器,可以看到降压斩波变换电路的输出电压变化曲线,如图 11.4.4 所示。

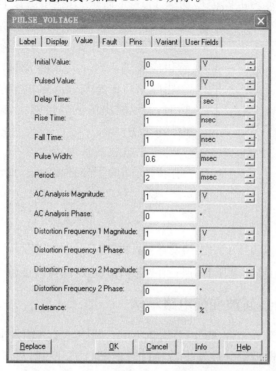

图 11.4.3 脉冲电压源对话框

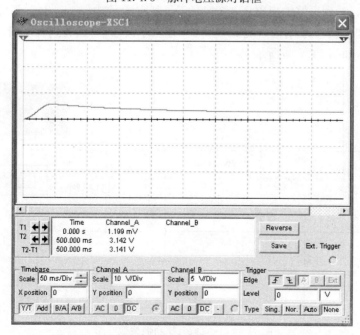

图 11.4.4 直流降压斩波变换电路的输出电压曲线

11.5 直流升压斩波变换电路

11.5.1 直流升压斩波变换电路工作原理

一个直流升压斩波变换电路模型如图 11.5.1 所示,其输出电压 U_o 总是大于输入电源电压 U_D。当开关 S 闭合时,二极管受电容器 C 上的电压影响反偏断开,于是将输出级隔离,由输入端电源向电感供应能量。当开关 S 断开时,二极管正偏导通,输出级吸收来自电感与输入端电源的能量。在进行稳态分析时,假定输出滤波器足够大,以确保一个恒定的输出电压 $u_o(t)=U_o$。

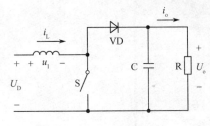

图 11.5.1 直流升压斩波变换电路模型

根据电感的基本特性,在稳态时电感电压在一个周期内对时间的积分必须为零,即

$$U_D t_{on} + (U_D - U_o) t_{off} = 0 \tag{11.5.1}$$

两边除以 T_s,整理后可得

$$\frac{U_o}{U_D} = \frac{T_s}{t_{off}} = \frac{1}{1-D} \tag{11.5.2}$$

式中,D 为占空系数。当输入电压 U_D 保持不变时,改变 D 即可改变输出电压 U_o。

11.5.2 直流升压斩波变换电路示例

一个直流升压斩波变换电路如图 11.5.2 所示。图中,V1 为输入电源,电压为 12V。VT1 (2SK3070S)为开关管,栅极受脉冲发生器(时钟信号源)V2 控制,双击 V2,可以打开 V2 的对话框,如图 11.5.3 所示,在对话框中可以修改频率、占空系数、输出电压。当设置占空系数 D 时,启动仿真,可以看到电路输出电压为 23.127V,基本满足式(11.5.2)关系(注意:在实际电路中,开关不是理想状态的,存在一定的压降)。单击示波器,可以看到升压斩波变换电路的输出电压变化曲线,如图 11.5.4 所示。

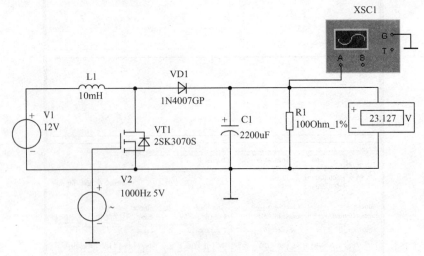

图 11.5.2 直流升压斩波变换电路

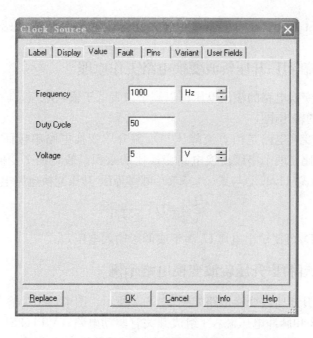

图 11.5.3　脉冲发生器(时钟信号源)参数设置对话框

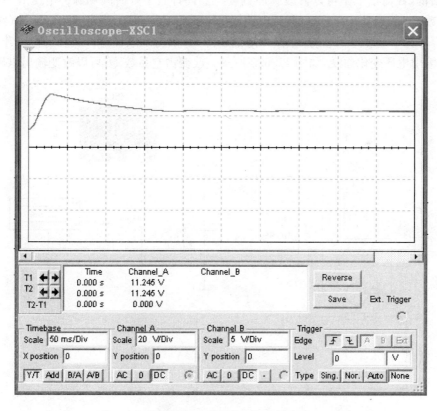

图 11.5.4　直流升压斩波变换电路输出电压曲线

11.6 直流降压-升压斩波变换电路

11.6.1 直流降压-升压斩波变换电路工作原理

直流降压-升压变换电路的输出电压可以高于或者低于输入电压,具有一个相对于输入电压公共端为负极性的输出电压。

直流降压-升压变换电路是由直流降压与直流升压变换电路串接而成的。在稳态时,输出-输入电压的变换比是两个串级变换电路变换比的乘积。假定两个变换电路中的开关具有相同的占空比,根据式(11.4.2)与式(11.5.2),可得降压-升压变换电路电压变换比为

$$\frac{U_o}{U_D} = D \cdot \frac{1}{1-D} \tag{11.6.1}$$

不同的占空比 D,可使输出电压 U_o 高于或低于输入电压 U_D。

11.6.2 直流降压-升压斩波变换电路示例

一个直流降压-升压斩波变换电路如图 11.6.1 所示。图中,V1 为输入电源,电压为 12V。电压控制电压源 V2 和脉冲电压源 V3 组成开关管驱动电路。VT1(2SK3070S)为开关管,栅极受电压控制电压源 V2 控制,电压控制电压源 V2 受脉冲电压源控制。双击 V3,可以打开 V3 的对话框,在对话框中可以修改脉冲宽度、上升时间、下降时间和脉冲电压等参数。当改变占空系数 D 时,启动仿真,可以看到电路输出电压的变化,基本满足式(11.6.1)(注意:在实际电路中,开关不是理想状态的,存在一定的压降)。单击示波器,可以看到降压-升压斩波变换电路的输出电压变化曲线,如图 11.6.2 所示。改变占空系数 D,可以改变输出电压。

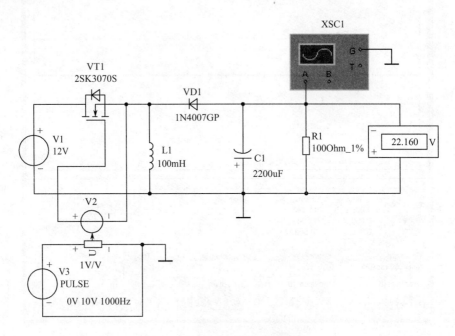

图 11.6.1 直流降压-升压斩波变换电路

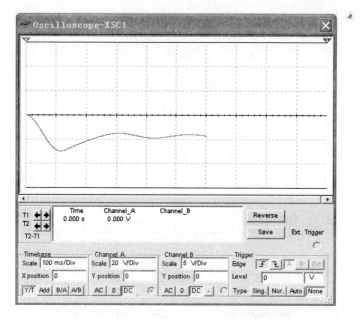

(a)$D=0.6$

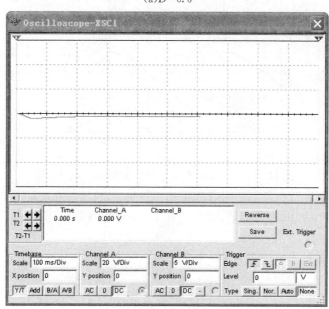

(b)$D=0.2$

图 11.6.2　直流降压-升压斩波变换电路的输出电压曲线

11.7　DC-AC 全桥逆变电路

11.7.1　DC-AC 全桥逆变电路工作原理

一个 DC-AC 全桥逆变电路原理图如图 11.7.1(a)所示,图 11.7.1(b)和(c)给出全桥逆变电路的各点电压及电流波形图。由图可见,控制信号 u_{G1} 和 u_{G3}、u_{G4} 和 u_{G2} 同相;u_{G1} 和 u_{G3}、u_{G4} 和 u_{G2} 的相位互差 180°。

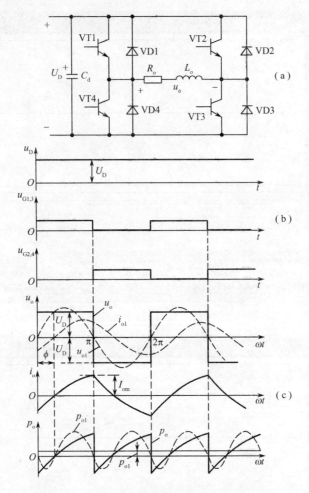

图 11.7.1　DC-AC 全桥逆变电路和电压、电流波形

全桥电路的桥中各臂在控制信号作用下轮流导通,当 VT1 和 VT3 同时处于通态时,VT2 和 VT4 处于断态。电源电压为恒值,输出电压 U_o 为交变方波电压,其幅值为 U_D。输出电压的频率由控制信号决定。

将输出电压 u_o 用傅里叶级数展开

$$u_o = \frac{4U_D}{\pi}\left(\sin\omega t + \frac{1}{3}\sin3\omega t + \frac{1}{5}\sin5\omega t + \cdots + \frac{1}{n}\sin n\omega t\right)$$
$$= U_{o1m}\sin\omega t + U_{o3m}\sin3\omega t + U_{o5m}\sin5\omega t + \cdots + U_{onm}\sin n\omega t \qquad (11.7.1)$$

其中,基波分量 $u_{o1} = U_{o1m}\sin\omega t$,基波的幅值和有效值为

$$U_{o1m} = \frac{4U_D}{\pi} = 1.27U_D$$

$$U_{o1} = \frac{U_{o1m}}{\sqrt{2}} = \frac{2\sqrt{2}U_D}{\pi} = 0.9U_D \qquad (11.7.2)$$

当 VT1、VT3 或 VT2、VT4 导通时,负载由电源获得能量;当 VD1、VD3 和 VD2、VD4 导通时,负载中的电能反馈到 C_d 中,反并二极管和电容 C_d 为无功电流提供了通路。

当负载参数变化时,不会影响输出电压 u_o 的波形,u_o 波形均为交变方波;但负载电流 i_o 的

波形则与负载性质和参数有关。在感性负载下,基波分量 i_{o1} 将滞后于基波电压 u_{o1} 某一电角度 φ,即

$$\varphi = \arctan \frac{\omega L_0}{R_0} \tag{11.7.3}$$

逆变电路输出功率的瞬时值 P_o 为

$$p_o = u_o i_o \tag{11.7.4}$$

负载端的基波瞬时功率为

$$p_{o1} = u_{o1} i_{o1} \tag{11.7.5}$$

11.7.2 MOSFET DC-AC 全桥逆变电路

一个 MOSFET DC-AC 全桥逆变电路如图 11.7.2 所示。图中,UD 为输入电源,电压为 100V。电压控制电压源 VCVS1～VCVS4 和脉冲电压源 V1～V4 组成 MOSFET 功率开关管驱动电路。VT1～VT4 为 MOSFET 功率开关管,栅极受电压控制电压源 VCVS1～VCVS4 (u_{G1} 和 u_{G3},u_{G4} 和 u_{G2})控制,电压控制电压源 VCVS1～VCVS4 受脉冲电压源 V1～V4 控制。双击 V1～V4,可以打开 V1～V4 的对话框,如图 11.7.3 所示,在对话框中可以修改脉冲宽度、上升时间、下降时间和脉冲电压等参数。VCVS1、VCVS3 与 VCVS2、VCVS4 的相位互差 180°。

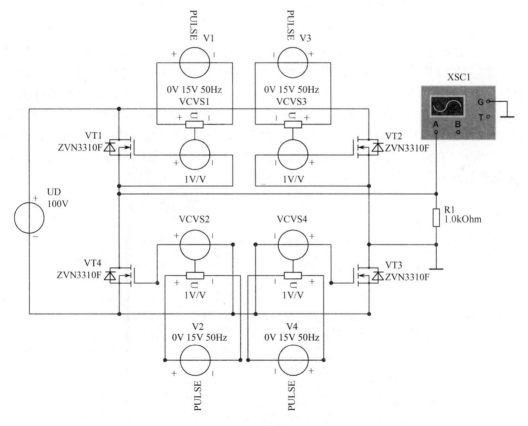

图 11.7.2 MOSFET DC-AC 全桥逆变电路

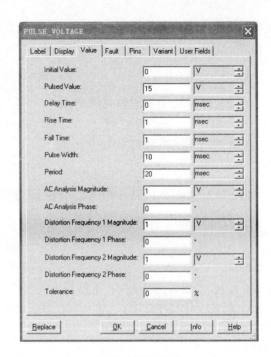

(a)V2 和 V4 对话框　　　　　　　　　　　　　　　　(b)V1 和 V3 对话框

图 11.7.3　V1～V4 的对话框

应注意的是,触发脉冲周期是 20ms(对应是 360°,即 2π)。修改 Pulse Width(脉冲宽度)参数,可以改变 MOSFET 功率开关管的导通时间。控制导通角或触发角 α 与 Delay Time 参数相对应,修改 Delay Time 参数即可修改触发角 α。例如,当设置 V1 和 V3 的 Delay Time 参数(即触发角 α)为 3ms 时,应设置 V2 和 V4 的 Delay Time 参数(即触发角 α)为 13ms(10ms 对应 π),使两者之间相差 180°(π)。启动仿真,单击示波器,可以看到 DC-AC 全桥逆变电路的输出电压波形,如图 11.7.4 所示。在图 11.7.2 电路中增加滤波电感 L1(1.0H)和电容 C1(10μF),可以看到全桥逆变电路输出的基波电压波形,如图 11.7.5 所示,输出电压是一个正弦波。

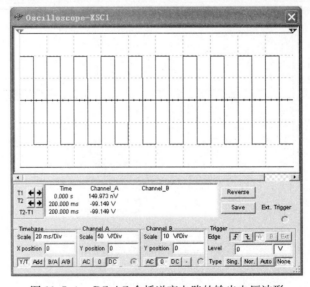

图 11.7.4　DC-AC 全桥逆变电路的输出电压波形

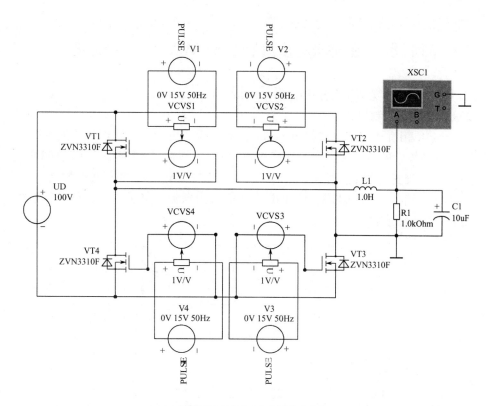

(a)带滤波器的 DC-AC 全桥逆变电路

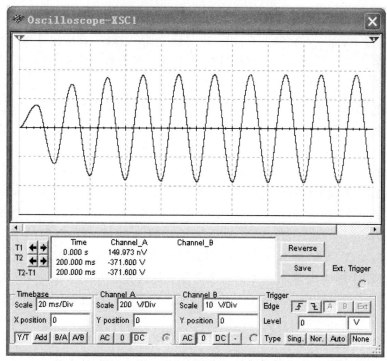

(b)滤波器的输出电压波形

图 11.7.5　带滤波器的 DC-AC 全桥逆变电路和输出电压波形

11.8　正弦脉宽调制(SPWM)逆变电路

11.8.1　正弦脉宽调制逆变电路控制方式

1. 单极性PWM控制方式

一个电压型单相桥式逆变电路如图11.8.1所示,采用电力晶体管作为开关器件。设负载为电感性,对各晶体管的控制按下面的规律进行:在正半周期,让晶体管VT1一直保持导通,而让晶体管VT4交替通、断。当VT1和VT4导通时,负载上所加的电压为直流电源电压U_D。当VT1导通而使VT4关断后,由于电感性负载中电流不能突变,负载电流将通过二极管VD3续流,负载上所加电压为零。

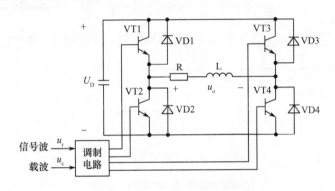

图11.8.1　电压型单相桥式逆变电路

若负载电流较大,那么直到使VT4再一次导通之前,VD3一直持续导通。若负载电流较快地衰减到零,在VT4再一次导通之前,负载电压也一直为零。这样,负载上的输出电压u_o就可得到零和U_D交替的两种电平。同样,在负半周期,让晶体管VT2保持导通。当VT3导通时,负载被加上负电压$-U_D$;当VT3关断时,VD4续流,负载电压为零,负载电压u_o可得到$-U_D$和零两种电平。这样,在一个周期内,逆变器输出的PWM波形就由$\pm U_D$和0三种电平组成。

控制VT4或VT3通、断的方法如图11.8.2所示。载波u_c在调制信号波u_r的正半周为正极性的三角波,在负半周为负极性的三角波。调制信号u_r为正弦波。在u_r和u_c的交点时刻控制晶体管VT4或VT3的通、断。在u_r的正半周,VT1保持导通,当$u_r > u_c$时,使VT4导通,负载电压$u_o = U_D$,当$u_r < u_c$时,使VT4关断,$u_o = 0$;在u_r的负半周,VT1关断,VT2保持导通,当$u_r < u_c$时,使VT3导通,$u_o = -U_D$,当$u_r > u_c$时,使VT3关断,$u_o = 0$。这样,就得到PWM波形u_o。图中虚线u_{of}表示u_o中的基波分量。像这种在u_r的半个周期内三角波载波只在一个方向变化,所得到输出电压的PWM波形也只在一个方向变化的控制方式称为单极性PWM控制方式。

2. 双极性PWM控制方式

图11.8.1的单相桥式逆变电路采用双极性PWM控制方式的波形如图11.8.3所示。在双极性方式中,u_r的半个周期内,三角波载波是在正、负两个方向变化的,所得到的PWM波形也是在两个方向变化的。在u_r的一个周期内,输出的PWM波形只有$\pm U_D$两种电平,仍然在调制信号u_r和载波信号u_c的交点时刻控制各开关器件的通、断。

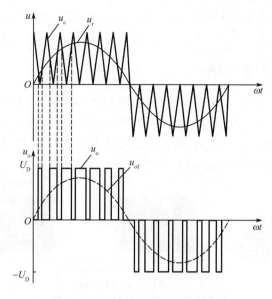

图 11.8.2 单极性 PWM 控制方式

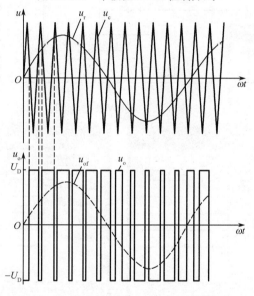

图 11.8.3 双极性 PWM 控制方式的波形

在 u_r 的正、负半周,对各开关器件的控制规律相同。当 $u_r > u_c$ 时,给晶体管 VT1、VT4 以导通信号,给 VT2、VT3 以关断信号,输出电压 $u_o = U_D$。当 $u_r < u_c$ 时,给 VT2、VT3 以导通信号,给 VT1、VT4 以关断信号,输出电压 $u_o = -U_D$。可以看出,同一半桥上、下两个桥臂晶体管的驱动信号极性相反,处于互补工作方式。

在电感性负载的情况下,若 VT1 和 VT4 处于导通状态时,给 VT1 或 VT4 以关断信号,而给 VT2 和 VT3 以开通信号后,则 VT1 或 VT4 立即关断,因感性负载电流不能突变,VT2 和 VT3 并不能立即导通,二极管 VD2 和 VD3 导通续流。当感性负载电流较大时,直到下一次 VT1 和 VT4 重新导通前,负载电流方向始终未变,VD2 和 VD3 持续导通,而 VT2 和 VT3 始终未开通。当负载电流较小时,在负载电流下降到零之前,VD2 和 VD3 续流,之后 VT2 和 VT3 开通,负载电流反向。不论 VD2 和 VD3 导通,还是 VT2 和 VT3 开通,负载电压都是一

U_D。从 VT2 和 VT3 开通向 VT1 和 VT4 开通切换时,VD1 和 VD4 的续流情况和上述情况类似。

11.8.2 SPWM 产生电路

SPWM 产生电路如图 11.8.4 所示,图中采用 LM339AJ 比较器作为 SPWM 调制电路,函数发生器 XFG1 产生 1kHz 的三角波信号作为载波信号 u_c,函数发生器 XFG1 产生 50Hz 的正弦波信号作为调制信号 u_r。XFG1 和 XFG2 对话框设置如图 11.8.5 所示,产生的波形如图 11.8.6 所示。通过比较器产生的波形如图 11.8.7 所示。

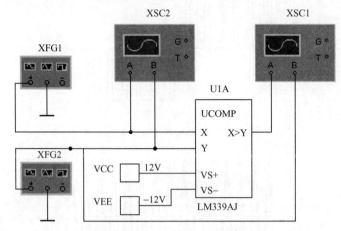

图 11.8.4　SPWM 产生电路

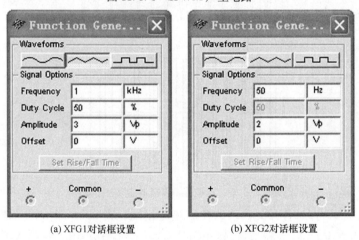

(a) XFG1对话框设置　　　　　　(b) XFG2对话框设置

图 11.8.5　XFG1 和 XFG2 对话框设置

11.8.3 SPWM 逆变电路

SPWM 逆变电路如图 11.8.8 所示。图中函数发生器 XFG1 产生 1kHz 的三角波信号作为载波信号 u_c,函数发生器 XFG1 产生 50Hz 的正弦波信号作为调制信号 u_r,XFG1 和 XFG2 对话框设置如图 11.8.5 所示。图中采用 LM339AJ 比较器作为 SPWM 调制电路,3545AM 作为反相放大器,产生的波形如图 11.8.8(c)所示。在负载电阻 R4 上的输出波形如图 11.8.8(d)所示。

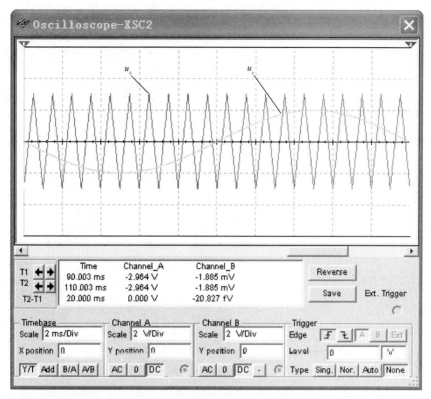

图 11.8.6　XFG1 和 XFG2 产生的波形

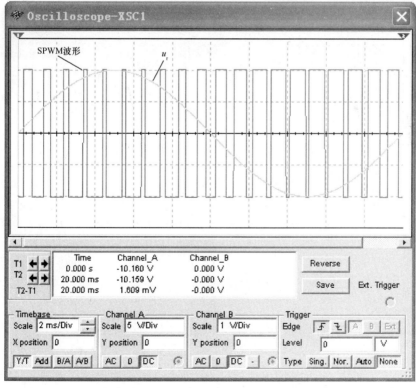

图 11.8.7　通过比较器产生的波形

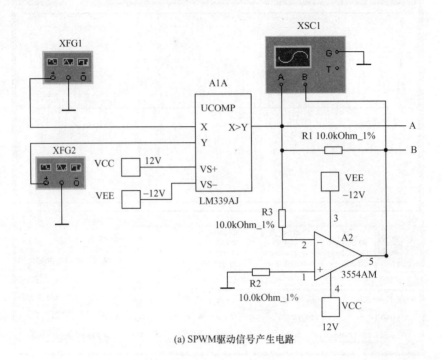

(a) SPWM驱动信号产生电路

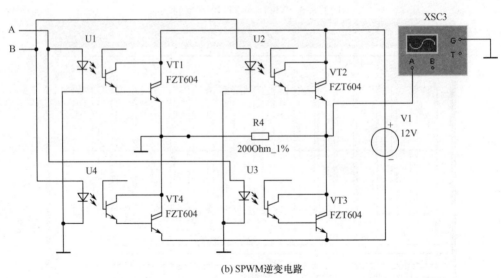

(b) SPWM逆变电路

图 11.8.8 SPWM 逆变电路

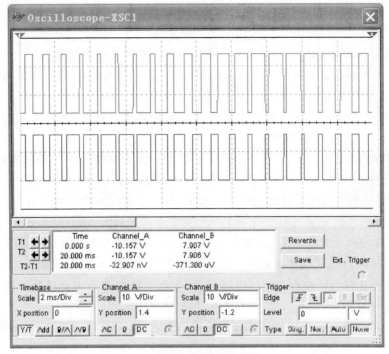

(c) SPWM逆变电路驱动信号

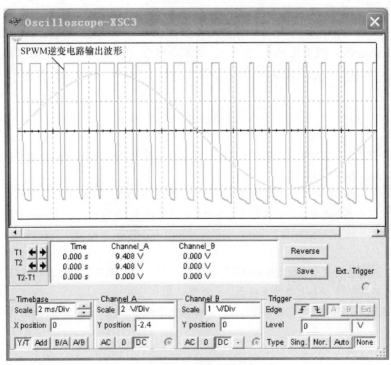

(d) SPWM逆变电路输出波形

图 11.8.8　SPWM 逆变电路(续)

本 章 小 结

电源电路是各种电子设备必不可少的组成部分。本章主要内容有：

（1）介绍了单相半波可控整流电路，单相半波可控整流电路中的相控开关器件为晶闸管（SCR），负载为电阻负载。

（2）单相半控桥整流电路是由 4 个管子组成的桥式整流电路，其中两只为触发脉冲互差 180°的晶闸管，两只为整流二极管。

（3）三相桥式整流电路是由一组共阴极电路和一组共阳极电路串联组成的，在任何时刻都必须有两个整流管导通，三相桥式整流电路的整流电压为三相半波时的 2 倍，三相桥式整流电路每隔 60°有一个整流管要换流，整流输出的电压属于变压器次级的线电压。

（4）直流降压斩波变换电路产生一个低于直流输入电压 U_D 的平均输出电压 U_o。

（5）直流升压斩波变换电路，其输出电压 U_o 总是大于输入电源电压 U_D。

（6）直流降压-升压变换电路的输出电压可以高于或者低于输入电压，具有一个相对于输入电压公共端为负极性的输出电压。直流降压-升压变换电路是由直流降压与直流升压变换电路串接而成的。

（7）DC-AC 全桥逆变电路完成直流到交流的变换，电源电压为恒值，输出电压 U_o 为交变方波电压。

（8）SPWM 逆变器的输出是一组等幅、等距而不等宽的脉冲序列，其脉宽基本上按正弦分布，以此脉冲序列来等效正弦电压波。

掌握电源电路的仿真设计与分析方法是本章的重点。控制整流电路中晶闸管的导通角可以控制整流输出电压。改变电感 L、电容 C、续流二极管 VD 和开关 S 位置可以获得不同形式的直流降压/升压斩波变换电路。逆变电路的输出脉冲序列波形与控制信号的形式有关。

思考题与习题 11

11.1　单相全控桥式整流电路和单相半控桥式整流电路接大电感负载，负载两端并接续流二极管的作用是什么？两者的作用是否相同？

11.2　一个单相全控桥式整流电路的 $\alpha=60°$，$U_S=220V$，求当电阻负载 $R=100\Omega$ 和电阻电感负载 $R=100\Omega$、$L=\infty$ 情况下的整流电压 U_o、负载电流 I_o 与电源输入电流 I_S，并作出 u_o、i_o 与 i_S 的波形。

11.3　在三相半波整流电路中，如果 a 相的触发脉冲消失，试仿真在电阻性负载和电感性负载下的整流电压波形。

11.4　在三相全控桥式整流电路中有电阻性负载。如果一个晶闸管不能导通，此时整流波形如何？如果有一个晶闸管被击穿（短路），其他晶闸管受什么影响？

11.5　变流器产生逆变状态应具备哪些条件？哪些类型的变流电路不能实现逆变工作？试仿真一个变流器电路。

11.6　考虑一个降压变流器所有元件是理想的。在 $u_o=6V$ 时，通过控制开关的占空比 D 使 $u_o \approx U_o$ 保持为常数。若 $U_D=10\sim40V$，$P_o>10W$ 及 $f_s=100kHz$，试计算在各种条件下为保持变流器工作在连续导电模式所需的最小电感 L_{min}。

11.7　考虑一个升压变流器所有元件是理想的。已知 $U_D=10\sim20V$，$U_o=24V$，$f_s=20kHz$ 及 $C=470\mu F$。若 $P_o=10W$，试计算为使变流器工作在连续导电模式所需的 L_{min}。

11.8 考虑一个降压-升压变流器所有元件是理想的。已知 $U_D=10\sim40V,U_o=15V,f_s=20kHz$ 及 $C=470\mu F$。若 $P_o=5W$,试计算为使变流器工作在连续导电模式所需的 L_{min}。

11.9 试设计一个采用晶体管的 DC-AC 全桥逆变电路。

11.10 试设计一个采用 MOSFET 的 SPWM 逆变电路。

第12章　应用电路

内容提要

本章介绍一些应用电路示例,主要有函数波形发生器电路,阶梯波发生器电路,铁路和公路交叉路口交通控制器的设计,病房呼叫系统的设计,8路数显报警器,汽车尾灯控制电路,计数器、译码器、数码管驱动显示电路,程控电压衰减器电路与计算机仿真设计方法。

知识要点

子电路、电路功能的模块化、电路综合、应用要求与逻辑函数之间的转换。

教学建议

本章的重点是掌握综合应用电路的仿真设计与分析方法。**建议学时数为2学时**。通过对1~2个应用电路的分析,掌握综合应用电路设计的一些技巧,如子电路设计、电路功能的模块化等。注意应用要求与逻辑函数之间的转换。本章内容可以作为学生课后作业和课程设计题目。注意解决一个实际问题,可以采用不同形式的电路形式。

12.1　函数波形发生器电路

函数发生器一般是指能自动产生正弦波、三角波(锯齿波)、方波(矩形波)、阶梯波等电压波形的电路和仪器。电路形式可以采用由运放及分离元件构成,也可采用单片集成函数发生器,根据用途不同,有产生多种波形的函数信号发生器,本例介绍产生方波和三角波的函数发生器,电路如图12.1.1所示。

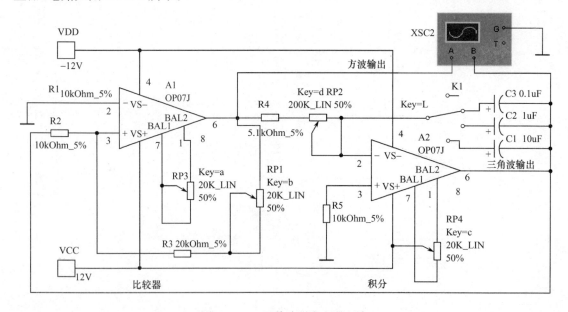

图 12.1.1　函数波形发生器电路

此电路的频率范围:1~10Hz,10~100Hz,100Hz~1kHz。元件参数的选定如下。

方波-三角波的频率有

$$f=\frac{R_3+R_{RP1}}{4R_2(R_4+R_{RP2})C}\qquad(12.1.1)$$

而

$$\frac{R_2}{R_3+R_{RP1}}=\frac{1}{3}\qquad(12.1.2)$$

取 $R_2=10\text{k}\Omega$,则 $R_3+R_{RP1}=30\text{k}\Omega$;取 $R_3=20\text{k}\Omega$,$R_{RP1}=20\text{k}\Omega$。

由式(12.1.1)得

$$R_4+R_{RP2}=\frac{3}{4fC}$$

当 $1\text{Hz}\ll f\ll10\text{Hz}$ 时,取 $C=10\mu\text{F}$,$R_4+R_{RP2}=75\sim7.5\text{k}\Omega$,$R_4=5.1\text{k}\Omega$,$R_{RP2}=100\text{k}\Omega$;当 $10\text{Hz}\ll f\ll100\text{Hz}$ 时,取 $C=1\mu\text{F}$;当 $100\text{Hz}\ll f\ll1000\text{Hz}$ 时,取 $C=0.1\mu\text{F}$。

改变开关 K 与电容 C1、C2、C3 的连接位置,可改变三角波、方波的输出频率,单击示波器可以观察到输出波形。

12.2　阶梯波发生器电路

该电路产生 5 个台阶的阶梯波电路,电路由电压跟随器、压控振荡器、五进制计数器、缓冲器、反相求和电路及反相器组成,其框图如图 12.2.1 所示。

图 12.2.1　阶梯波发生器电路框图

阶梯波发生器原理电路如图 12.2.2 所示。

压控振荡器的频率为

$$f=\frac{1}{2(R_3+R_{RP1})}\cdot\frac{R_7}{R_8}\cdot\frac{U_c}{U_{om}}$$

式中,U_{om} 为 LM311 最大输出电压,约为 13V。

由上式可知,若要改变阶梯波的频率,可通过调节压控振荡器的频率来实现。对阶梯波幅值的要求可通过调节 RP2 来实现。对阶梯波台阶的要求可通过改变 74LS90 的计数状态来实现。本例运放 A1D、A1C 输出电压随计数器 74LS90 状态转换,如表 12.2.1 所示。电路仿真结果如图 12.2.3 所示。

表 12.2.1　运放 A1D、A1C 输出电压随计数器 74LS90 状态转换表

74LS90			A1D 输出	A1C 输出
QD	QC	QB	A1D(V)	A1C(V)
0	0	0	0	0
0	0	1	−1.25	2
0	1	0	−2.5	4
0	1	1	−3.75	6
1	0	0	−5.0	8

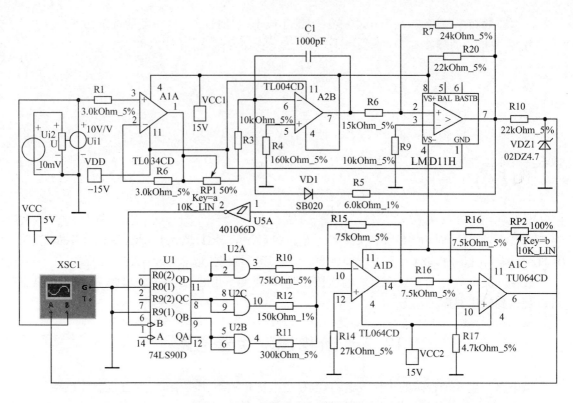

图 12.2.2　阶梯波发生器原理电路

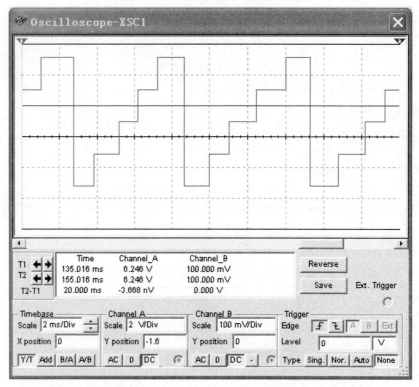

图 12.2.3　5 个台阶的阶梯波仿真图

12.3 交叉路口交通控制器的设计

12.3.1 交通控制器的设计原则

设计一个铁路和公路交叉路口的交通控制器。图 12.3.1(a)是该铁路和交叉路口的平面位置示意图。在 P_1 和 P_2 点设置两个压敏元件(在仿真电路中用开关替代),这两点相距较远,因此一列火车不会同时压在两个压敏元件上。A 和 B 是两个栅门。当火车由东向西或由西向东通过 P_1P_2 段,且当火车的任何部分位于 P_1P_2 之间时,栅门 A 和 B 应同时关闭,否则栅门同时打开。压敏元件的功能是:当它感受到火车的压力时,产生逻辑电平 1,否则产生逻辑电平 0。设位于 P_1 和 P_2 两点的压敏元件所输出的信号分别为 x_1 和 x_2。栅门 A 和 B 的开闭由图 12.3.1(b)所示的电路控制。控制电路的输入是压敏元件所发出的信号 x_1 和 x_2,输出信号 z 用来控制栅门 A 和 B,当 $z=1$ 时,栅门关闭;当 $z=0$ 时,栅门打开。

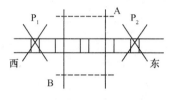

(a) 铁路和交叉路口的平面位置示意图   (b) 电路控制框图

图 12.3.1 交通控制器示意图

本例的状态设置分别为:

S_1,火车在 P_1 和 P_2 区间之外(对应输入 $x_1x_2=00$);

S_2,火车自西向东行驶,并压在 P_1 上;

S_3,火车继续自西向东行驶,且位于 P_1 和 P_2 之间;

S_4,火车仍自西向东行驶,压在 P_2 上;

S_5,火车自东向西行驶,并压在 P_2 上;

S_6,火车继续自东向西行驶,且位于 P_1 和 P_2 之间;

S_7,火车仍自东向西行驶,并压在 P_1 上。

交通控制状态如表 12.3.1 所示。

表 12.3.1 交通控制状态表

x_1x_2	00	01	11	10
S_1	$S_1/0$	$S_5/1$	$\times/\times$	$S_2/1$
S_2	$S_3/1$	$\times/\times$	$\times/\times$	$S_2/1$
S_3	$S_3/1$	$S_4/1$	$\times/\times$	$\times/\times$
S_4	$S_1/0$	$S_4/1$	$\times/\times$	$\times/\times$
S_5	$S_6/1$	$S_5/1$	$\times/\times$	$\times/\times$
S_6	$S_6/1$	$\times/\times$	$\times/\times$	$S_7/1$
S_7	$S_1/0$	$\times/\times$	$\times/\times$	$S_{17}/1$

对表 12.3.1 进行状态化简,从而可得到简化的状态表,如表 12.3.2 所示。

表 12.3.2　化简后的交通控制状态表

$x_1 x_2$	00	01	11	10
S_1	$S_1/0$	$S_5/1$	$\times/\times$	$S_2/1$
S_2	$S_2/1$	$S_4/1$	$\times/\times$	$S_2/1$
S_4	$S_1/0$	$S_4/1$	$\times/\times$	$S_4/1$
S_5	$S_5/1$	$S_5/1$	$\times/\times$	$S_4/1$

12.3.2　交通控制器电路

电路如图 12.3.2 所示,在编辑该电路图时,需要进行如下设置。

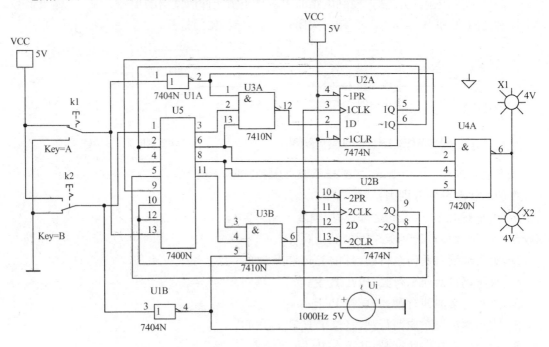

图 12.3.2　以 D 触发器为核心实现交通控制器逻辑电路

① D 触发器和其他数字元件均取自 TTL 元件库 74 系列元件箱。触发器的时钟信号选用 Clock Source,参数为 1000Hz、5V。

② P_1 和 P_2 点上的压敏元件是从 Basic 元件库中取出的两个单刀双掷开关(SPDT)来代替。当开关向上打,模仿火车已压在压敏元件上,输入信号为 1;而如开关打到下端,则模仿火车没有压着压敏元件,相应的输入信号为 0。两开关的上、下搬动,分别设置为按键盘上的 A、B 键来进行。

③ 输出信号 z 控制的两个栅门 A 和 B 分别用两个数字指示器(Probe)来模拟。当输出 z=1 时,Probe 不发光,表示两个栅门关闭;而输出 z=0 时,Probe 发光,则表示栅门打开。由于当电路的数字元件设置为 Real 时,TTL 的输出高电平约 4.5V,为了可靠发光,Probe 的发光门限设置为 4V。

④ 为了进行 Real 仿真,在电路中已经有了 5V 数字电源的基础上,还要示意属性地设置一个数字接地端,否则得不到正确的结果。

⑤ 为了使电路简洁,本例中将 4 个与非门设计成一个子电路。

从 TTL 元件库中取出 4 个与非门,启动菜单中 Place Input/Output 命令,取出 4 个输入/输出端与逻辑电路连接,并对端子进行重新设置命名,如图 12.3.3(a)所示。

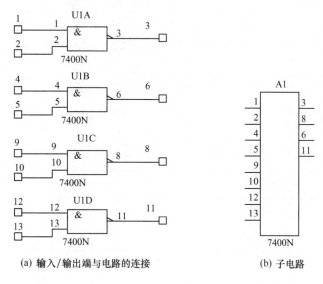

(a) 输入/输出端与电路的连接　　　　(b) 子电路

图 12.3.3　子电路的设置

按住鼠标左键拖出一个方框(或按 Ctrl＋A 快捷键),把图 12.3.3(a)全部圈入方框内(即全部选中),再启动 Place 菜单中的 Replace by Subcircuit 命令,在出现的 Subcircuit Name 对话框中输入相应的符号,即可得到如图 12.3.3 (b) 所示子电路。

编辑好电路后,启动 Simulate 菜单中的 Digital Simulation Setting 命令,在打开的 Digital Simulation Settings 对话框中选择 Real 项,然后再启动电路的仿真开关,就可进行仿真观察。

若火车从西向东开过,通过单击 A、A、B、B 顺序来进行模拟。而火车从东向西开过,则通过单击 B、B、A、A 顺序来进行。如果用其他顺序来操作,将产生错误的结果,但这不影响电路的正确性,因为其他顺序操作在实际情况下是不可能出现的。

12.4　病房呼叫系统的设计

本例设计某医院有 7 个病房房间,每间病房门口设有呼叫显示灯,室内设有紧急呼叫开关,同时在护士值班室设有一个数码显示管,可对应显示病室的呼叫号码。

现要求当一号病房的按钮按下时,无论其他病室的按钮是否按下,护士值班室的数码显示"1",即"1"号病室的优先级别最高,其他病室的级别依次递减,7 号病室最低,当 7 个病房中有若干个请求呼叫开关合上时,护士值班室的数码管所显示的号码即为当前相对优先级别最高的病室呼叫的号码,同时在有呼叫的病房门口的指示灯闪烁。待护士按优先级处理完后,将该病房的呼叫开关打开,再去处理下一个相对最高优先级的病房的事务。全部处理完毕后,即没有病室呼叫,此时值班室的数码管显示"0"。

本例在设计中采用了 8/3 线优先编码器 74LS148,74LS148 有 8 个数据端(0～7),3 个数据输出端(A0～A1),1 个使能输入端(EI,低电平有效),两个输出端(GS,E0),其功能请见 8.2 节。数据输出端 A～C 根据输入端的选通变化,分别输出 000～111 这 0～7 二进制码,经逻辑组合电路与74LS47D BCD-七段译码器/驱动器的数据输入端（A～C）相连,最终实现设计要求的电路功能,电路如图12.4.1所示。电路中与门74LS08D的输出端(3、6、8)与74LS47D BCD-七段译码器/驱动器的数据输入端的数据端(A、B、C)连接。

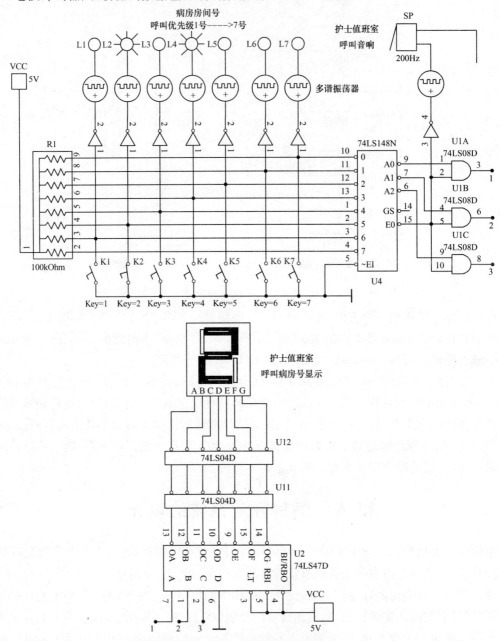

图12.4.1　病房呼叫系统电路

此例仿真可在 Multisim 的主界面下,启动仿真开关即可进行电路的仿真。在图12.4.1中,K1～K7 为病房呼叫开关,在其下方的 Key＝1,…,Key＝7 分别表示按下键盘上1～7 数字键,即可控制相应开关的通道。L1～L7 为模拟病房门口的呼叫指示灯,当呼叫开关 K1～K7 任何开关被按下时,相应开关上的指示灯即闪烁发光,同时护士值班室的数码管即显示相对最高优先级别的病房号,而且蜂鸣器 SP 会令计算机上的扬声器发声。

12.5　8路数显报警器

图 12.5.1 所示电路是由 8 位优先编码器 4532BT、BCD-锁存/7 段译码/驱动器 4511BD、六反相器 4069BD 及时基电路 LM555CH 等构成的 8 路数显优先报警器。

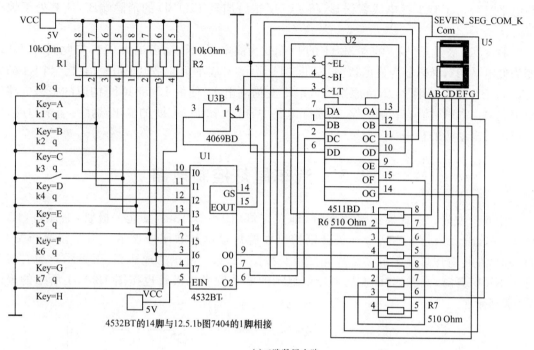

(a) 8路数显电路

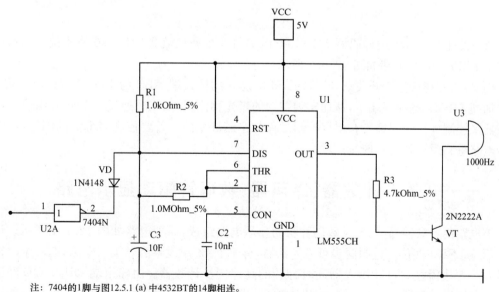

注：7404的1脚与图12.5.1 (a) 中4532BT的14脚相连。

(b) 8路报警电路

图 12.5.1　8 路数显报警电路

图 12.5.1(a)电路中,U1 的 8 路输入控制端分别接有 K0~K7 8 个开关,对应输入端 I0~I7。平时 K0~K7 均为接通状态,I0~I7 均为低电平"0"状态,当某一个开关断开时,则对应输入端变为高电平"1"状态,U1 将其编为二进制码输出送至译码/驱动器 U2,译码后由数码管显示出报警的路数。

图 12.5.1(a)电路为预备报警状态时,4532BT 将输出为"000"码,同时允许输出端 EO 为高电平"1",为了减少耗电或者误显,将 EO 反相后加至 4511BD 的消隐端 $\overline{BI}$,使其处于熄灭状态。

假设 K3 被断开,相应的 4532BT 的 D 端变为高电平"1",输出端为 011,与此同时,E0 端变为低电平"0",译码器为显示状态,LED5011 显示"3"表示第 3 路出现报警信号。当 K4 断开时,4532BT 的组选端 14 脚由原来的低电平变为高电平,使由 LM555CH 构成的报警电路发出报警声。本软件没有音响电路,在实际电路中,可在 LM555CH 的输出端接一音响电路,使扬声器发出动听的音乐。

12.6　汽车尾灯控制电路

用 6 个发光二极管模拟汽车尾灯,即左尾灯(L1~L3)3 个发光二极管,右尾灯(R1~R3)3 个发光二极管。用两个开关分别控制左尾灯显示和右尾灯显示。当左转弯开关 KL 打开时,左转弯尾灯显示的 3 个发光二极管按图 12.6.1 所示的规律亮、灭显示。当右转弯开关 KR 打开时,同样,如同左转弯尾灯显示的 3 个发光二极管也按图 12.6.1 所示的规律亮、灭显示。

图 12.6.1　左转弯显示规律图

该电路主要由 3/8 线译码器 74LS138、BCD 同步加减计数器 74LS190 及 4 位双向移位寄存器 74LS194 组成,电路如图 12.6.2 所示。

例如,当左尾灯控制开关断开时,74LS138 芯片的输入端 ABC 为 100,通过译码后将 100 信号加到 74S194 的相应端子,从而实现左边的灯光移位闪烁,同时通过 74LS190 组成三进制计数器来控制 3 个灯闪烁。右尾灯控制过程与左尾灯相同。若要控制多个灯的闪烁,可将计数器电路重新设计就能实现。

12.7　计数器、译码器、数码管驱动显示电路

该电路由计数器、译码器及数码管驱动显示电路组成,原理电路如图 12.7.1 所示。计数器选用 74LS191 四位二进制同步可逆计数器,有 4 个 JK 触发器和若干门电路,有一个时钟输入(CLK)正边沿触发,4 个触发器同时翻转的高速同步计数器。由输出端 QB 和 QD 经逻辑组合电路接至计数器(LOAD)端,构建计数进位阻塞电路。设计时可根据需要,由相应的输出端构建组合逻辑电路,从而实现不同进制的计数器。

从虚拟仪器中取逻辑分析仪 XLA1,其上有 1~F 共 16 个输入端,1~4 端分别与计数器的 4 个数据输出端 QA~QD 相连,第 5~11 端分别与数码管的七段 A~G 相连,第 12 端接

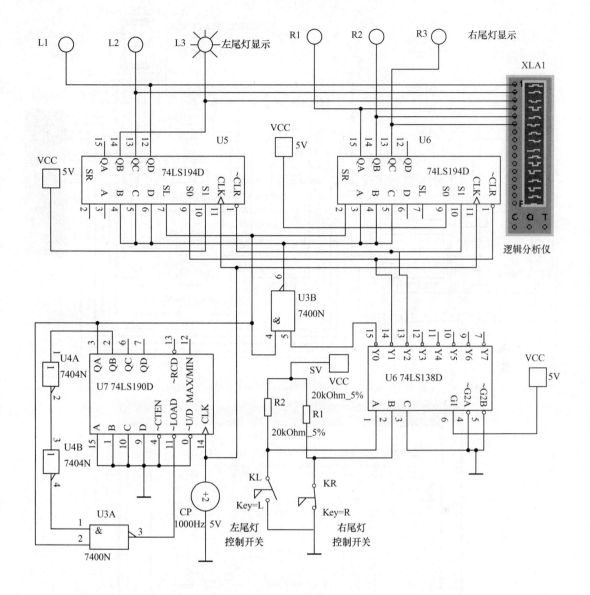

图 12.6.2　汽车尾灯控制电路

CLK 脉冲输入端。双击逻辑分析仪，将出现逻辑分析仪面板窗口，如图 12.7.2 所示。

改变逻辑分析仪 Clock 区（Clock/Div）的个数，从"1"调到"32"。在图 12.7.2 的左侧，"◉"显示的号码为原理图的节点号码，其并不能表示出计数器输出端和数码管的段位字母，显示不直观，所以要对原理图进行编辑。双击与逻辑分析仪"1"号输入端连接的图线，出现如图 12.7.3 所示对话框。将对话框中 Node name 改成与数码管相对应的符号 A，其他与逻辑分析仪输入端的连线都以此法修改，单击仿真开关或按 F₅ 键进行仿真，计数器的输出和数码管的波形时序关系则立即直观地被显示在"Logic Analyzer-XLA1"的面板窗口中，如图 12.7.2 所示。

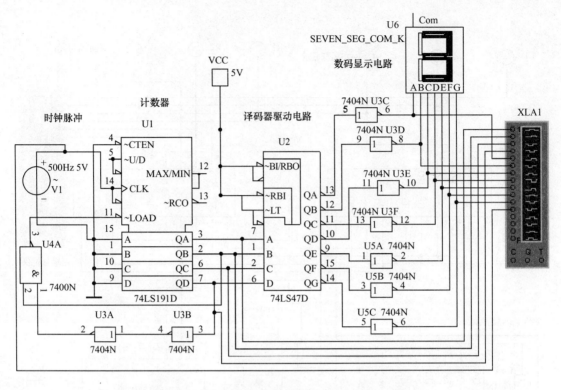

图 12.7.1　计数器、译码器、数码管驱动显示电路

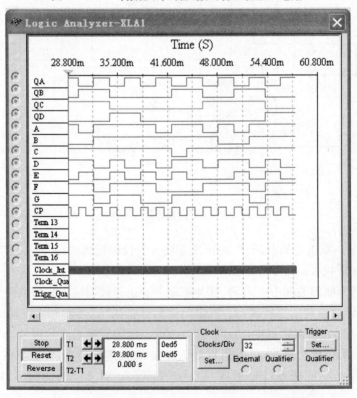

图 12.7.2　时钟脉冲、输入、输出波形时序关系图

图 12.7.3　Node 对话框

12.8　程控电压衰减器

该程控电压衰减器在数字信号控制下，可以获得不同的衰减量，这在自动量程控制、自动增益纠正等场合非常有用。

图 12.8.1 所示电路是由四双向模拟开关 4066BD 和四运算放大器 3554AM 等构成的程控电压衰减器。4066BD 双向模拟开关的 13、8、6 脚为控制端（分别用 A2、A1、A0 表示），分别控制由 1,2,3、4,8,9 脚构成的开关。

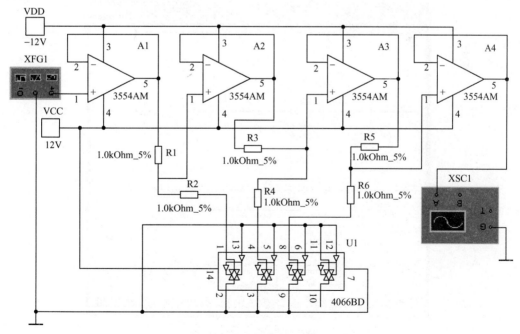

图 12.8.1　程控电压衰减器

电路中,将分压电阻接在 3354AM 的同相输入端,便构成了电压衰减器。3 个电阻分压器经 4066BD 的开关 1、2、3、4、8、9 分别接通时的衰减量 K1、K2、K3 可分别表示为

$$K1=20\lg\frac{R_2}{R_1+R_2}(dB)$$

$$K2=20\lg\frac{R_4}{R_3+R_4}(dB)$$

$$K3=20\lg\frac{R_6}{R_5+R_6}(dB)$$

在 3 位二进制数字 A0、A1、A2 的控制下,可获得 8 种不同的衰减量,其衰减量与控制量的关系见表 12.8.1。

表 12.8.1 衰减量与控制量的关系表

A2	A1	A0	顺序	衰减值
0	0	0	0	0dB
0	0	1	1	K3
0	1	0	2	K2
0	1	1	3	K2+K3
1	0	0	4	K1
1	0	1	5	K1+K3
1	1	0	6	K1+K2
1	1	1	7	K1+K2+K3

假设 K1=−40dB,K2=−20dB,K3=−10dB,则每级衰减量为−10dB。该电路可实现从 0,10,20,…,70 步长为 10 的衰减。当选取不同电阻值时,还可以改变步长。当控制端输入 000 时,衰减为 0dB,图 12.8.2 所示为衰减值 0dB 时的输出波形。图 12.8.3 所示为衰减值 K1 时的输出波形。

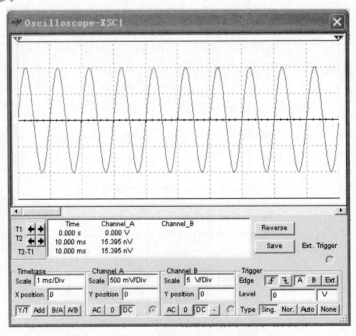

图 12.8.2 衰减值 0dB 时的输出波形

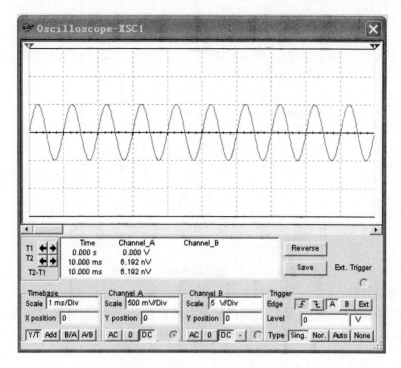

图 12.8.3　衰减值 K1 时的输出波形

本例中,四双向模拟开关集成电路 4066BD 的 4 个开关只用了 3 个,剩余一个若无他用,可将控制端接地。14 脚接正电源,7 脚接地。

12.9　数字时钟的设计

12.9.1　数字时钟的电路结构

数字时钟是用数字集成电路构成,用数码显示的一种现代化计数器,由振荡器、分频器、校时电路、计数器、译码器和显示器 6 个部分组成。振荡器和分频器组成标准秒信号发生器,不同进制的计数器、译码器和显示器组成计时系统,通过校时电路实现对时、分的校准。由于采用纯数字硬件设计制作,与传统机械表相比,具有走时准确、显示直观、无机械传动装置等特点。其基本原理的逻辑框图如图 12.9.1 所示。

由图 12.9.1 可以看出,石英晶体振荡器产生的信号经过分频器作为秒脉冲,秒脉冲送入计数器计数,计数结果通过"时"、"分"、"秒"译码器显示时间。其中,晶体振荡器和分频器组成标准秒信号发生器,由不同进制的计数器、译码器和显示器组成计时系统。秒信号送入计数器进行计数,把累计的结果以"时"、"分"、"秒"的数字显示出来。"时"显示由二十四进制计数器、译码器、显示器构成,"分"、"秒"显示分别由六十进制计数器、译码器、显示器构成。本例中只介绍计数、译码及显示电路,振荡器、分频器读者可参照有关教材自行设计。

12.9.2　计数器电路的设计

根据图 12.9.1 可清楚知道,显示"时"、"分"、"秒"需要 6 片中规模计数器。其中,"秒"、"分"计时各为六十进制计数器,"时"计时为二十四进制计数器,六十进制计数器和二十四进制计数器都选用 74LS90 集成块来实现。实现的方法采用反馈清零法。

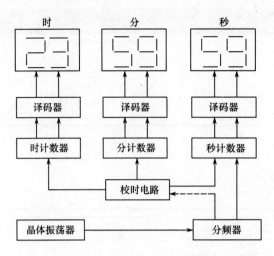

图 12.9.1　数字电子钟的逻辑框图

1. 六十进制计数

"秒"计数器电路与"分"计数器电路都是六十进制,它由一级十进制计数器和一级六进制计数器连接构成,如图 12.9.2 所示,采用两片中规模集成电路 74LS90 串接起来构成"秒"、"分"计数器。

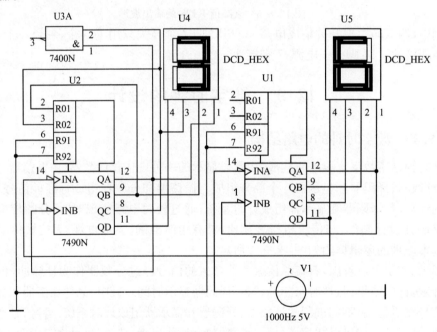

图 12.9.2　六十进制同步递增计数器

由图 12.9.2 可知,U1 是十进制计数器,U1 的 **QD** 作为十进制的进位信号,74LS90 计数器是十进制异步计数器,用反馈归零方法实现十进制计数,U2 和与非门组成六进制计数。74LS90 是在 CP 信号的下降沿翻转计数,U2 的 QA 和 QC 与 0101 的下降沿,作为"分(时)"计数器的输入信号。U2 的输出 0110 高电平 1 分别送到计数器的 R01、R02 端清零,74LS90 内部的 R01 和 R02 与非后清零而使计数器归零,完成六进制计数。由此可见,U1 和 U2 串联实现了六十进制计数。

六十进制计数器子电路创建的具体操作如下：

① 在 Multisim 平台上按住鼠标左键，拖出一个长方形，把用来组成子电路的部分全部选定。

② 启动 Place 菜单中的 Replace by Subcircuit 命令，打开如图 12.9.3 所示的对话框。

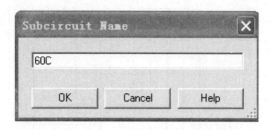

图 12.9.3　Subcircuit Name 对话框

Place 操作中的子电路(New Subcircuit)菜单选项，可以用来生成一个子电路。

在其编辑栏内输入子电路名称，如 60C，单击"OK"按钮，即得到如图 12.9.4 所示的子电路。

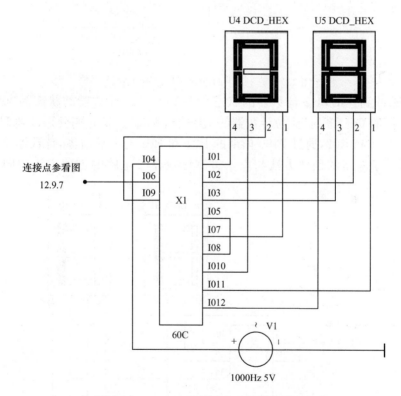

图 12.9.4　六十进制同步递增计数器子电路

2. 二十四进制计数器

时计数电路是由 U1 和 U2 组成的二十四进制计数电路，如图 12.9.5 所示。

由图 12.9.5 可看出，当"时"个位 U2 计数输入端到第 10 个触发信号时，U2 计数器复零，进位端 QD 向 U1"时"十位计数器输出进位信号，当第 24 个"时"(来自"分"计数器输出

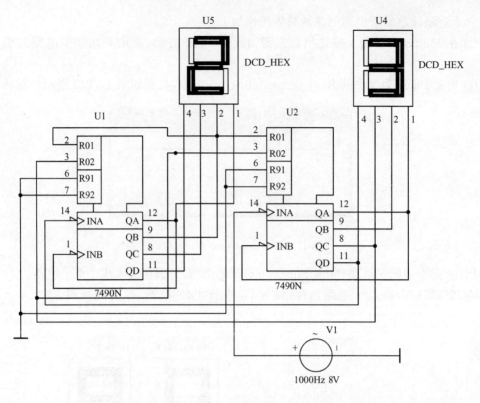

图 12.9.5　二十四进制同步递增计数器

的进位信号）脉冲到达时，U2 计数器的状态为"0100"，U1 计数器的状态为"0010"，此时
"时"个位计数器的 QC 和"时"十位计数器的 QB 输出为"1"。把它们分别送到 U1 和 U2 计
数器的清零端 R01 和 R02，通过 7490 内部的 R01 和 R02 与非后清零，计数器复零，完成二
十四进制计数。子电路的创建方法与六十进制计数器子电路的创建方法相同，其电路如
图 12.9.6 所示。

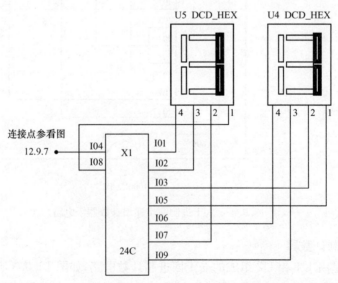

图 12.9.6　二十四进制同步递增计数器子电路

12.9.3　显示器

用七段发光二极管来显示译码器输出的数字,显示器有两种:共阳极或共阴极显示器。74LS48 译码器对应的显示器是共阴(接地)显示器。在本设计中采用的是解码七段排列显示器。

12.9.4　数字钟系统的组成

利用六十进制和二十四进制递增计数器子电路构成的数字钟系统如图 12.9.7 所示。

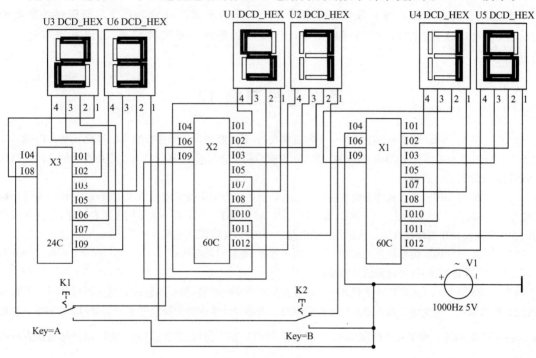

图 12.9.7　数字钟电路

从图 12.9.7 可知,在数字钟电路中,由两个六十进制同步递增计数器完成秒、分计数,由二十四进制同步递增计数器实现小时计数。秒、分、时计数器之间采用同步级联方式。开关 K1 控制小时的二十四进制方式选择,开关 K2 控制分的六十进制方式选择。按下 A 和 B 键,可控制开关 K1 和 K2 将秒脉冲直接引入时、分计数器,实现校时。

本　章　小　结

本章介绍了一些应用电路例。主要内容有:

(1)由运算放大器组成的、能够产生方波和三角波的函数发生器。

(2)阶梯波发生器电路能够产生 5 个台阶的阶梯波,电路由电压跟随器、压控振荡器、五进制计数器、缓冲器、反相求和电路及反相器组成。

(3)以 D 触发器为核心实现的铁路和公路交叉路口交通控制器的设计。

(4)病房呼叫系统有 7 个病房房间,每间病房门口设有呼叫显示灯,室内设有紧急呼叫开关,同时在护士值班室设有一个数码显示管,可对应显示病室的呼叫号码。

（5）8路数显报警器是由8位优先编码器4532BT、BCD锁存/7段译码/驱动器4511BD、六反相器4069BD和时基电路LM555CH等构成的8路数显优先报警器。

（6）汽车尾灯控制电路用6个发光二极管模拟汽车尾灯，即左尾灯（L1～L3）3个发光二极管，右尾灯（R1～R3）3个发光二极管。用两个开关分别控制左尾灯显示和右尾灯显示。

（7）计数器、译码器、数码管驱动显示电路在设计时可根据需要，由相应的输出端构建组合电路，从而实现不同进制的计数器。

（8）程控电压衰减器电路由四双向模拟开关4066BD和四运算放大器3554AM等构成。该程控电压衰减器在数字信号控制下，可以获得不同的衰减量。

掌握综合应用电路的仿真设计与分析方法是本章的重点。注意应用要求与逻辑函数之间的转换、子电路设计、电路功能的模块化等设计技巧。解决一个实际问题，可以采用不同形式的电路形式。

思考题与习题 12

12.1 在 Multisim 仿真软件上设计一个前置放大器，其电路的设计条件为输入信号 $U_i \leqslant 10\text{mV}$；输入阻抗 $R_i \geqslant 100\text{k}\Omega$；共模抑制比 KCMR $\geqslant 60\text{dB}$。要求用交流分析法分析输入、输出信号。将所设计的电路进行仿真，经过调试达到设计要求。

12.2 在 Multisim 仿真软件上由集成运算放大器设计一个三级交流电压放大电路，电路设计条件为输入信号 $U_i = 50\text{mV}$；输出信号 $U_o = -10\text{V}$；输入阻抗 $R_i \geqslant 100\text{M}\Omega$。要求第一级采用电压跟随器，后面两级采用同相比例或反相比例两种方案。将所设计的电路进行仿真，经过调试达到设计要求。

12.3 在 Multisim 仿真软件上设计一个门限比较器，要求门限电压 $U_{T+} = 7.5\text{V}$，$U_{T-} = 1.5\text{V}$，$\Delta U = 6\text{V}$，将所设计的电路进行仿真，经过调试达到设计要求。

12.4 在 Multisim 仿真软件上设计一个波形发生器与变换电路，第一级由运算放大器设计一个正弦波振荡器，第二级设计一个由正弦波变成矩形波的电路。电路设计条件为振荡频率 $f_0 = 1500\text{Hz}$；输出电压稳定且 $U_{o1} = 9\text{V}$（峰-峰值）；输出电压稳定且 $U_{o2} = 9\text{V}$（峰-峰值）；频率稳定度 $\dfrac{\Delta f}{f} \leqslant 1\%$。将所设计的电路进行仿真，经过调试达到设计要求。

12.5 在 Multisim 仿真软件上设计一个 OTL 音频功率放大电路，放大电路的框图如题图12.1所示。电路设计条件为电压放大倍数 $A_{uf} = 101$；最大输出功率 $P_o = 0.6\text{W}$；最大输出电压 $U_o = 4.5\text{V}$。将所设计的电路进行仿真，经过调试达到设计要求。

题图 12.1

12.6 在 Multisim 仿真软件上设计一个二阶压控电压源带通滤波器，电路设计条件为电路中心频率 $f_0 = 1000\text{Hz}$；Q 值等于 0.5；带通宽度 BW $= 200\text{Hz}$。将所设计的电路进行仿真，经过调试达到设计要求。

12.7 在 Multisim 仿真软件上设计一个2倍频电路，要求用74LS00实现。将所设计的电路进行仿真，经过调试达到设计要求。

12.8 在 Multisim 仿真软件上建立一个如题图12.2所示电路，要求：（1）将逻辑电路转换为真值表；（2）由真值表导出逻辑表达式；（3）根据导出的逻辑表达式导出逻辑电路。

12.9 在 Multisim 仿真软件上设计一个全加器电路。（1）用与非门74LS00和异或门74LS86组成；（2）用与非门74LS00和与或非门74LS154组成；（3）用非门74LS04和74LS153数据选择器实现。将所设计的电路进行仿真，显示仿真结果。

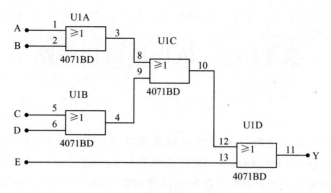

题图 12.2

12.10 在 Multisim 仿真软件上用 74LS153 芯片实现三输入多数表决电路,将所设计的电路进行仿真,显示仿真结果。

12.11 在 Multisim 仿真软件上用两块 74LS138 芯片实现 4/16 线译码器仿真电路,将所设计的电路进行仿真,显示仿真结果。

12.12 在 Multisim 仿真软件上设计一个智能竞赛抢答器,电路设计要求:(1)抢答器为 4 路输入抢答器;(2)当四组参赛之一抢先按下按钮时,抢答器能准确判断出抢答者,并以闪烁灯显示;(3)抢答器应具有互锁功能,即某路抢答后能自动封锁其他各路的人。

12.13 在 Multisim 仿真软件上设计一个电子秒表,要求能显示 0~100s。将所设计的电路进行仿真,显示仿真结果(提示:可用 3 块 7490 十进制计数器、一块 555 定时器、一块 74LS00 四-二输入与非门及辅助元件电阻、电容)。

第13章 单片机应用电路

内容提要

本章介绍单片机仿真平台和一些单片机应用电路示例,主要有 Multisim 10 单片机仿真平台,简易计算器电路设计和程序编译、LCD 显示器控制电路设计和程序编译、交通灯管理控制器电路设计和程序编译、传送带控制器电路设计和程序编译与计算机仿真设计方法。

知识要点

电路创建、电路功能的模块化、程序编写、程序调试。

教学建议

本章的重点是掌握单片机仿真平台的使用和单片机应用电路的仿真设计与分析方法。**建议学时数为 2～3 学时**。通过对 1～2 个应用电路的分析,掌握单片机仿真平台的使用,应用电路创建、程序编写和调试的一些技巧。本章内容可以作为学生课后作业和课程设计题目。注意解决一个实际问题,可以采用不同的单片机应用电路形式。

13.1 Multisim 单片机仿真平台

单击 图标,出现图 13.1.1 所示的单片机选择窗口,选择 MICROCONTROLLERS,移动滑条,选择需要的单片机,如 PIC16C56A,单击"OK"按钮即可。

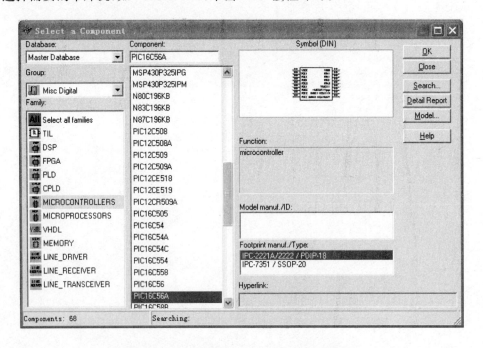

图 13.1.1 MICROCONTROLLERS 选择窗口

也可以单击 Misc Digital 窗口，选择 MCU Module，出现图 13.1.2 所示 MCU Module（微控制器模块）选择窗口，可选择需要的 805x 和 PIC 单片机、或者 RAM 和 ROM。如选择 8051，单击"OK"按钮即可选择 8051 单片机。

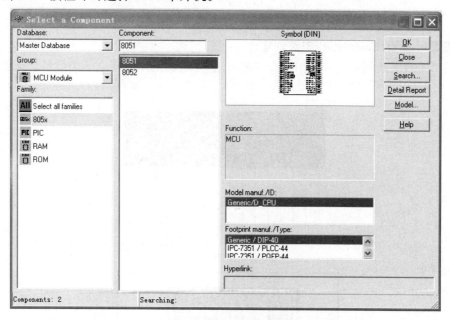

图 13.1.2　MCU Module（微控制器模块）选择窗口

双击 PIC16C56A 图标，出现图 13.1.3 所示微控制器对话框，其操作请参考 1.4.1 节元器件的操作。在电路工作区建立一个单片机应用电路，其操作请参考 1.4 节电路创建的基础。

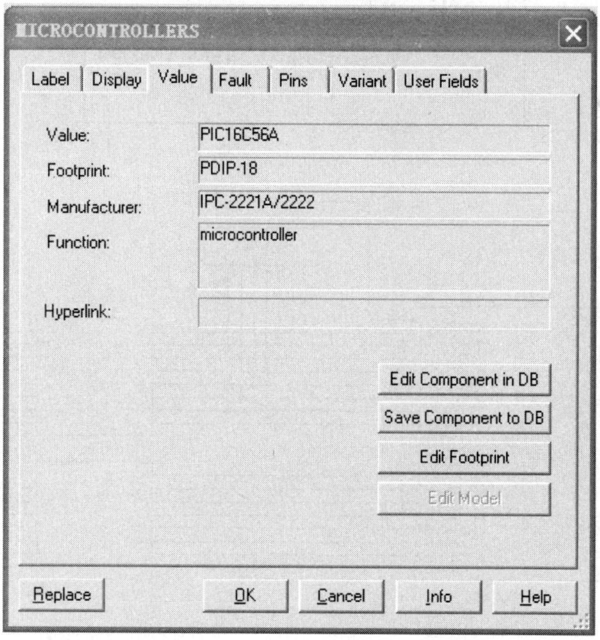

图 13.1.3　微控制器对话框

13.2 单片机应用电路实例

13.2.1 简易计算器

1. 简易计算器(Calculator)电路创建

采用 1.4 节电路创建的基础中所介绍的方法,在电路工作区建立一个简易计算器电路,如图 13.2.1 所示。

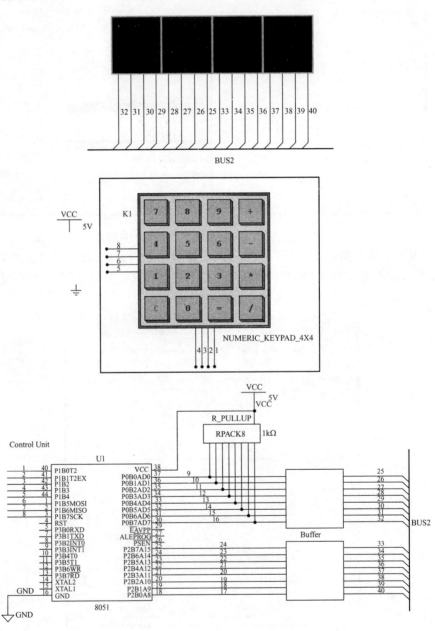

图 13.2.1 简易计算器电路

2. 程序编写与汇编

单击 MCU 菜单可选择"MCU Code Manager(微控制器代码管理器)"、"Debug View(调试观察窗口)"、"Memory View(存储器观察窗口)"、"Build(构造)"功能。

单击 MCU→MCU 8051U1→MCU Code Manager 选项,进入图 13.2.2 所示微控制器代码管理器对话框,可以进行程序的编辑。

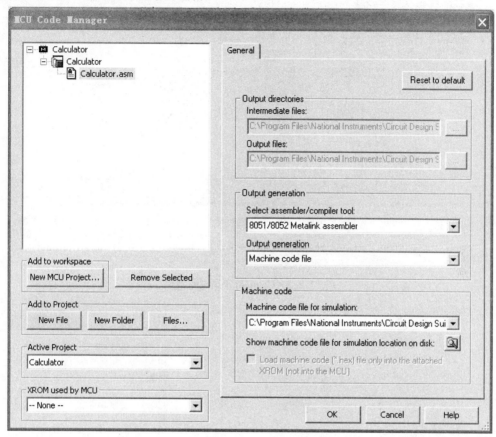

图 13.2.2　微控制器代码管理器对话框

单击 MCU→MCU 8051U1→Debug View 选项,进入图 13.2.3 所示调试对话框,窗口的上方显示简易计算器(Calculator)的程序,在窗口下方的编译信息栏显示相关编译信息,程序汇编是否正确将给出提示信息。如果程序有错误,单击出错提示信息,光标会自动跳到程序出错处,检查错误并修改,直到编译通过。源程序编译通过后,单击启动仿真 ![button] 按钮或者单击 Simulate→Run 选项,则可进行加载仿真。注:详细的源程序请参考 NI Multisim 13.0 中 Samples→MCU→805x Samples 文件夹中的 Calculator.asm(C:\Documents and Settings\All Users\Documents\National Instruments\Circuit Design Suite 13.0\samples\MCU\805x Samples\Calculator.asm)。

调试时,单击 MCU→Debug View Format 选项,进入图 13.2.4 所示调试格式选择菜单,可选择调试相关格式。

单击 MCU→MCU 8051U1→ Memory View 选项,可以观察到存储器内部数据,如图 13.2.5 所示。

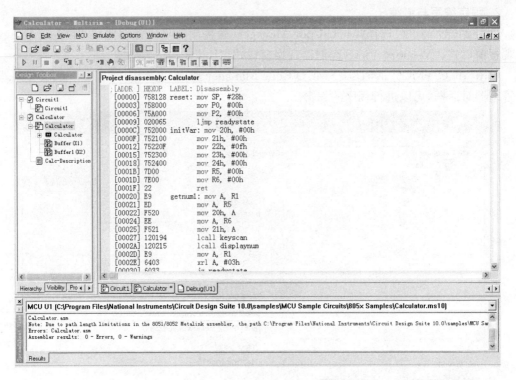

图 13.2.3 Calculator 调试对话框

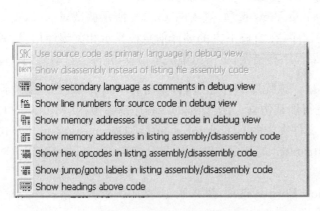

图 13.2.4 调试格式选择菜单

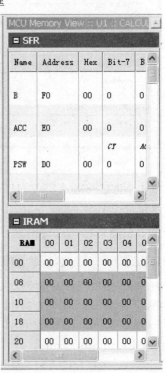

图 13.2.5 存储器内部数据

13.2.2　LCD 显示器控制电路

1. 创建 LCD 显示器控制电路

在电路工作区建立一个 LCD 显示器控制电路如图 13.2.6 所示。

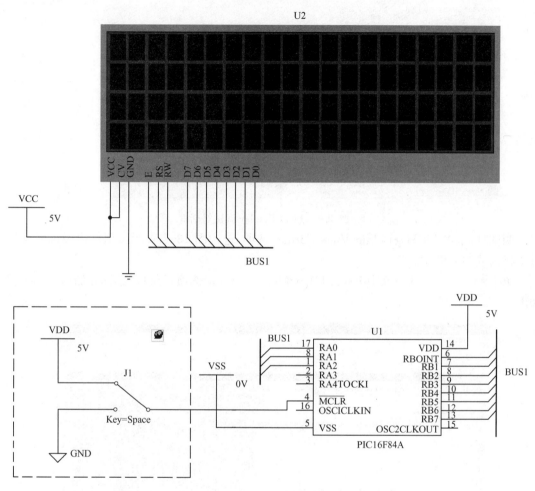

图 13.2.6　LCD 显示器控制电路

2. 程序编写与汇编

单击 MCU→MCU PIC16F84A U1→ MCU Code Manager 选项,进入微控制器代码管理器对话框,可以进行程序的编辑,与图 13.2.2 类似。

单击 MCU→MCU PIC16F84A U1→ Debug View 选项,进入图 13.2.7 所示调试对话框,窗口的上方显示 LCD 显示器控制电路(LCD_Display)的程序,在窗口下方的编译信息栏显示相关编译信息,程序汇编是否正确将给出提示信息。如果程序有错误,单击出错提示信息,光标会自动跳到程序出错处,检查错误并修改,直到编译通过。源程序编译通过后,单击启动仿真 ![按钮] 按钮或者单击 Simulate→Run 选项,则可进行加载仿真。注:详细的源程序请参考 NI Multisim 13.0 中 Samples→MCU→805x Samples 文件夹中的 LCD_Display.asm(C:\Documents and Settings\All Users\Documents\National Instruments\Circuit Design Suite 13.0\samples\MCU\PIC Samples\LCD_Display.asm)。

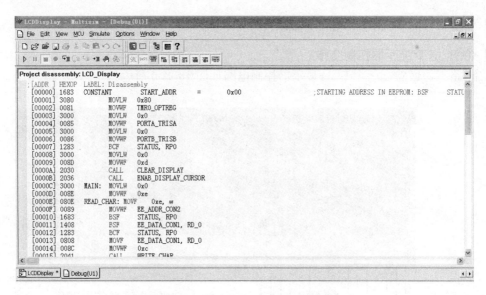

图 13.2.7　LCD_Display 调试对话框

调试时，单击 MCU→Debug View Format 选项，进入图 13.2.4 所示调试格式选择菜单，可选择调试相关格式。

单击 MCU →MCU PIC16F84A U1→ Memory View 选项，可以观察到存储器内部数据，如图 13.2.8 所示。

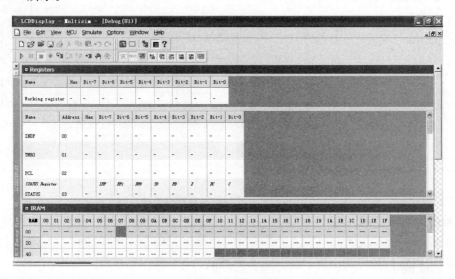

图 13.2.8　存储器内部数据

13.2.3　交通灯管理控制器

1. 创建交通灯管理控制器

在电路工作区建立一个交通灯管理控制器电路如图 13.2.9 所示。

2. 程序编写与汇编

单击 MCU 菜单可选择"MCU Code Manager（微控制器代码管理器）"、"Debug View（调试观察窗口）"、"Memory View（存储器观察窗口）"、"Build（构造）"功能。

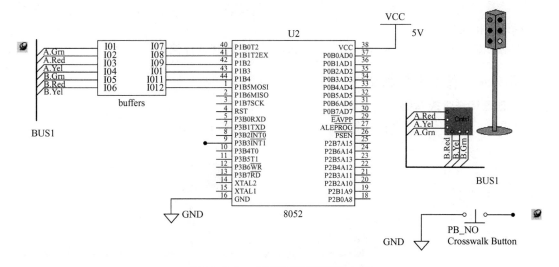

图 13.2.9　交通灯管理控制器电路

单击 MCU→MCU 8052 U2→MCU Code Manager 选项,进入微控制器代码管理器对话框,可以进行程序的编辑,与图 13.2.2 类似。

单击 MCU→MCU 8052 U2→Debug View 选项,进入图 13.2.10 所示调试对话框,窗口的上方显示交通灯管理控制器电路(TrafficLights)的程序,在窗口下方的编译信息栏显示相关编译信息,程序汇编是否正确将给出提示信息。如果程序有错误,单击出错提示信息,光标会自动跳到程序出错处,检查错误并修改,直到编译通过。源程序编译通过后,单击启动仿真 ▣▣▮▮ 按钮或者单击 Simulate→Run 选项,则可进行加载仿真。注:详细的源程序请参考 NI Multisim 13.0 中 Samples→MCU→805x Samples 文件夹中的 TrafficLights. asm(C:\ Documents and Settings\All Users\Documents\National Instruments\Circuit Design Suite 13.0\samples\MCU\805x Samples\TrafficLights. asm)。

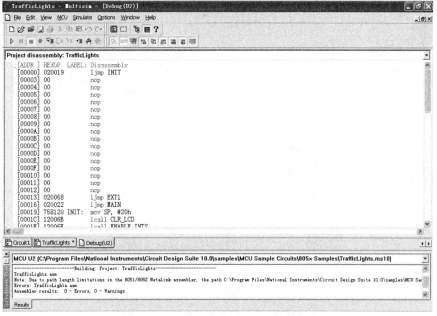

图 13.2.10　TrafficLights 调试对话框

调试时，单击 MCU→Debug View Format 选项，进入图 13.2.4 所示调试格式选择菜单，可选择调试相关格式。

单击 MCU→8052 U2→Memory View 选项，可以观察到存储器内部数据。

13.2.4 传送带控制器

1. 创建传送带控制器

在电路工作区建立一个传送带控制器电路如图 13.2.11 所示。

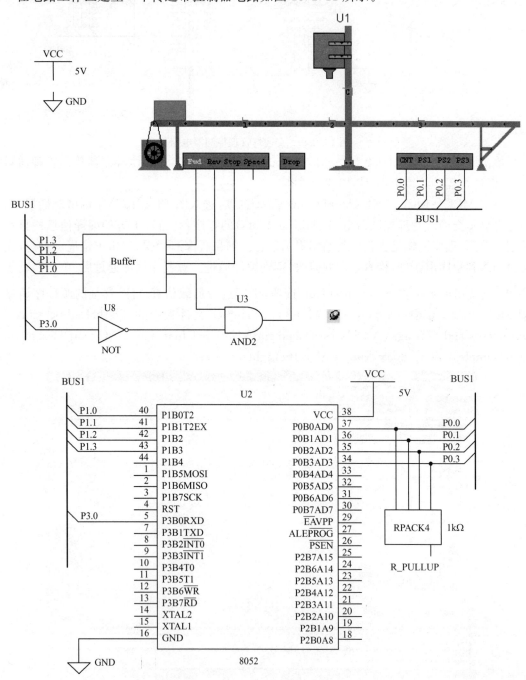

图 13.2.11 传送带控制器电路

2. 程序编写与汇编

单击 MCU→MCU 8052 U2→MCU Code Manager 选项,进入微控制器代码管理器对话框,可以进行程序的编辑,与图 13.2.2 类似。

单击 MCU→MCU 8052 U2→Debug View 选项,进入图 13.2.12 所示调试对话框,窗口的上方显示传送带控制器电路(ConveyorBelt)的程序,在窗口下方的编译信息栏显示相关编译信息,程序汇编是否正确将给出提示信息。如果程序有错误,单击出错提示信息,光标会自动跳到程序出错处,检查错误并修改,直到编译通过。源程序编译通过后,单击启动仿真  按钮或者单击 Simulate→Run 选项,则可进行加载仿真。注:详细的源程序请参考 NI Multisim 13.0 中 Samples→MCU→805x Samples 文件夹中的 ConveyorBelt.asm(C:\Documents and Settings\All Users\Documents\National Instruments\Circuit Design Suite 13.0\samples\MCU\805x Samples\ConveyorBelt.asm)。

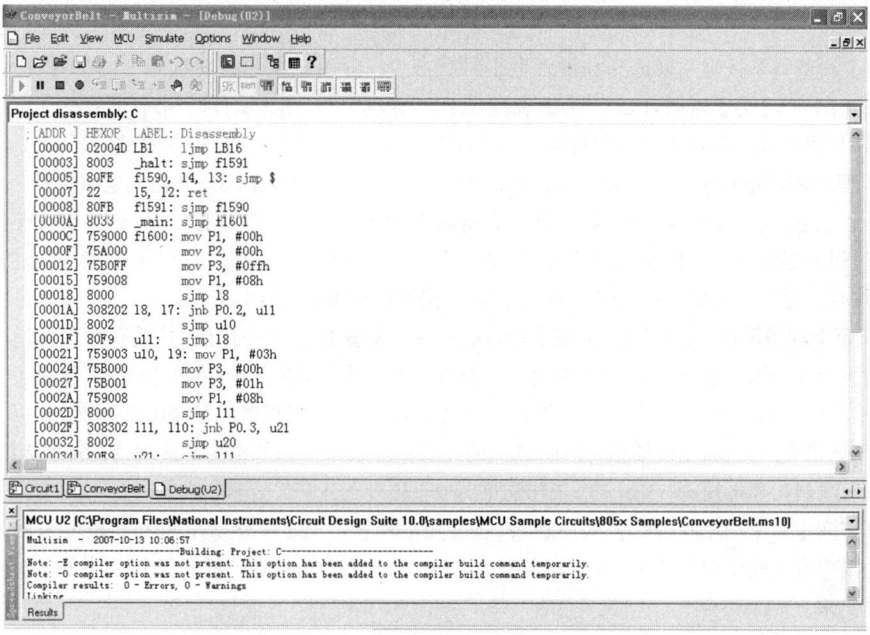

图 13.2.12　ConveyorBelt 调试对话框

调试时,单击 MCU→Debug View Format 选项,进入图 13.2.4 所示调试格式选择菜单,可选择调试相关格式。

单击 MCU→8052 U2→Memory View 选项,可以观察到存储器内部数据。

本 章 小 结

本章介绍了单片机仿真平台和一些单片机应用电路示例。本章主要内容有:

(1) Multisim 10 单片机仿真平台的使用。

(2) 简易计算器(Calculator)电路设计和程序编译,微控制器采用 8051。

(3) LCD 显示器控制电路设计和程序编译,微控制器采用 PIC16F84A。

(4) 交通灯管理控制器电路设计和程序编译,微控制器采用 8052。

(5) 传送带控制器电路设计和程序编译,微控制器采用 8052。

掌握单片机仿真平台的使用和单片机应用电路的仿真设计与分析方法是本章的重点。注意单片机应用系统要求,单片机型号的选择,电路设计、电路功能的模块化、程序编写和编译等设计技巧。解决一个实际问题,可以采用不同的单片机应用电路形式。

思考题与习题 13

13.1 要求利用单片机作为控制器和液晶模组构成数字电子钟,并具有以下功能:(1)可以在 SPLC501A 液晶模组上面显示时间、日期、农历、星期、闹钟。(2)可以语音播报日期和时间。(3)具备整点报时功能。(4)具备闹钟功能。(5)闹钟的铃声可以选择。(6)具备秒表功能。数字电子钟工作电压为 4.5V(3 节干电池);日期显示范围为 2001~2100 年;时间采用 24 小时制。

单片机作为整个系统的控制中心,负责控制键盘扫描;年、月、日、星期及时间的计算;并根据按键值播报当前的日期或者时间。液晶显示模组主要用来显示当前的时间、日期,以及显示功能选择菜单和时间日期调整菜单。

单片机上面的 3 个按键用来选择和设置电子钟状态。在显示日期和时间状态下,按 KEY1 键进入功能选择菜单,此时 KEY2 为下翻键,KEY3 为上翻键,KEY1 为确定键;在显示日期和时间状态下,按 KEY2 键播报当前的时间,按 KEY3 键播报当前的日期,当 KEY2、KEY3 键同时按下时,控制闹钟的开/关。

13.2 要求利用单片机、液晶显示模块、存储卡(如 AT24C01AIC)、Pt100 和热敏电阻设计一款新型的计热表。并具有如下功能:(1)7 路温度检测,其中 2 路用于计量,5 路用于室温检测。(2)一个计热表控制 5 个房间,每个房间的温度、控热时间可分别设置。(3)LCD 可显示热量值、流量值、供水温度、回水温度、剩余费用、累计工作时间等相关数据资料。(4)语音播报各个房间的温度、设置时间。

13.3 要求利用单片机、传感器,实现带语音播报功能的家居环境测量仪,并具有如下特性和功能:(1)温度测量范围为 0~60℃,温度测量分辨率为 1℃;播放当前温度值,播放温度值的格式为"温度,XX 摄氏度"。(2)能够测量光线柔和、光线太强和光线太弱 3 个等级的光线。(3)实现监测环境光线状况,根据光线强弱进行温馨提示:如果光线太弱,系统播报"光线太弱,请注意保护眼睛";如果光线太强,系统播报"光线太强,请注意保护眼睛"。(4)工作电压为 3~5.5V;工作温度为 0~60℃。

家居环境测量仪采用单片机作为主控制器,通过测量传感器模组中热敏电阻和光敏电阻的电压值来实现对环境的温度和光线状况的检测,这些电压值是经过单片机控制的 ADC 模块进行采集的。测量的结果由扬声器播放出来。

13.4 要求以单片机为主控制器,采用电话、双音多频解码器(DTMF)和继电器组成电话远程控制家用电器系统,通过电话网络来对家用电器进行控制,并具有如下功能:(1)可以控制 3 个或 3 个以上的家电。在异地拨打家中的电话,让家里的某种电器打开或者关闭。家电设备的开关通过控制固体继电器的开关来实现。(2)在用户操作过程中,要有适当的语音提示。(3)可以随时查询家中的电器开关状况。(4)提供密码功能,只有输入正确的密码才能控制家电。密码可以修改。

电话远程控制家用电器系统结构如题图 13.1 所示。

13.5 设计并制作一台数字显示的电阻、电容和电感参数测试仪,要求该测试仪具有如下特点和功能:(1)测量范围:电阻 100Ω~1MΩ;电容 100~10000pF;电感 100μH~10mH。(2)测量精度:±5%。(3)制作 4 位数码管显示器,显示测量数值,并用发光二极管分别指示所测元件的类型和单位。(4)测量量程自动转换。

电阻、电容和电感参数测试仪系统结构方框图如题图 13.2 所示。电阻、电容和电感利用 RC 振荡器和 LC 振荡器,使其 R、C、L 值与振荡频率相关。单片机根据所选通道,向模拟开关送两位地址信号,取得 RC 振荡器或者 LC 振荡器振荡频率,然后根据所测频率判断是否转换量程,将数据进行处理后,送数码管显示相应的被测 R、C、L 值参数值。

13.6 设计并制作一个 8 路数字信号发生器与简易逻辑分析仪,其结构框图如题图 13.3 所示。要求该分析仪具有如下特点和功能:

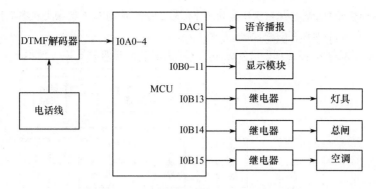

题图 13.1　电话远程控制家用电器系统结构

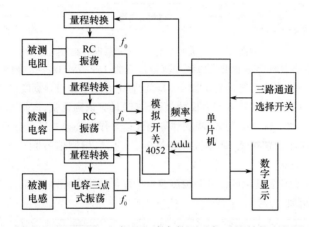

题图 13.2　电阻、电容和电感参数测试仪系统结构方框图

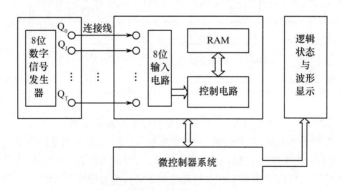

题图 13.3　8 路数字信号发生器与简易逻辑分析仪结构框图

（1）数字信号发生器能产生 8 路可预置的循环移位逻辑信号序列，输出信号为 TTL 电平，序列时钟频率为 100Hz，并能够重复输出。

（2）简易逻辑分析仪：①具有采集 8 路逻辑信号的功能，并可设置单级触发字。信号采集的触发条件为各路被测信号电平与触发字所设定的逻辑状态相同。在满足触发条件时，能对被测信号进行一次采集、存储。②能利用模拟示波器清晰稳定地显示所采集到的 8 路信号波形，并显示触发点位置。③8 位输入电路的输入阻抗大于 50kΩ，其逻辑信号门限电压可在 0.25～4V 范围内按 16 级变化，以适应各种输入信号的逻辑电平。④每通道的存储深度为 20bit。⑤能在示波器上显示可移动的时间标志线，并采用 LED 或其他方式显示时间标志线所对应时刻的 8 路输入信号逻辑状态。⑥应具备 3 级逻辑状态分析触发功能，即当连续依次捕捉到设定的 3 个触发字时，开始对被测信号进行一次采集、存储与显示，并显示触发点位置。3 级触发字可任意设定(例如,在 8 路信号中指定连续依次捕捉到两路信号 11、01、00 作为三级触发状态字)。⑦触发位置可调(即可选择显示触发前、后所保存的逻辑状态字数)。

13.7 采用外差原理设计并实现频谱分析仪,其参考原理方框图如题图 13.4 所示。

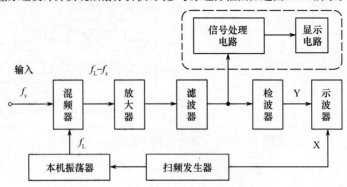

题图 13.4 简易频谱分析仪原理方框图

频谱分析仪具有如下特点和功能要求:(1)频率测量范围为 1～30MHz。(2)频率分辨率为 10kHz,输入信号电压有效值为(20 ± 5)mV,输入阻抗为 50Ω。(3)可设置中心频率和扫频宽度。(4)借助示波器显示被测信号的频谱图,并在示波器上标出间隔为 1MHz 的频标。(5)具有识别调幅、调频和等幅波信号及测定其中心频率的功能,采用信号发生器输出的调幅、调频和等幅波信号作为外差式频谱分析仪的输入信号,载波可选择在频率测量范围内的任意频率值,调幅波调制度 $m_a=30\%$,调制信号频率为 20kHz;调频波频偏为 20kHz,调制信号频率为 1kHz。

13.8 设计并制作一台用普通示波器显示被测波形的简易数字存储示波器,示意图如题图 13.5 所示。该仪器具有如下特点和功能:

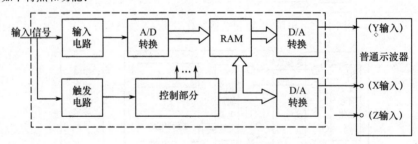

题图 13.5 简易数字存储示波器示意图

(1)具有单次触发存储显示方式,即每按动一次"单次触发"键,仪器在满足触发条件时,能对被测周期信号或单次非周期信号进行一次采集与存储,然后连续显示。(2)输入阻抗大于 100kΩ,垂直分辨率为 32 级/div,水平分辨率为 20 点/div;设示波器显示屏水平刻度为 10div,垂直刻度为 8div。(3)设置 0.2s/div、0.2ms/div、20μs/div 3 挡描速度,仪器的频率范围为 DC～50kHz,误差≤5%。具有水平移动扩展显示功能,要求存储深度增加一倍,并且能通过操作"移动"键显示被存储信号波形的任一部分。(4)设置 0.01V/div、0.1V/div、1V/div 3 挡垂直灵敏度,误差≤5%。(5)仪器的触发电路采用内触发方式,要求上升沿触发、触发电平可调。连续触发存储显示方式,仪器能连续对信号进行采集、存储并实时显示,且具有锁存(按"锁存"键即可存储当前波形)功能。(6)观测波形无明显失真。(7)测试过程中,不能对普通示波器进行操作和调整。

13.9 设计并制作一台数字显示的简易频率计。要求该仪器具有如下特点和功能:

(1)频率测量范围,信号:方波、正弦波;幅度:0.5～5V;频率:0.1Hz～30MHz;频率测量误差≤0.1%。(2)周期测量范围,信号:方波、正弦波;幅度:0.5～5V;频率:1Hz～1MHz,周期测量误差≤0.1%;频率1Hz～1kHz,周期测量误差≤1%;测量并显示周期脉冲信号的占空比,占空比变化范围为 10%～90%。(3)脉冲宽度测量范围,信号:脉冲波;幅度:0.5～5V;脉冲宽度=100μs;脉冲宽度测量误差≤1%。(4)显示器要求,十进制数字显示,显示刷新时间1～10s 连续可调,对上述 3 种测量功能分别用不同颜色的发光二极管指示。

(5)具有自校功能,时标信号频率为1MHz。

13.10 设计并制作一个能同时对一路工频交流电(频率波动范围为50±1Hz、有失真的正弦波)的电压有效值、电流有效值、有功功率、无功功率、功率因数进行测量的数字式多用表。要求该仪器具有如下特点和功能:

(1)测量功能及量程范围:交流电压为0～500V;有功功率为0～25kW;无功功率为0～25kvar;功率因数(有功功率/视在功率)为0～1。(2)设定待测0～500V的交流电压、0～50A的交流电流均已经相应的变换器转换为0～5V的交流电压。(3)准确度:显示为0.000～4.999,有过量程指示;交流电压和交流电流为±(0.8%读数+5个字),例如,当被测电压为300V时,读数误差应小于±(0.8%×300V+0.5V)=±2.9V;有功功率和无功功率为±(1.5%读数+8个字);功率因数为±0.01。(4)功能选择:用按键选择交流电压、交流电流、有功功率、无功功率和功率因数的测量与显示。(5)用按键选择电压基波及总谐波的有效值测量与显示。(6)具有量程自动转换功能,当变换器输出的电压值小于0.5V时,能自动提高分辨率达0.01V。(7)用按键控制实现交流电压、交流电流、有功功率、无功功率在测试过程中的最大值、最小值测量。

13.11 设计并制作一个低频相位测量系统,包括相位测量仪、数字式移相信号发生器和移相网络3部分,移相网络示意图如题图13.6所示。要求该测量仪具有如下特点和功能:

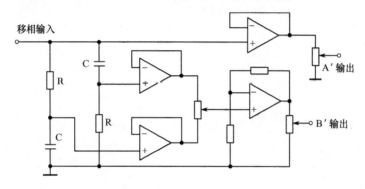

题图13.6 移相网络示意图

(1) 相位测量仪的特点和功能。①频率范围:20Hz～20kHz。②相位测量仪的输入阻抗≥100kΩ。③允许两路输入正弦信号峰-峰值可分别在0.3～5V范围内变化。④相位测量绝对误差≤2°。⑤具有频率测量及数字显示功能。⑥相位差数字显示:相位读数为0～359.9°,分辨率为0.1°。

(2) 数字式移相信号发生器(用于产生相位测量仪所需的输入正弦信号)特点和功能。①频率范围:20Hz～20kHz,频率步进为20Hz,输出频率可预置。②A、B输出的正弦信号峰-峰值可分别在0.3～5V范围内变化。③相位差范围为0～359°,相位差步进为1°,相位差值可预置。④数字显示预置的频率、相位差值。

(3) 移相网络特点和功能。①输入信号频率:100Hz、1kHz、10kHz。②连续相移范围:−45°～+45°。③A′、B′输出的正弦信号峰-峰值可分别在0.3～5V范围内变化。

13.12 设计一个八路数据采集系统,包括现场模拟信号产生器、八路数据采集器系统和主控器,其原理框图如题图13.7所示。要求该系统具有如下特点和功能:

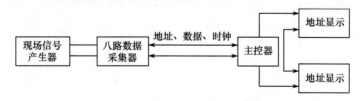

题图13.7 八路数据采集系统原理框图

(1)现场模拟信号产生器:自制正弦波信号发生器,利用可变电阻改变振荡频率,使频率在200Hz～2kHz范围变化,再经频率/电压变换,输出相应1～5V直流电压(200Hz对应1V,2kHz对应5V)。(2)八路数据采集器:数据采集器第1路输入自制1～5V直流电压,第2～7路分别输入来自直流源的5,4,3,2,1,0V直流电压(各路输入可由分压器产生,不要求精度),第8路备用。将各路模拟信号分别转换成8位二进制数字信号,再经并/串变换电路,用串行码送入传输线路。(3)主控器:主控器通过串行传输线路对各路数据进行采集和显示。采集方式包括循环采集(即1路、2路、…,8路、…,1路)和选择采集(任选一路)两种方式。显示部分能同时显示地址和相应的数据。

参 考 文 献

[1] 黄智伟等．基于 Multisim 2001 的电子电路计算机仿真设计与分析[M]．北京：电子工业出版社,2004.

[2] 黄智伟等．基于 NI Multisim 的电子电路计算机仿真设计与分析[M]．北京：电子工业出版社,2008.

[3] 黄智伟等．基于 NI Multisim 的电子电路计算机仿真设计与分析（修订版）[M]．北京：电子工业出版社,2011.

[4] 黄智伟．基于 TI 器件的模拟电路设计[M]．北京：北京航空航天大学出版社,2014.

[5] 黄智伟．全国大学生电子设计竞赛　电路设计（第 2 版）[M]．北京：北京航空航天大学出版社,2011.

[6] 黄智伟．全国大学生电子设计竞赛　常用电路模块制作[M]．北京：北京航空航天大学出版社,2011.

[7] 黄智伟等．嵌入式系统中的模拟电路设计（第二版）[M]．北京：电子工业出版社,2014.

[8] 黄智伟．电子系统的电源电路设计[M]．北京：电子工业出版社,2014.

[9] 黄智伟．高速数字电路设计入门[M]．北京：电子工业出版社,2012.

[10] 黄智伟等．射频与微波功率放大器工程设计[M]．北京：电子工业出版社,2015.

[11] 黄智伟．全国大学生电子设计竞赛　系统设计（第 2 版）[M]．北京：北京航空航天大学出版社,2011.

[12] 黄智伟．LED 驱动电路设计[M]．北京：电子工业出版社,2014.

[13] 黄智伟．印制电路板（PCB）设计技术与实践（第 2 版）[M]．北京：电子工业出版社,2013.

[14] 黄智伟．低功耗系统设计——原理、器件与电路[M]．北京：电子工业出版社,2011.

[15] 郑步生．Multisim 2001 电路设计及仿真入门与应用[M]．北京：电子工业出版社,2002.

[16] 朱力恒．电子技术仿真实验教程[M]．北京：电子工业出版社,2003.

[17] 康华光．电子技术基础[M]．北京：高等教育出版社,2001.

[18] 杨素行．模拟电子技术基础简明教程[M]．北京：高等教育出版社,2002.

[19] 谭博学等．集成电路原理及应用[M]．北京：电子工业出版社,2003.

[20] 魏立军．CMOS 4000 系列 60 种常用集成电路的应用[M]．北京：人民邮电出版社,1993.

[21] 吴运昌．模拟集成电路原理与应用[M]．广州：华南理工大学出版社,2001.

[22] 张立．现代电力电子技术基础[M]．北京：高等教育出版社,1999.

[23] 郑家龙．集成电子技术基础教程[M]．北京：高等教育出版社,2002.

[24] 申功迈．高频电子线路[M]．西安：西安电子科技大学出版社,2002.

[25] 刘聘．高频电子线路[M]．西安：西安电子科技大学出版社,2000.

[26] 杨宝清．实用电路手册．北京：机械工业出版社,2002.

[27] 黄智伟．全国大学生电子设计竞赛 ARM 嵌入式系统应用设计与实践[M]．北京：北京航空航天大学出版社,2011.

[28] 黄智伟．ARM9 嵌入式系统基础教程（第 2 版）[M]．北京：北京航空航天大学出版社,2013.

[29] 黄智伟．32 位 ARM 微控制器系统设计与实践[M]．北京：北京航空航天大学出版社,2010.

[30] 黄智伟等．STM32F 32 位微控制器应用设计与实践（第 2 版）[M]．北京：北京航空航天大学出版社,2014.

反侵权盗版声明